Java 程序设计基础教程

陈振兴　谭　瑛　彭少斌　主　编

电子工业出版社

Publishing House of Electronics Industry
北京·BEIJING

内 容 简 介

本书针对 Java 开发领域的实际需求，参照 OCA（Oracle Certified Associate）考核知识点和认证体系，详细讲解了 Java 技术的基础知识。内容包含 Java 语言概述与编程环境、Java 语言基础、类与对象、深入理解 Java 语言面向对象（继承、重写、对象多态性、Object 类、抽象类、接口、内部类、Lambda 表达式）、异常处理、常用类与工具类、多线程、输入输出流、图形用户界面，以及数据库编程。全书逻辑性强，循序渐近且示例丰富，能够帮助初学者快速掌握 Java 开发技能。

本书的内容和组织基于高校教材的要求，既可作为高等院校本科、专科计算机相关专业的教材，也可作为基础的培训用书。

未经许可，不得以任何方式复制或抄袭本书之部分或全部内容。
版权所有，侵权必究。

图书在版编目（CIP）数据

Java 程序设计基础教程 / 陈振兴，谭瑛，彭少斌主编. —北京：电子工业出版社，2022.8
ISBN 978-7-121-43939-1

Ⅰ. ①J… Ⅱ. ①陈… ②谭… ③彭… Ⅲ. ①JAVA 语言—程序设计—高等学校—教材 Ⅳ. ①TP312.8

中国版本图书馆 CIP 数据核字（2022）第 119295 号

责任编辑：李　敏
印　　刷：北京七彩京通数码快印有限公司
装　　订：北京七彩京通数码快印有限公司
出版发行：电子工业出版社
　　　　　北京市海淀区万寿路 173 信箱　邮编　100036
开　　本：787×1 092　1/16　印张：16　字数：409 千字
版　　次：2022 年 8 月第 1 版
印　　次：2024 年 8 月第 5 次印刷
定　　价：69.00 元

凡所购买电子工业出版社图书有缺损问题，请向购买书店调换。若书店售缺，请与本社发行部联系，联系及邮购电话：(010) 88254888，88258888。
质量投诉请发邮件至 zlts@phei.com.cn，盗版侵权举报请发邮件至 dbqq@phei.com.cn。
本书咨询联系方式：(010) 88254753 或 limin@phei.com.cn。

前　言

Java 是面向互联网的开源的计算机程序设计语言，具有跨平台、面向对象、多线程的特点，经过 20 多年的发展，吸收了软件开发领域的最新成果，支持泛型编程、Lambda 表达式、反射、注解等，广泛用于企业级 Web 应用开发和移动应用开发。对大多数学生来说，Java 的学习周期长、学习难度大、学习效率低。

在众多的 Java 知识内容当中，合理选择知识体系和教学内容，实现课堂教学的有效、实效和高效，是 Java 课程教学面临的难题。本书针对 Java 开发领域的实际需求，参照 OCA（Oracle Certified Associate）考核知识点和认证体系，详细讲解了 Java 技术的基础知识。全书逻辑性强，循序渐近且示例丰富，能够帮助初学者快速掌握 Java 开发技能。

本书共 10 章，各章内容安排如下。

第 1 章为 Java 语言概述与编程环境，介绍面向对象的编程思想，包括 Java 语言的发展历史、Java 语言的特点、Java 开发环境等。

第 2 章介绍 Java 语言基础，包括 Java 的基本语法，变量与常量，运算符、表达式与语句，程序流控制和数组等。

第 3 章介绍类与对象，包括类的定义、对象的创建与使用、访问控制符、static 关键字的使用、this 关键字的使用，以及包的使用，并详细描述了类的封装思想。

第 4 章为深入理解 Java 语言面向对象，包括继承、重写、对象多态性、Object 类、抽象类、接口、内部类，以及 Lambda 表达式。

第 5 章介绍异常处理，包括异常概述、Java 异常的捕获和处理、Java 异常的声明和抛出，以及自定义异常。

第 6 章介绍常用类与工具类，包括包装类、Math 类与 Random 类、字符串类、日期与时间类、集合类，并详细介绍泛型的基本知识和反射机制。

第 7 章介绍多线程，包括线程简介、创建线程、线程同步。

第 8 章介绍输入输出流，包括输入输出流概述、文件类、字节流、字符流、随机流。介绍各种流的使用，以文件流为例介绍如何读写文件；并介绍对象序列化的相关知识及使用方法。

第 9 章为图形用户界面，包括 GUI 简介、常用的 UI 组件、布局面板、形状类、事件处理机制、FXML 设计用户界面、JavaFX 可视化布局工具。

第 10 章介绍数据库编程，包括数据库概述、SQL 语言基础、MySQL 数据库简介、Java 数据库编程、数据库应用综合实例。

本书由陈振兴、谭瑛和彭少斌主编。各章编写分工如下：第 1 章、第 7 章由钱坤编写，第 2 章、第 8 章由彭少斌编写，第 3 章由马冯、陈振兴编写，第 4 章由李红编写，第 5 章、第 9 章由谭瑛编写，第 6 章由冯涛编写，第 10 章由陈振兴编写。全书由陈振兴和谭瑛统稿和定稿。本书的编写得到了云南财经大学信息学院的大力支持，在此表示衷心感谢！

参加本书编写的人员都是从事"Java 程序设计"课程教学多年的老师，有丰富的教学经验。本书的教学电子课件可从华信教育网 https://www.hxedu.com.cn 下载。在编写过程中，我们力求做到严谨细致、精益求精，但由于编者水平有限，书中难免有疏漏之处，敬请广大读者指正。编者联系邮箱：ahxing@126.com。

编　者

2022 年 2 月

目 录

第1章 Java 语言概述与编程环境 ·· 1

1.1 Java 语言的发展历史 ·· 1
1.2 Java 语言的特点 ·· 2
1.3 Java 开发环境 ··· 3
    1.3.1 下载 JDK ·· 4
    1.3.2 JDK 的安装与配置 ··· 5
    1.3.3 IntelliJ IDEA 编译环境的搭建 ··· 7
    1.3.4 Eclipse 编译环境的搭建 ·· 8
1.4 一个简单的 Java 程序 ··· 9
1.5 编译和执行 Java 程序 ··· 10
    1.5.1 控制台方式 ·· 10
    1.5.2 IDE 方式 ··· 11
1.6 本章小结 ·· 11
1.7 习题 ·· 12

第2章 Java 语言基础 ··· 13

2.1 Java 的基本语法 ·· 13
    2.1.1 Java 的基本语法格式 ·· 13
    2.1.2 Java 中的注释 ··· 14
    2.1.3 关键字 ·· 15
    2.1.4 标识符 ·· 16
2.2 变量与常量 ··· 17
    2.2.1 变量概述 ··· 17
    2.2.2 变量的定义 ·· 17
    2.2.3 常量 ··· 17
    2.2.4 数据类型 ··· 17
    2.2.5 变量的作用域 ·· 22
    2.2.6 变量的初始化 ·· 23
    2.2.7 基本数据类型转换 ·· 24
2.3 运算符、表达式与语句 ·· 25
    2.3.1 算术运算符与算术表达式 ··· 25

2.3.2　关系运算符与关系表达式 ·· 26
　　2.3.3　逻辑运算符与逻辑表达式 ·· 26
　　2.3.4　位运算符 ·· 27
　　2.3.5　赋值运算符与赋值表达式 ·· 28
　　2.3.6　其他运算符 ·· 29
　　2.3.7　运算符的优先级与结合性 ·· 29
　　2.3.8　语句 ·· 30
2.4　程序流控制 ·· 30
　　2.4.1　分支语句 ·· 30
　　2.4.2　循环语句 ·· 34
　　2.4.3　跳转语句 ·· 36
2.5　数组 ·· 38
　　2.5.1　声明数组 ·· 39
　　2.5.2　给数组分配元素 ·· 39
　　2.5.3　数组元素的使用 ·· 40
　　2.5.4　数组的初始化 ·· 40
　　2.5.5　数组的引用 ·· 41
　　2.5.6　数组的遍历 ·· 41
　　2.5.7　数组的最值 ·· 42
　　2.5.8　数组排序 ·· 42
2.6　Java Scanner 类 ··· 43
2.7　本章小结 ·· 45
2.8　习题 ·· 45

第3章　类与对象 ·· 49

3.1　类的定义 ·· 50
　　3.1.1　类的声明 ·· 50
　　3.1.2　类的成员 ·· 50
　　3.1.3　成员变量和局部变量 ·· 51
　　3.1.4　成员方法 ·· 53
　　3.1.5　方法的重载 ·· 54
　　3.1.6　构造方法 ·· 55
　　3.1.7　类成员和实例成员 ·· 56
3.2　对象的创建与使用 ·· 56
　　3.2.1　创建对象 ·· 56
　　3.2.2　使用对象 ·· 59
　　3.2.3　对象的引用和实体 ·· 60
　　3.2.4　垃圾回收 ·· 61
3.3　访问控制符 ·· 61

目 录

- 3.3.1 成员访问控制符 ································· 61
- 3.3.2 public 类与 default 类 ························· 64
- 3.4 static 关键字的使用 ································ 64
  - 3.4.1 实例变量和类变量的区别 ····················· 64
  - 3.4.2 实例方法和类方法的区别 ····················· 65
  - 3.4.3 静态代码块 ··································· 67
- 3.5 this 关键字的使用 ··································· 67
- 3.6 包的使用 ··· 68
  - 3.6.1 包的定义与使用 ······························ 69
  - 3.6.2 import 语句 ··································· 71
  - 3.6.3 静态导入 ······································ 71
- 3.7 本章小结 ··· 73
- 3.8 习题 ·· 73

第 4 章 深入理解 Java 语言面向对象 ·············· 76

- 4.1 继承 ··· 76
  - 4.1.1 继承关系的引出 ······························ 76
  - 4.1.2 继承的限制 ··································· 79
  - 4.1.3 子类对象的实例化 ···························· 81
- 4.2 重写 ··· 83
  - 4.2.1 方法的重写 ··································· 83
  - 4.2.2 属性的覆盖 ··································· 85
  - 4.2.3 属性的应用 ··································· 85
  - 4.2.4 两组重要概念的比较 ························· 86
- 4.3 对象多态性 ··· 88
  - 4.3.1 多态的概述与对象的类型转换 ················ 88
  - 4.3.2 instanceof 关键字 ···························· 91
- 4.4 Object 类 ·· 92
  - 4.4.1 基本概念 ······································ 92
  - 4.4.2 对象信息：toString() ························ 92
  - 4.4.3 对象比较：equals() ·························· 93
- 4.5 抽象类 ·· 94
  - 4.5.1 抽象类的定义 ································ 95
  - 4.5.2 抽象类实例化 ································ 96
- 4.6 接口 ··· 97
  - 4.6.1 接口的定义 ··································· 97
  - 4.6.2 接口的使用——制定标准 ····················· 99
  - 4.6.3 抽象类和接口的区别 ························· 100
- 4.7 内部类 ·· 100

VII

        4.7.1 内部类的定义 ··· 100
        4.7.2 使用 static 定义内部类 ··· 101
        4.7.3 在方法中定义内部类 ··· 102
        4.7.4 匿名内部类 ··· 103
    4.8 Lambda 表达式 ··· 104
        4.8.1 表达式入门 ··· 104
        4.8.2 函数式接口 ··· 106
    4.9 本章小结 ·· 107
    4.10 习题 ·· 108

第 5 章 异常处理 ·· 113
    5.1 异常概述 ·· 113
        5.1.1 什么是异常 ··· 113
        5.1.2 异常类的层次结构 ··· 113
    5.2 Java 异常的捕获和处理 ··· 115
        5.2.1 try-catch 语句捕获异常 ·· 115
        5.2.2 finally 语句 ·· 116
    5.3 Java 异常的声明和抛出 ··· 118
        5.3.1 throws 语句 ·· 118
        5.3.2 throw 语句 ··· 119
        5.3.3 throw 和 throws ··· 120
    5.4 自定义异常类 ·· 121
    5.5 本章小结 ·· 122
    5.6 习题 ·· 122

第 6 章 常用类与工具类 ·· 124
    6.1 包装类 ·· 124
        6.1.1 装箱与拆箱 ··· 124
        6.1.2 包装类常用方法 ··· 125
        6.1.3 包装类的应用 ··· 126
    6.2 Math 类与 Random 类 ·· 126
        6.2.1 Math 类 ··· 126
        6.2.2 Random 类 ··· 128
    6.3 字符串类 ·· 129
        6.3.1 字符串的不变性 ··· 129
        6.3.2 字符串的常用方法 ··· 130
        6.3.3 StringBuilder 类和 StringBuffer 类 ···································· 132
        6.3.4 StringJoiner 类 ··· 132
    6.4 日期与时间类 ·· 133

		6.4.1	基本概念	133
		6.4.2	Date 类	133
		6.4.3	Calendar 类	134
		6.4.4	日期与时间格式化类	135
	6.5	集合类		137
		6.5.1	List 接口及其子类	137
		6.5.2	Set 接口	141
		6.5.3	Collections 类	142
		6.5.4	Map 集合	143
	6.6	泛型		144
		6.6.1	为什么要使用泛型	144
		6.6.2	泛型在集合中的应用	145
		6.6.3	泛型接口	147
	6.7	反射机制		148
		6.7.1	反射概述	148
		6.7.2	认识 Class 类	148
		6.7.3	通过反射机制查看类信息	150
	6.8	本章小结		152
	6.9	习题		153

第 7 章 多线程 ... 158

	7.1	线程简介		158
		7.1.1	程序、进程、线程	159
		7.1.2	多线程的优势	159
	7.2	创建线程		160
		7.2.1	继承 Thread 类	160
		7.2.2	实现 Runnable 接口	164
	7.3	线程同步		166
		7.3.1	线程安全问题	166
		7.3.2	线程的同步	167
	7.4	本章小结		169
	7.5	习题		169

第 8 章 输入输出流 ... 170

	8.1	输入输出流概述		170
		8.1.1	流的分类	171
		8.1.2	输入输出流的套接	171
	8.2	文件类		172
	8.3	字节流		175

                8.3.1　标准流 177
                8.3.2　文件流 178
                8.3.3　字节过滤流 180
                8.3.4　对象序列化及对象流 183
        8.4　字符流 185
                8.4.1　文件字符流 187
                8.4.2　字符缓冲流 188
                8.4.3　字节字符转换流 189
        8.5　随机流 190
        8.6　本章小结 191
        8.7　习题 192

第9章　图形用户界面 194

        9.1　GUI 简介 194
                9.1.1　JavaFX 与 Swing、AWT 194
                9.1.2　JavaFX 开发环境配置 194
                9.1.3　JavaFX 的基本框架 196
        9.2　常用的 UI 组件 198
                9.2.1　TextField 和 TextArea 198
                9.2.2　Label 198
                9.2.3　按钮 199
        9.3　布局面板 200
                9.3.1　StackPane 200
                9.3.2　FlowPane 201
                9.3.3　GridPane 201
                9.3.4　BorderPane 202
                9.3.5　HBox 和 VBox 202
        9.4　形状类 203
                9.4.1　Text 类 203
                9.4.2　Line 类 203
                9.4.3　Rectangle 类 203
                9.4.4　Circle 类 203
                9.4.5　Ellipse 类 205
                9.4.6　Arc 类 205
        9.5　事件处理机制 205
                9.5.1　事件和事件源 205
                9.5.2　事件处理器 205
                9.5.3　Lambda 表达式简化事件处理 207
        9.6　FXML 设计用户界面 208

9.7 JavaFX 可视化布局工具 210
    9.7.1 JavaFX Scene Builder 的下载与安装 210
    9.7.2 JavaFX Scene Builder 的使用 211
9.8 本章小结 216
9.9 习题 216

第 10 章 数据库编程 217

10.1 数据库概述 217
    10.1.1 数据库和数据库系统概述 217
    10.1.2 关系型数据库 219
10.2 SQL 语言基础 220
10.3 MySQL 数据库简介 222
    10.3.1 MySQL 安装与配置 222
    10.3.2 MySQL 建库建表及相关操作 222
10.4 Java 数据库编程 223
    10.4.1 JDBC 简介 223
    10.4.2 JDBC 常用 API 224
    10.4.3 JDBC 编程 224
10.5 数据库应用综合实例 229
    10.5.1 数据模型设计 229
    10.5.2 数据类设计 230
    10.5.3 实现 CRUD 231
    10.5.4 界面设计 234
10.6 本章小结 242
10.7 习题 242

第 1 章　Java 语言概述与编程环境

> **学习目标：**
>
> - 了解 Java 语言的发展历史
> - 理解 Java 语言的特点
> - 理解 Java 程序的基本结构
> - 掌握下载、安装、配置 JDK 的流程
> - 掌握创建、编译、运行 Java 程序的流程
> - 能够使用 IDEA 或 Eclipse 开发 Java 程序

　　Java 是 1995 年由 Sun 公司发布的一种新型的、面向对象的程序设计语言。自 Sun 公司推出 Java 语言以来，全世界的目光都被这个神奇的语言所吸引。经过 20 多年的发展，Java 吸收了软件开发领域的最新成果，成为企业级应用平台的主流语言。

1.1　Java 语言的发展历史

　　1991 年，James Gosling 在 Sun 公司带领一个位于加利福尼亚州门洛帕克市的工作组研究开发新技术，这个工作组想要设计一种用于消费类电子产品的小型计算机语言。最初该语言被命名为 Oak，用于电视机、移动电话、闹钟、烤面包机等家用电器的控制和通信。这些消费类电子产品有个最大的特点——资源有限，无论是计算处理能力还是存储能力都非常有限，因此要求该语言必须非常轻量且能够生成非常紧凑的代码。另外，因为不同的厂商选择不同的 CPU，所以要求该语言不能和特定的体系结构绑在一起，即语言本身必须是独立的。但由于太过超前的设计理念和设计、生产、消费生态的制约，这些智能家电的市场需求没有预期的高，Sun 公司最终放弃了该项计划。随着互联网的发展，工作组又对 Oak 进行了改造，开发了一种能将小程序嵌入网页中执行的技术——Applet，该语言得以广泛应用。

　　那么 Java 名称因何而来呢？Java 是印度尼西亚爪哇岛的英文名称，因盛产咖啡而闻名，参与该语言名称提议的人员在 Java 岛上曾喝过一种美味的咖啡，于是提议用 Java 来命名这个新语言，且得到了其他人员的认可，Java 名称就此诞生。

　　看到了该语言广阔的应用前景，Sun 公司于 1995 年 5 月正式以 Java 的名称将其发布，并于 1996 年 1 月推出了 Java 的第一个开发工具包（JDK 1.0）。1999 年 6 月，Sun 公司发布 Java 的三大版本，即标准版（Java SE）、企业版（Java EE）、微型版（Java ME）。2009 年 4 月 20 日，Oracle 公司收购 Sun 公司，随后 Oracle 公司获得了两项软件资产，即 Java 和 Solaris。2007 年 11 月，Java 语言作为服务器端编程语言，取得了极大的成功；而 Android

平台的流行，则让 Java 语言获得了在客户端程序上大展拳脚的机会。2014 年，Java 8 发布，该版本是自 Java 发布以来改动最大的一个版本，虽然已经过去多年，但是 Java 8 依然是目前最流行的开发版本之一。截至 2022 年 3 月 22 日，最新的 JDK 版本为 Java SE 18。

Java 发展到今天，已经不再是一个单纯的语言概念，而是一个技术门类、一个平台，无数应用的开发都基于 Java。从发展态势看，Java 对 IT 业界的影响还在持续深化。

1.2　Java 语言的特点

Java 语言具有简单性、面向对象、分布式、健壮性、安全性、平台独立与可移植性、多线程、动态性等特点。Java 语言可以用来编写桌面应用程序、Web 应用程序、分布式系统和嵌入式系统应用程序等。

1. 简单性

Java 语言从某种意义上可看作 C++语言的简单版。James Gosling 领导的项目组一开始准备采用 C++作为编程语言，但在项目推进过程中发现 C++语言太过复杂且安全性较差，于是他们抛弃了 C++语言中容易引起程序崩溃的指针、指针运算、内存管理，以及难以理解且十分烦琐的运算符重载、类的多重继承、结构、虚基类等。但 Java 语言还保留了 C++语言的优势，许多程序员发现他们可以轻而易举地从 C、C++语言开发转换到 Java 语言开发。Java 语言的自动垃圾回收机制也极大地简化了程序设计者对内存管理的工作。Java 语言中提供的丰富类库可以使开发者方便快捷地开发程序。

Java 语言的简单性还体现在 Java 语言支持开发能够在小型机器上独立运行的软件系统。目前，Java ME 又称为 J2ME（Java Platform，Micro Edition），是为机顶盒、移动电话和 PDA 等嵌入式消费电子设备提供的 Java 语言平台。

2. 面向对象

面向对象是一种符合人类思维习惯的编程思想。现实生活中存在各种不同形态的事物，这些事物之间存在着各种各样的联系。在程序中可以使用对象来映射现实中的事物，也可以使用对象的关系来描述事物之间的联系。面向对象的编程语言具有以下优点。

（1）结构清晰，程序是模块化和结构化的，更加符合人类的思维方式。

（2）易扩展，代码重用率高，可继承、可覆盖，可以设计出低耦合的系统。

（3）易维护，系统低耦合的特点有利于减少程序的后期维护工作量。

（4）Java 语言的设计完全是面向对象的，将重点放在数据及其操作方法的接口上，具有面向对象的诸多优势。面向对象的技术使得应用程序的开发变得简单易用、节省代码。

3. 分布式

Java 有一套强大的通信功能子库，支持 HTTP、FTP 等 TCP/IP 协议，使 Java 具有强大的、易于使用的联网能力。Java 应用程序可以像访问本地资源一样方便地访问网络资源，非常适合用于开发分布式计算程序。

Java 的分布式包括以下内容。

（1）操作分布，即在多个不同的主机上执行相关操作。

（2）数据分布，即将数据分别布置在不同主机上，这些主机是网络中的不同成员，程序可以方便地访问不同主机上的数据。

4．健壮性

Java 语言在进行编译时能检测出许多错误，避免后期问题的累加。另外，Java 语言还采用指针模型来消除内存中数据被重写和损毁的可能性。

如果出现某种出乎意料的情况，Java 程序也不会崩溃，而是把该异常抛出，再通过异常处理机制加以处理。

5．安全性

Java 常用于网络/分布式环境中，为此，Java 提供了一个安全机制以抵御恶意代码的攻击。Java 摒弃了 C、C++语言中的指针，并且一切对内存的访问都必须通过对象的实例来实现，避免了非法内存操作。Java 程序代码要经过代码程序校验、指针校验等很多测试步骤才能够运行，因此未经允许的程序不能出现损害系统平台的行为。

6．平台独立与可移植性

Java 利用虚拟机解决了因操作系统变化、处理器升级，以及核心系统资源变化带来的问题。大多数编译器产生的目标代码往往只能运行在某种 CPU 或者某种操作系统上。Java 编译器产生的目标代码是运行在一种并不存在的 CPU——Java 虚拟机（Java Virtual Machine，JVM）上的，在不同的 CPU 和操作系统环境下，只要安装了 Java 虚拟机，就可以运行 Java 程序。

Java 编译器生成的字节码可在所有安装了 Java 虚拟机的系统上运行，与平台无关，由此提高了 Java 语言的可移植性。同时，Java 类库中也实现了与平台无关的接口，使得 Java 程序即使使用了相关类库也可以方便地进行移植。

7．多线程

单线程可以看作只有一条通道（主路径）可以到达目的地，而多线程则有多条通道可以到达目的地，即有多条执行路径。Java 应用程序可以在同一时间并行执行多项任务。而且相应的同步机制可以保证不同线程能够正确地共享数据。多线程带来的更大的好处是更好的交互性能和更强的实时控制能力。

8．动态性

Java 语言具有动态性。Java 语言的动态性是其面向对象设计方法的扩展，它能适应不断变化的环境，允许程序动态地装入运行过程中所需的类。Java 不会因为程序库的某些部分更新而重新编译程序。

总之，Java 是一门健壮而安全的开发语言，可以用于快速开发多线程、分布式程序，并且不用考虑具体的程序运行环境。

1.3　Java 开发环境

要想编写、测试、运行 Java 程序必须安装 Java 开发工具包（Java Development Kit，JDK）。除了必需的 JDK，高效编写 Java 程序还离不开集成开发环境，目前主流的工具是 IntelliJ

IDEA、Eclipse。

1.3.1 下载 JDK

在 Oracle 公司的官网中可以免费下载 JDK，在这里可以下载各个版本的 Java SE，JDK 下载页面如图 1-1 所示。这里我们选择 Java SE 8 版本进行下载，单击 Download 栏中的超链接，就可以进入 Java SE 8 的下载页面，Oracle 提供了 Linux、Mac OS、Solaris、Windows 四种操作系统对应版本的下载链接，Java SE 8 下载页面如图 1-2 所示。在下载 JDK 前，我们首先应查看自己计算机的操作系统类型，其次查看操作系统对应的位数，最后选择合适版本进行下载。这里我们选择 Windows x64 版本（jdk-8u321-windows-x64.exe）进行下载，即 64 位的 Windows 操作系统版本。

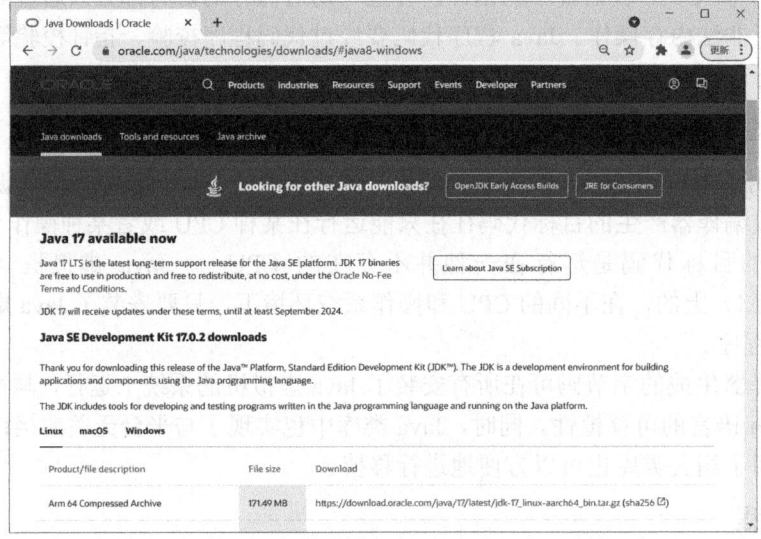

图 1-1　JDK 下载页面

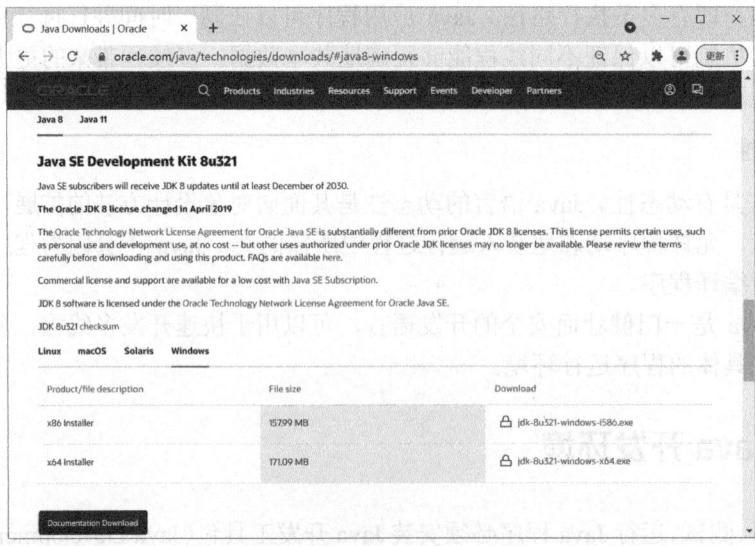

图 1-2　Java SE 8 下载页面

注意，在 Java SE 9 之前，Oracle 公司会提供 32 位和 64 位版本的开发工具包，但现在不再提供 32 位版本的工具包。因此，最新的 Java JDK 必须在 64 位操作系统上使用。

1.3.2 JDK 的安装与配置

下载完 JDK 后，在 Windows 系统下，用户可双击下载的 JDK 安装文件启动安装过程。这时安装程序会询问用户要将 JDK 安装到哪个目录下，一般默认安装在 C:\Program Files\Java 目录下。这个默认安装目录里 Program Files 两个单词之间有一个空格，但因为 JDK 的安装目录最好不包含空格，所以安装时我们通常需要重新指定一个安装目录，如 C:\JDK8\。选定好安装目录后，后续的安装过程选择默认选项即可。

安装完毕后，为了在任何目录下都能运行 Java 工具，需要把安装目录加入环境变量。在 Windows 10 中，右击左下角的 Windows 标志，然后单击"设置"按钮，打开设置界面，在搜索框中输入"环境变量"后选择"编辑系统环境变量"选项（见图 1-3）。

在弹出的"系统属性"对话框中单击"环境变量"按钮，会弹出环境变量界面。首先在系统变量下方单击"新建"按钮，其次在"变量名"栏中输入"JAVA_HOME"，在"变量值"栏中输入"C:\JDK8\"（JDK 安装目录），最后单击"确定"按钮（见图 1-4）。

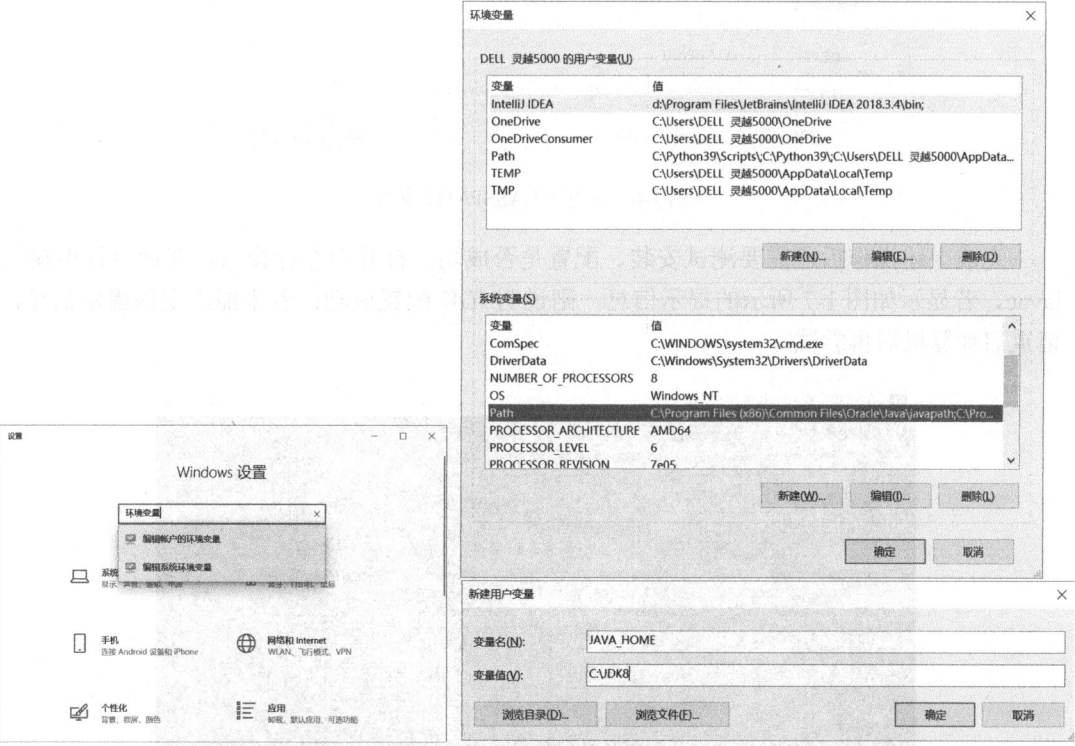

图 1-3　Windows 10 系统设置界面　　　　图 1-4　新建 JAVA_HOME 系统变量

接着在"系统变量"列表框中选择名为 Path 的系统变量，单击"编辑"按钮，在"编辑环境变量"窗口中新建一项"%JAVA_HOME%\bin"（见图 1-5）。

图 1-5 编辑 Path 系统变量

最后，新建 CLASSPATH 变量，设置变量值为 ".;%JAVA_HOME%\lib\dt.jar;%JAVA_HOME%\lib\tools.jar"（注意前面的 "." 表示当前目录），然后单击"确定"按钮（见图 1-6）。

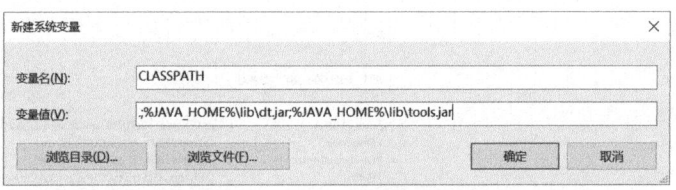

图 1-6 新建 CLASSPATH 变量

完成上述操作后还需要测试安装、配置是否成功，打开命令行窗口，在命令行中输入 javac，若显示如图 1-7 所示的提示信息，则说明 JDK 配置成功；若未能出现该提示信息，请重启计算机后再尝试。

图 1-7 JDK 配置成功示例

1.3.3　IntelliJ IDEA 编译环境的搭建

IntelliJ IDEA 简称 IDEA，是由 JetBrains 公司开发的 Java 编程语言开发集成环境程序。IntelliJ 目前是在全世界使用最广泛的 Java 开发工具之一，尤其在智能代码助手、代码自动提示、重构、JavaEE 支持、各类版本工具（git、svn 等）、JUnit、CVS 整合、代码分析、创新的 GUI 设计等方面的功能优秀。IDEA 可以算得上是一款现代化智能开发工具。

用户可在 JetBrains 官方网站上登录并下载 IDEA 安装程序，下载完安装程序后按照默认选项对 IDEA 进行安装。

下面使用 IDEA 编写程序，具体步骤如下。

（1）打开 IDEA 后，首先选择 File→New→Project，显示 New Project 对话框；其次选择左侧的 Java，此时右侧的 Project SDK 会默认选择已经安装的 JDK；最后单击"Next"按钮。创建 Java 工程如图 1-8 所示。

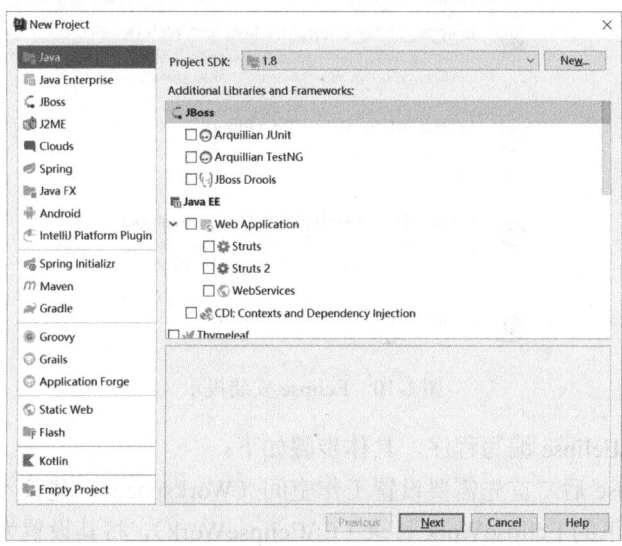

图 1-8　创建 Java 工程

（2）在"Project name"栏中输入本次创建工程的项目名称，如"HelloWorld"。在"Project location"栏中设置项目存放的位置，我们选择"E:\HelloWorld"，然后单击"Finish"按钮后即可创建一个 Java 工程。新建项目设置如图 1-9 所示。

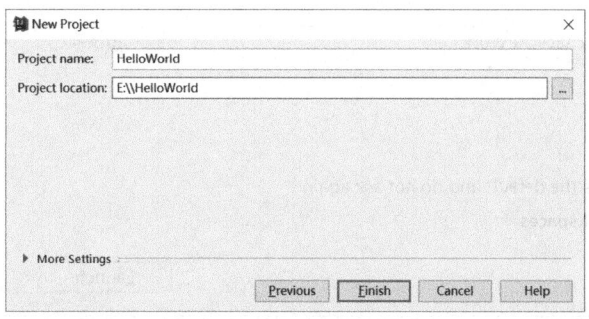

图 1-9　新建项目设置

此时，IntelliJ IDEA 编译环境已搭建成功，接下来就可以在 IDEA 中编写 Java 程序了。

1.3.4 Eclipse 编译环境的搭建

除了 IntelliJ IDEA，Eclipse 也是一个经典的 Java 开发工具。下面将介绍 Eclipse 编译环境的搭建。

用户可以在 Eclipse 官方网站上登录并下载 Eclipse 安装程序，下载后按照提示进行安装。安装时选择 Eclipse IDE for Java Developers（见图 1-10）。

图 1-10　Eclipse 安装提示

下面开始使用 Eclipse 编写程序，具体步骤如下。

（1）打开 Eclipse 后，首先需要设置工作空间（Workspace），建议不要选择默认目录，这里我们选中 E 盘下的 EclipseWork 目录（E:\EclipseWork），将其设置为工作空间。Eclipse 工作空间选择如图 1-11 所示。

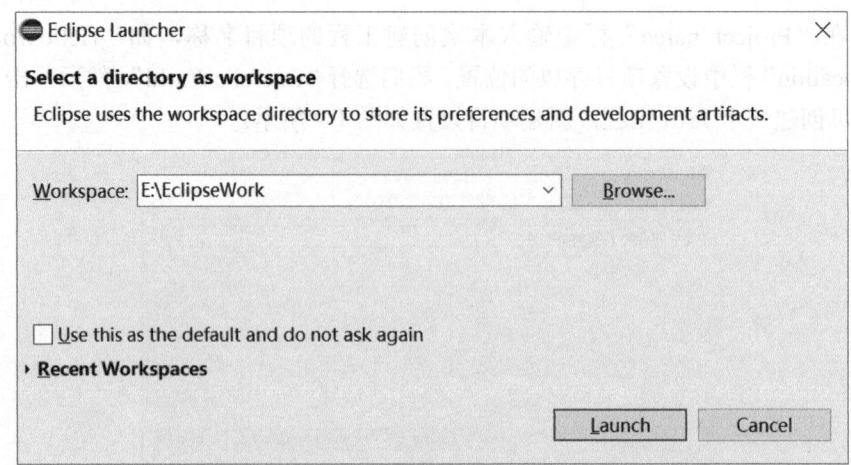

图 1-11　Eclipse 工作空间选择

（2）选择 File→New→Java Project，打开新建 Java 工程的对话框（见图 1-12）。

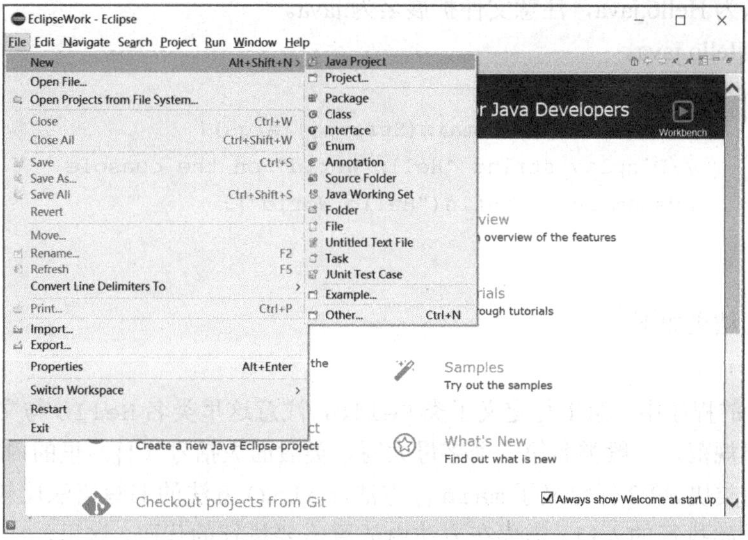

图 1-12　Eclipse 新建 Java 工程

（3）在"Project name"栏中输入本次创建工程的项目名称，如"FirstJavaTest"，然后单击"Finish"按钮，即可创建一个 Java 工程（见图 1-13）。

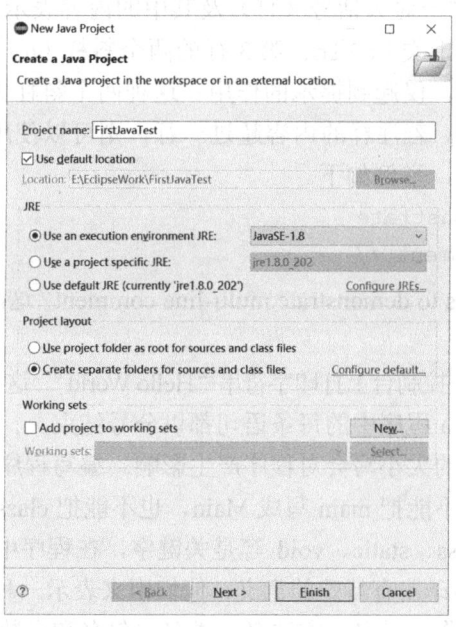

图 1-13　Eclipse 创建工程信息

接下来就可以在 Eclipse 中编写 Java 程序了。

1.4　一个简单的 Java 程序

现在我们写一个简单的 Java 程序来了解 Java 程序的基本结构。可以使用任何一个文本编辑器或者集成开发环境来创建、编写 Java 源程序文件。这里我们使用记事本新建一个文件，将其命名为 Hello.java，注意文件扩展名为.java。

例 1-1 Hello.java。

```
1    public class Hello{
2        public static void main(String[] args){
3            //Display string "Hello World" on the console
4            System.out.println("Hello World");
5        }
6    }
```

程序运行结果如下。

```
Hello World
```

在例 1-1 的程序中，第 1 行定义了类 Hello，注意这里类名 Hello 与文件名 Hello 保持一致。按照规范，一般类名第一个字母大写。类后面大括号（{}）里的内容为包含该类数据和方法的类块。第 2 行定义了 main() 方法，main() 方法的书写语法比较固定。main() 方法是程序开始执行的入口，需要在方法内放置需要执行的代码。这里，String[]args 是传递给 main() 方法的参数。

main() 方法后面的大括号（{}）及其中的程序（第 3 行、第 4 行）是 main() 方法的方法体，形成的块叫方法块，表明从第 3 行至第 4 行的所有程序都属于 main() 方法。而程序第 1 行和第 6 行的一对大括号（{}）及其中的内容表示一个类块，表明从第 2 行至第 5 行的所有程序都属于类 Hello。第 3 行的两个斜杠（//）后面的内容是注释，注释在程序中是不会被执行的，仅起到提示的作用。这种两个斜杠（//）的注释方式称为行注释，只能注释一行的内容。若注释的内容超过一行，则可以使用块注释，即在符号/*和*/之间写入想要注释的内容，举例如下。

```
/* this is to demonstrate
   multi-line comment */
```

在程序运行时，"this is to demonstrate multi-line comment"这两行内容会被编译器忽略，不会被执行。

第 4 行代码的作用是在控制台上打印字符串"Hello World"。这条语句结束后有个分号（;），代表这条语句的结束。Java 程序中的每条语句都以分号结束。

在上述代码中，字母的大小写会对程序产生影响。编写程序时要注意，Java 程序是严格区分大小写的。例如，不能把 main 写成 Main，也不能把 class 写成 CLASS。

程序中的 public、class、static、void 等是关键字，在程序中有固定写法和固定用途。Java 的关键字对 Java 的编译器有特殊的意义，他们用来表示一种数据类型，或者表示程序的结构等，关键字不能用作变量名、方法名、类名、包名和参数名。

1.5 编译和执行 Java 程序

1.5.1 控制台方式

如果计算机上没有安装集成开发环境，那么可以使用控制台方式编译和运行 Java 程序。

控制台也是最原始的 Java 程序执行方式。

Java 源程序不能直接运行，需要把源程序编译成字节码后才能在计算机上运行。

编译 Java 程序的过程如下。首先，进入命令行模式，使用 cd 命令进入 Java 源程序所在目录。其次，使用 javac 命令编译 Java 源程序，如 javac Hello.java 用于编译 Java 源程序文件 Hello.java。最后，若编译过程中没有错误，则在编译结束后，编译器会生成一个 Hello.class 的字节码文件，该文件的扩展名为.class。字节码类似于机器指令，可以在任何安装 Java 虚拟机的平台上运行。

在编译生成字节码后，就可以使用命令来运行 Java 程序了，例如 java Hello 命令就是执行刚刚编译完成的例 1-1 中的 Hello 程序，这时在控制台中会显示"Hello World"。

1.5.2 IDE 方式

除了原始的控制台方式，还有更方便、更高效的编译执行方式。在 IDEA 或者 Eclipse 集成开发环境中新建一个工程，然后新建一个 Java 文件就可以一边写代码，一边编译并运行程序了。

在 IDEA 中创建完工程后，需要创建一个 Java 类才能编写程序。选中 src 目录然后右击选择 New→Java Class（见图 1-14）。

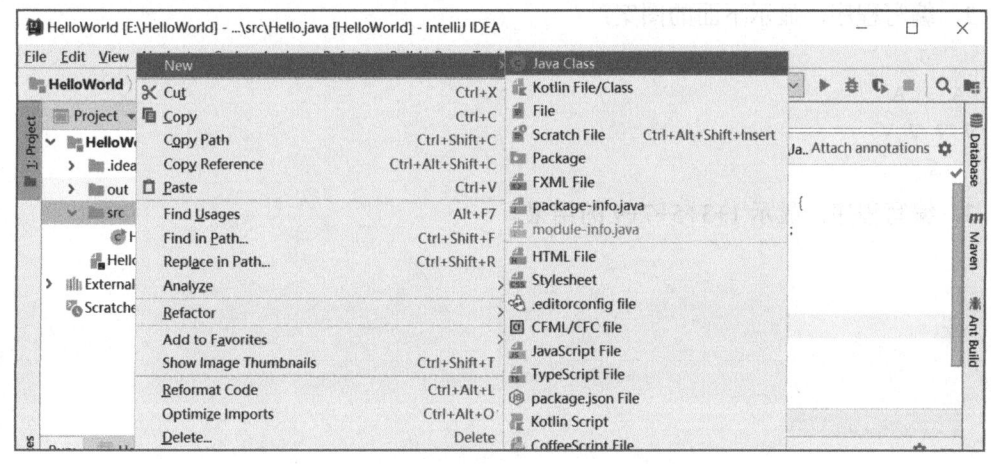

图 1-14 创建一个新类

输入类名称和相应代码，编写完程序后单击工具栏上的 按钮就可以编译程序了，程序编译完成后若没有语法错误，则单击按钮 运行程序。

同理，在 Eclipse 中创建工程后也需要新建一个 Java 类，然后在类中编写程序。编写完程序后可以单击按钮 编译和运行程序。

在集成开发环境中，可以方便快捷地编译并运行程序。若发现程序存在错误，则可以根据错误提示及时改正后再运行程序。

1.6 本章小结

Java 语言经历了时间的考验，成为应用最广泛的开发语言之一。学习 Java 编程语言对

IT 知识的学习大有裨益。

通过本章的学习，我们了解了 Java 语言的发展历史及其优势。知道了如何搭建 Java 编程环境，并编写了第一个简单的 Java 程序，掌握了 Java 程序基本语法结构，为后续章节的学习打下基础。

1.7 习题

一、简答题

1. 简述 Java 开发环境的搭建过程。
2. 控制台如何编译一个 Java 程序，如何运行 Java 程序？
3. 如何使用 IDEA 或者 Eclipse 开发 Java 程序？
4. 简述 Java 语言的发展历史。
5. 如何注释 Java 程序？

二、编程题

1. 编程显示 Welcome to Java。
2. 编写程序，显示下面的图案：

```
   J
 A   A
V V V V
   A
```

3. 编写程序，显示 1+3+5+7+9 的结果。

第 2 章　Java 语言基础

学习目标：

- 了解 Java 的基本语法格式
- 了解 Java 中的基本数据类型
- 理解 Java 中的变量与常量
- 理解 Java 数据类型的转换
- 掌握 Java 中运算符、表达式的使用
- 掌握 Java 结构语句的使用
- 掌握 Java 中数组的创建和使用方法

Java 语言究竟是什么，简单来说，它是一种程序设计语言，Java 语言通过提供多种机制非常好地支持了面向对象风格的程序设计，当然 Java 也支持传统的过程式程序设计，这为使用 Java 解决实际问题带来了极大的便利。

"万丈高楼平地起"，学习任何一门语言，都必须要从学习基础知识开始。Java 语言作为一门程序设计语言，有其自身的独特性，要想掌握 Java 语言就必须充分了解该语言的基础知识。

本章将对 Java 的基本语法，变量与常量，运算符、表达式与语句，程序流控制，数组，以及 Java Scanner 类进行详细的讲解，通过对这些基础知识的学习，可以使我们对 Java 语言的程序有一个基本的了解。

2.1　Java 的基本语法

任何一种语言要想清楚地描述事物，都有自身的一套语法规则。Java 编程语言也不例外，为了实现无二义性的描述，和一般人类语言相比，Java 语言需要更为严格的语法规则。只有按照语法规则写出的程序才能被编译执行，才能得到正确的运行结果，因此我们首先需要熟悉 Java 的基本语法。

2.1.1　Java 的基本语法格式

在 Java 程序中，万事万物皆对象，对象通过调用彼此的方法来协同工作。Java 以类型的观点来区分和识别事物，非常符合人类日常的认知习惯，从这一点来看，Java 的确是完全面向对象的语言。对象由类生成，因此任何代码都必须写在类中，没有例外。我们必须首先声明一个类，其次才可以在类中加入需要的业务代码，来最终实现程序的功能。类的声明需要使用 class 关键字来定义，在 class 关键字之前可以设置修饰符。语法格式如下。

```
[修饰符] class 类名{
```

        复合程序代码;
}

下面通过例 2-1 来说明 Java 的基本语法格式。

例 2-1　HelloWorld 类的定义。

```
public class HelloWorld{
    public static void main(String[] args){
        System.out.println("Hello World");
    }
}
```

从 HelloWorld 类的定义语法中可以看到，Java 程序代码可以大致分为两类，即结构定义语句和功能执行语句。

结构定义语句用于声明相应的类和方法等。一般后面跟上一对大括号（{}）用于限定定义的范围。

功能执行语句用于实现具体的功能。每条功能执行语句都要用英文分号结尾。Java 源程序的书写是自由的，允许在代码元素之间出现任意数量的空白，包括空格、Tab 键、换行符等。每条语句习惯上写在一行内，但也可写在连续的若干行内（连续字符串除外）。

多条语句也可以放在一对大括号（{}）内形成语句块，语句块允许嵌套，以形成复杂的程序流程。

2.1.2　Java 中的注释

在 Java 程序中，为了使代码便于阅读和修改，会在实现代码的同时为其添加一些注释，用来对相应的代码功能进行解释，这些注释也能让后续的开发者更加容易理解代码、维护程序。注释并不会影响代码的执行，编译器会自动忽略源码中的注释，而不会将其放到编译出的 class 字节码文件中。

为方便使用，Java 中提供了 3 类注释方式，分别服务不同的解释需要。

1．单行注释

通常用于对程序中某行代码进行解释，用符号"//"置于代码行尾，"//"后面的内容为解释的内容，适用于简短说明。例如，

```
int boys;//一年级男生数量
```

2．多行注释

可以同时对一行或多行代码进行统一注释，以符号"/*"开头，以符号"*/"结尾，中间的内容为解释的内容。

3．文档注释

通常是对程序代码进行的系统性解释说明，以符号"/**"开头，以符号"*/"结尾，表示位于开头结尾之间的文本，可以用 javadoc 命令抽取文档注释并生成于相应的 HTML 文档之中。例如，在定义类的代码中我们可以加入以下注释。

```
/**
 * 这是第一个 Java 程序
 * @auther stu
```

```
 * 它将输出 Hello World
 * 这是一个文档注释的示例 */

public class HelloWorld{
/*
 * 这是第一个main()方法入口
 * 这是一个多行注释的示例 */
    public static void main(String[] args){
        System.out.println("Hello World");//这是单行注释的示例
    }
}
```

2.1.3 关键字

关键字就是一些具有特定用途或被赋予特定意义的单词，也被称为保留字，这些词被 Java 语言保留下来用于表示特定含义，不能用于用户自行定义。关键字的数量很多，Java 关键字如表 2-1 所示，这些关键字都是小写的。我们将会在后面的章节逐步了解到每个关键字的含义，目前仅作了解即可。

表 2-1 Java 关键字

保留字	说明	保留字	说明
private	一种访问控制符，表示私有模式	assert	断言表达式是否为真
protected	一种访问控制符，表示保护模式	catch	用于异常处理，用来捕捉异常
public	一种访问控制符，表示公共模式	finally	用于异常处理，无论有无异常都执行
default	一种访问控制符，表示默认模式	throw	抛出一个异常对象
abstract	表明类或成员方法具有抽象属性	throws	声明一个可能被抛出的异常
class	声明一个类	try	尝试执行一个可能抛出异常的程序块
extends	表明一个类型是另一个类型的子类型	import	引入要访问的类或包
final	用户说明最终属性	package	包
implements	实现接口类	boolean	布尔型
interface	接口	byte	字节型
native	本地，原生方法	char	字符型
new	用来创建实例对象	double	双精度浮点
static	表示具有静态属性	float	单精度浮点
strictfp	使浮点运算更加精确	int	基本整型
synchronized	表明一段代码需要同步执行	long	长整型
transient	表示不用序列化的成员域	short	短整型
volatile	表明两个或多个变量必须同步发生变化	super	父类，超类
break	跳出循环	this	指向当前实例对象的引用

续表

保留字	说明	保留字	说明
case	用在 switch 语句之中，表示其中的一个分支	void	无返回值
continue	表示跳出当前循环继续下一个循环	goto	保留关键字，但没有使用
do	用在 do…while 循环结构中	const	保留关键字，但没有使用，用 final 替换
else	用在分支语句中，表明当条件不成立时的分支	instanceof	用来测试一个对象是否是指定类型的实例对象
for	一种循环结构的引导词	return	返回
if	分支语句的引导词	switch	分支语句的引导词
while	用在循环结构中		

2.1.4 标识符

在 Java 代码中，一切皆为对象，我们需要给予这些不同的对象不同的命名，才能用名字去操控它们完成相应的任务。

我们给对象命名，也就是标识出对象，对象因此也就有了标识符。所谓标识符就是用来标识类名、变量名、方法名、类型名及文件名的有效字符序列，也就是一个名字，这个名字代表了被标识的对象，在后续的代码中可以使用这个名字来操控对象，由此可见，标识符非常重要。

那么，该如何来定义标识符呢？如何定义标识符才能保证代码中的每个对象被正确的操作和执行呢？这就需要我们遵守 Java 的命名规则，命名规则如下。

（1）标识符是由字母（A～Z，a～z）、下画线（_）、美元符号（$）和阿拉伯数字（0～9）组成的，长度不受限制。

（2）标识符的第一个字符不能是数字字符。

（3）标识符不能是关键字。

（4）标识符不能是 true、false 和 null，虽然它们不是关键字，但被保留做特定用途。

（5）Java 语言是严格区分字母大小写的，字母大小写不同也会导致标识符号的不同，不要采用易于混淆的字母或数字。

例如，合法标识符有 age、$salary、_value、_1_value；非法标识符有 123abc、-salary。

为了增强代码的可读性，除了需要严格遵守命名规则，还建议命名时采用一致的风格，如下。

（1）包名所有字母一律小写。

（2）类名和接口名的首字母大写，若名称由多个单词组成，则每个单词的首字母大写，其余小写。

（3）常量名所有字母大写，单词之间用下画线连接。

（4）变量名和方法名的首字母小写，若名称由多个单词组成，则从第二个单词开始，每个单词的首字母大写。

（5）应尽量采用有意义的英文单词，而不是简短的字符（除非在代码流程的内部）定义标识符。

（6）语句的书写选择合适并且一致的缩进，元素之间的分隔要清晰。

2.2 变量与常量

2.2.1 变量概述

什么是变量？变量是一个内存中的盒子（容器），容器大家都很熟悉，是用来装载物件的工具，而变量是用于装载数据的容器。由此可见，变量是内存中装载数据的内存单元，只可以用它来存取数据。

2.2.2 变量的定义

要想在变量中存取数据，仅有内存单元还不够，我们必须明确地告诉编译器变量需要的内存单元大小、变量的标识符，以及可以执行的操作等，也就是说我们必须声明或定义变量、说明变量的类型、赋予变量名字、分配存储单元。定义中分配的内存单元就是相应的变量，标识符就是变量名，内存单元中存储的数据就是变量的值。

定义变量的语法非常简单，只需要指定变量的类型和变量名即可，语法格式如下。

```
变量类型 变量名 [=初始值];
```

其中变量定义的位置决定了变量的作用域，变量的类型决定了变量的数据性质、所占存储大小及可进行的合法操作。变量名必须是合法的标识符，用来指代变量。[]中的内容是可选项，可在定义变量的同时对变量进行初始化赋值。变量定义举例如图2-1所示。

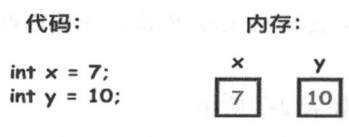

图2-1 变量定义举例

2.2.3 常量

常量就是在程序运行中固定不变的值，是不能改变的数据，为方便使用并提高效率，Java中的常量同样分为多种数据类型，赋值时也必须采用正确的类型。Java中的常量其实就是特殊的变量，是一种只能进行一次赋值的变量，其定义的语法非常简单，只需要在定义变量的语句前加上final关键字修饰即可，所以也被称为final变量，语法格式如下。

```
final 常量类型 常量名[=初始值];
```

定义常量时可以选择是否对常量进行初始化，也可以后续赋值，但要注意，常量一旦被初始化之后它的值就不再允许修改，这就是它与变量不同的地方。常量定义举例如下。

```
final double PI = 3.14159,CON;//定义两个常量PI和CON，PI初始化为3.14159
CON=2.71828;   //此处才为CON赋值
```

2.2.4 数据类型

在定义变量或常量时，我们必须声明它们的数据类型，并且在赋值时也必须赋予它们同类型的值,否则程序会出现类型不匹配的错误。因此,为正确使用变量和常量,我们必须对 Java 语言提供的各种数据类型有一个全面的认识。

Java 中变量的数据类型分为基本数据类型和引用数据类型,Java 数据类型分类如图 2-2 所示。

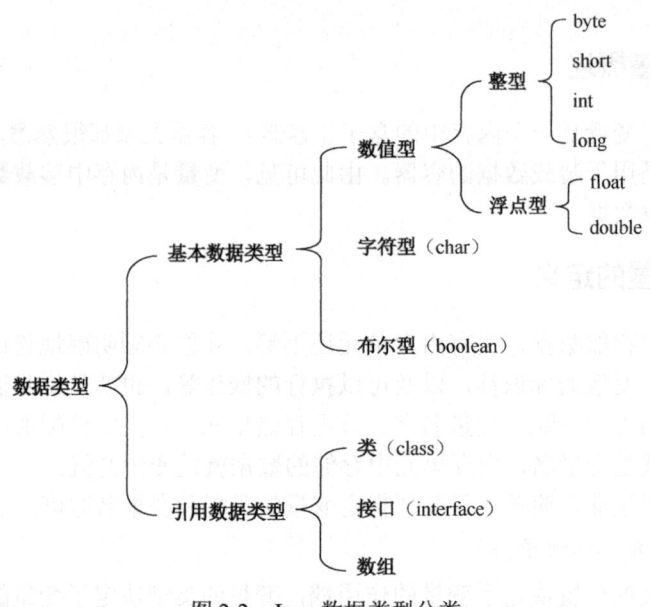

图 2-2　Java 数据类型分类

1. 基本数据类型

基本数据类型分 4 类 8 种,由 Java 语言内嵌,在任何操作系统中都具有相同大小和属性,可直接使用。

Java 基本数据类型的属性如表 2-2 所示。

表 2-2　Java 基本数据类型的属性

	数据类型	字节数	位数	取值范围	包装类	默认值
整型	byte	1	8	$(-2^{(8-1)}, 2^{(8-1)}-1)$,即$(-128,127)$	Byte	0
	short	2	16	$(-2^{(16-1)}, 2^{(16-1)}-1)$,即$(-32768,32767)$	Short	0
	int	4	32	$(-2^{(32-1)}, 2^{(32-1)}-1)$,即$(-2^{31}, 2^{31}-1)$	Integer	0
	long	8	64	$(-2^{(64-1)}, 2^{(64-1)}-1)$,即$(-2^{63}, 2^{63}-1)$	Long	0L
浮点型	float	4	32	$-3.4028235E+38 \sim -1.4E-45, 1.4E-45 \sim 3.4028235E+38$	Float	0.0f
	double	8	64	$-1.7976931348623157E+308 \sim -4.9E-324$,$4.9E-324 \sim 1.7976931348623157E+308$	Double	0.0d
布尔型	boolean	1	8	true,false	Boolean	false
字符型	char	2	16	$(0, 2^{16}-1)$,即$(0,65535)$,是由单引号括起来的一个字符	Character	'\u0000'

1)布尔型

布尔型(boolean)又称逻辑型,只有两种取值,即 true 和 false,在机器上占 1 字节,默认初始值为 false。

例如，"boolean b=true;"。

2）字符型

（1）char 型。

char 型用于存储单一字符，Java 采用 Unicode 字符集，每个 char 型数据都存储一个 16 位的 Unicode 字符，由英文单引号括起来。默认初始值为\u0000，取值范围为 0~65535 的整数，这些整数也就是字符集内的字符编码（位序），例如，在代码"char b='a';"中，变量 b 中存储的值是 97，这个 97 为字符 a 在 Unicode 表中的排序位置，也就是 a 的字符编码。因此也可以用字符编码给字符变量赋值，将声明写为"char b=97;"。

采用 Unicode 字符集可以支持各国不同种类文字的字符，使得 Java 能方便地处理不同语言，为程序的国际化提供了极大的便利。

要想观察一个字符在 Unicode 表中的位序，可以使用 int 类型转换，例如，通过代码 (int)'a'得到的位序即字符编码。反之，要想得到相应整数编码在表中的字符，可以使用 char 型转换，编码不能超出 0~65535，如通过代码(char)97 可以得到字符'a'。上例括号中的数据类型标识可以用来强制进行数据类型转换，后面会再详细介绍。

（2）转义字符。

转义字符是一种特殊的字符变量，使用反斜线（\）连接字符构成，如表 2-3 所示。

表 2-3 转义字符

转义字符	含义
\r	回车
\n	换行
\b	退格
\t	垂直制表符，将光标移到下一个制表符位置
\'	单引号
\"	双引号
\\	反斜线
\ddd	1~3 位八进制数据表示的字符
\uxxxx	4 位十六进制数据表示的字符

char 型只能存储单个字符，在实际开发中经常会使用字符串，即一连串的字符，它们必须包含在一对英文双引号内，例如"tiger"，为了表示一串字符，可以使用 String（字符串）数据类型，它不是基本数据类型，而是 Java 库中一个预定义的类，关于字符串类型将在第 6 章中详细讨论。

3）整型

整数类型（整型）用于存储整数数值，为了给不同范围的整数分配合理的存储空间，整数类型划分为 4 种，即字节型（byte）、短整型（short）、基本整型（int）和长整型（long），这 4 种类型所占字节数及取值范围如表 2-2 所示。

对于多种整数类型，在代码中该用哪一种，这需要花费一定精力来选择，最简单的方式就是在编码时一律先选择 int 类型，等到需要考虑代码的时空效率时再去确定合适的整数类型。

4）浮点型

浮点型用来存储小数数值。double 类型比 float 类型更为精确，两种浮点型所占字节数及取值范围如表 2-2 所示。

在 Java 中，小数会被默认为 double 类型，即双精度类型，因此如果想要为 float 类型的变量赋值须加上后缀 f 或 F；而为 double 类型的变量赋值时，可以加上后缀 d 或 D，也可以不加。举例如下。

```
float x=45.23f,y=2e-3F;
double height=345.34d,length=2e23;
```

对于基本数据类型的取值范围，我们无须去强制记忆，因为它们的值都已经以常量的形式定义在对应的包装类中了，如例 2-2 所示。

例 2-2　基本数据类型的取值范围。

```
public class PrimitiveTypeTest{
    public static void main(String[] args){
        // byte
        System.out.println("基本类型: byte 二进制位数: " + Byte.SIZE);
        System.out.println("包装类: java.lang.Byte");
        System.out.println("最小值: Byte.MIN_VALUE=" + Byte.MIN_VALUE);
        System.out.println("最大值: Byte.MAX_VALUE=" + Byte.MAX_VALUE);
        System.out.println();

        // short
        System.out.println("基本类型: short 二进制位数: " + Short.SIZE);
        System.out.println("包装类: java.lang.Short");
        System.out.println("最小值: Short.MIN_VALUE=" + Short.MIN_VALUE);
        System.out.println("最大值: Short.MAX_VALUE=" + Short.MAX_VALUE);
        System.out.println();

        // int
        System.out.println("基本类型: int 二进制位数: " + Integer.SIZE);
        System.out.println("包装类: java.lang.Integer");
        System.out.println("最小值: Integer.MIN_VALUE=" + Integer.MIN_VALUE);
        System.out.println("最大值: Integer.MAX_VALUE=" + Integer.MAX_VALUE);
        System.out.println();

        // long
        System.out.println("基本类型: long 二进制位数: " + Long.SIZE);
        System.out.println("包装类: java.lang.Long");
        System.out.println("最小值: Long.MIN_VALUE=" + Long.MIN_VALUE);
        System.out.println("最大值: Long.MAX_VALUE=" + Long.MAX_VALUE);
        System.out.println();

        // float
        System.out.println("基本类型: float 二进制位数: " + Float.SIZE);
```

```java
        System.out.println("包装类: java.lang.Float");
        System.out.println("最小值: Float.MIN_VALUE=" + Float.MIN_VALUE);
        System.out.println("最大值: Float.MAX_VALUE=" + Float.MAX_VALUE);
        System.out.println();

        // double
        System.out.println("基本类型: double 二进制位数: " + Double.SIZE);
        System.out.println("包装类: java.lang.Double");
        System.out.println("最小值: Double.MIN_VALUE=" + Double.MIN_VALUE);
        System.out.println("最大值: Double.MAX_VALUE=" + Double.MAX_VALUE);
        System.out.println();

        // char
        System.out.println("基本类型: char 二进制位数: " + Character.SIZE);
        System.out.println("包装类: java.lang.Character");
        // 以数值形式而不是字符形式将Character.MIN_VALUE输出到控制台
        System.out.println("最小值: Character.MIN_VALUE="
                + (int) Character.MIN_VALUE);
        // 以数值形式而不是字符形式将Character.MAX_VALUE输出到控制台
        System.out.println("最大值: Character.MAX_VALUE="
                + (int) Character.MAX_VALUE);
    }
}
```

2. 引用数据类型

Java 的第二种数据类型是引用数据类型，包括类、接口和数组。引用数据类型和基本数据类型不同，基本数据类型变量中保存的是具体的值，而引用数据类型变量中保存的则是某个内存空间的地址值，此内存空间中保存着一个具体的值，引用数据类型变量通过保存的地址值间接访问内存空间，而不是像基本数据类型那样直接访问内存空间。Java 与 C++ 不同，不支持显式的指针，而是通过引用变量名来对某个内存地址进行访问。

由于两种数据类型结构不同，在声明时也不相同。在声明基本数据类型变量时，系统直接给该变量分配空间，程序可以直接操作，而在声明引用数据类型变量时，只是给该变量定义了一个名字，还没有分配数据空间，引用数据类型变量还未指向任何有效的存储空间，因此还不能使用该引用数据类型变量来访问内存空间，它必须在声明之后通过实例化开辟数据空间，才能对其指向的对象进行访问。由于引用数据类型变量本身只是一个引用，引用数据类型变量之间的赋值只是对引用赋值，而不会对其指向的存储空间赋值，这一点在进行对象赋值时要特别注意。引用数据类型变量一旦被声明，其类型就不能被改变了。

引用数据类型常量只有 null，用来标识一个不确定的对象。因此，可以将 null 赋给引用数据类型变量，但不可以将 null 赋给基本数据类型变量。所有引用数据类型变量的默认值都是 null。null 本身不是对象，也不是 Objcet 的实例，因此不能用于访问对象。

2.2.5 变量的作用域

在 Java 中使用变量时，必须先声明后使用。但变量在被声明后，就一定可以使用了吗？当然不是，变量还必须保证位于作用范围之内才可以被操作，处在作用范围之外将无效。此作用范围就被称为变量的作用域。变量的作用域同时决定了变量的可见性和存在时间，Java 中的作用域用一对大括号（{}）来表示，这对大括号及其中的代码形成一个语句块，语句块允许嵌套，如此就会在程序中形成非常复杂的多个嵌套作用域。为正确使用变量，我们就必须弄清楚每个变量所处的作用域范围。

可以按照作用域将变量划分为以下 3 种。

（1）类变量：独立于方法之外的变量，用 static 修饰，该类变量在类加载时创建，并且只要所属的类存在，该变量就一直存在。

（2）实例变量：独立于方法之外的变量，没有 static 修饰，在调用构造方法时创建，只要有引用指向变量所属的对象，该变量就将一直存在。

（3）局部变量：类的方法中的变量，当程序执行流进入方法时创建，在方法退出时消亡，也称自动变量或临时变量。

在大括号内定义的局部变量，只有在该对大括号内方可使用，在嵌套的语句块内也可用，一旦出了大括号对就会从内存中消亡，但 Java 不提供内部语句块内局部变量遮蔽外部语句块同名变量的能力，因为 Java 认为那样的技巧容易导致程序错误，如例 2-3 所示。

例 2-3 验证变量的作用域。

```
public class Variable{
    public static void main(String[] args){
        int i =0;   // 定义变量 i
        {
            int i=3;//本条语句将导致 i 重复定义
            int j=5;//定义变量 j
            System.out.println("i="+i);
            System.out.println("j="+j);
        }
    }
}
```

例 2-3 中的程序在编译时会报错，原因在于变量 i 被重复定义，将例 2-3 的程序代码改为以下形式。

```
public class Variable{
    public static void main(String[] args){
        int i =0;   // 定义变量 i
        {
            i=3;
            int j=5;//定义变量 j
            System.out.println("i="+i);
            System.out.println("j="+j);
        }
        j=i;   //给变量 j 赋值时超出了它的作用域
```

        }
    }

此时程序编译仍报错,出错的原因在于给变量 j 赋值时超出了它的作用域。

2.2.6 变量的初始化

为使程序正常执行,变量必须被正确地初始化,Java 语言能够通过多种方式保证变量在使用之前被初始化。当创建一个对象时,对象包含的类变量或实例变量会根据数据类型由系统自动赋予默认值,Java 数据类型默认值如表 2-4 所示,相当于自动为变量赋予不同数据类型的"0"值。然而局部变量不会由系统自动赋予默认值,必须在使用前手动赋初值进行初始化。

表 2-4 Java 数据类型默认值

数据类型	默认值
byte	0
short	0
int	0
long	0L
float	0.0f
double	0.0d
char	'\u0000'
String (或任何对象)	null
Boolean	false

变量可以在声明的同时进行初始化,也可以在声明之后用一个赋值语句进行初始化。初始化的值必须与声明的类型匹配,如"int a=12;"等价于"int a; a=12;"。

实例变量的默认值可以用例 2-4 的程序进行测试。

例 2-4 变量默认值。

```
public class DefaultTest{
    static boolean bool;
    static byte by;
    static char ch;
    static double d;
    static float f;
    static int i;
    static long l;
    static short sh;

    public static void main(String[] args){
        System.out.println("Bool :" + bool);
        System.out.println("Byte :" + by);
        System.out.println("Character:" + ch);
```

```
            System.out.println("Double :" + d);
            System.out.println("Float :" + f);
            System.out.println("Integer :" + i);
            System.out.println("Long :" + l);
            System.out.println("Short :" + sh);
    }
}
```

2.2.7 基本数据类型转换

为简化代码编写、符合人类表达的习惯，Java 允许不同基本数据类型之间相互转换。当把一种基本数据类型变量的值赋给另一种基本数据类型变量时就涉及基本数据类型转换，若没有基本数据类型转换，我们将不得不面对一些难以处理的数据处理操作。

基本数据类型转换涉及如下基本数据类型（不包括布尔型），按照精度从低到高的顺序排列如图 2-3 所示。

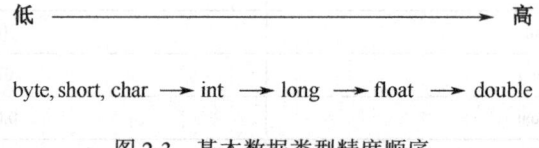

图 2-3 基本数据类型精度顺序

根据转换方式的不同，基本数据类型转换可分为自动类型转换和强制类型转换。

当把精度低的值赋给精度高的变量时，系统会自动完成类型转换，所以也称自动类型转换。例如，对于代码"byte a=2;int c=a;"，其后一条语句不需要写成"int c=(int)a;"。

这个类型转换由编译器自动完成。这个类型转换之所以可以自动完成，是因为将精度低的数据放入精度高的变量中，不会损失数据精度，类似于将小瓶水倒入大瓶中不会溢出，是安全的转换。自动类型转换的代码如下所示。

```
public class AutoTransform{
    public static void main(String[] args){
        char c1='a';//定义一个char型变量
        int i1 = c1;//char型自动类型转换为int类型
        System.out.println("char型自动类型转换为int类型后的值等于"+i1);
    }
}
```

当把精度高的值赋给精度低的变量时，系统不会自动进行类型转换，若要保证代码正确执行，必须自行使用类型转换运算符完成转换，所以也称为强制类型转换。将取值范围大的数据类型变量的值赋给取值范围小的数据类型变量，是有可能造成数据精度损失的，类似于将大瓶水倒入小瓶中会造成溢出。所以系统默认不支持将精度高的值赋给精度低的变量，而由开发者来决定是否进行类型转换。强制类型转换的语法格式如下。

目标类型 变量名=(目标类型)值;

举例如下:
int a=4;byte b=(byte)a;

第二条语句（byte b=(byte)a;）中的类型转换运算符不能缺少，否则会出现类型转换异常。需要注意的是，在进行强制类型转换操作时，可能会造成数据精度的丢失，而保证数据的安全是程序员的责任。强制类型转换的示例代码如下所示。

```
public class ForcedTransform{
    public static void main(String[] args){
        int i1 = 123;
        byte b = (byte)i1;//强制类型转换为byte类型
        System.out.println("int类型强制类型转换为byte类型后的值等于"+b);
    }
}
```

2.3 运算符、表达式与语句

在Java程序中，为完成对数据的处理，需要用到运算符。由运算符、变量、常量等元素按照语法规则构造出的符号序列即表达式，而表达式又可以构造出语句，多条语句就组成了程序，由此可见，运算符、变量、常量、表达式与语句是构造程序的基本元素，需要深刻了解方可编写出能够正确运行的程序。

Java中的运算符分为算术运算符、关系运算符、位运算符、逻辑运算符和赋值运算符等。混合使用这些运算符可以形成多种多样的表达式，满足各种运算处理的需要。

2.3.1 算术运算符与算术表达式

数学中的四则运算（加、减、乘、除）是最常见的算术运算符，Java可以使用这些运算符完成基本的算术运算。由算术运算符、操作数和括号按照Java语法规范书写可以形成算术表达式，从而完成具体的运算。在算术表达式中，操作数只能是整数或浮点数，按照操作数数量的不同，算术运算符可分为二元运算符和一元运算符。

二元运算符涉及两个操作数，共有5种，即+、-、*、/、%，适用于所有的基本数据类型，算术运算符的描述及例子如表2-5所示。

表2-5 算术运算符的描述及例子

操作符	描述	例子（A的值为10，B的值为20）
+	加法，将运算符两侧的值相加	A + B 等于 30
-	减法，左操作数减去右操作数	A - B 等于-10
*	乘法，将操作符两侧的值相乘	A * B 等于 200
/	除法，左操作数除以右操作数	B / A 等于 2
%	取余，左操作数除以右操作数的余数	B % A 等于 0
++	自增，操作数的值增加1	B++或++B 等于 21（二者区别详见下文）
--	自减，操作数的值减少1	B--或--B 等于 19（二者区别详见下文）

算术运算符经常进行混合运算，先将算术表达式中不同类型的数据自行转换为同一类型的数据，再参与运算，转换的规则与自动类型转换的规则相同。运算的结果保持运算中出现的最高精度类型。

一元运算符涉及的操作数只有一个，共有 4 种，即+、-、++、--。+、-运算符置于操作数前面，表示值的正负。而++、--运算符有些特殊，称为自增运算符、自减运算符，可以前置于操作数，也可以后置于操作数（见表 2-5），但其副作用不同。所谓副作用是指表达式除了完成基本运算，还会改变参与运算的变量的值。

自增、自减运算符的含义非常浅显，就是使其依附的变量自行加 1 或减 1，但前置和后置的副作用不同，前置是先进行自增或自减运算，然后再进行后续其他运算；后置则相反。

2.3.2 关系运算符与关系表达式

关系运算符用来比较两个操作数，两个操作数与一个关系运算符就能够构成一个关系表达式。任何可以比较的类型数据都可以作为关系运算符的操作数，但运算结果必须为布尔型。其中==和!=可以应用于任何类型的数据。若关系成立，则结果为 true，否则为 false。关系运算符都为二元运算符，共有 6 种，其描述及例子如表 2-6 所示。

表 2-6 关系运算符的描述及例子

运算符	描述	例子（A 的值为 10，B 的值为 20）
==	检查两个操作数的值是否相等，若相等则为 true，否则为 false	A == B 为 false
!=	检查两个操作数的值是否相等，若值不相等则为 true，否则为 false	A != B 为 true
>	检查左操作数的值是否大于右操作数的值，若是则为 true，否则为 false	A > B 为 false
<	检查左操作数的值是否小于右操作数的值，若是则为 true，否则为 false	A < B 为 true
>=	检查左操作数的值是否大于或等于右操作数的值，若是则为 true，否则为 false	A >= B 为 false
<=	检查左操作数的值是否小于或等于右操作数的值，若是则为 true，否则为 false	A <= B 为 true

2.3.3 逻辑运算符与逻辑表达式

逻辑表达式由布尔型操作数和逻辑运算符组成。操作数应为布尔型，和关系运算符显然不同，不要混淆。但关系表达式的运算结果为布尔型，因此可以作为操作数形成逻辑表达式。

逻辑运算符共有 6 种，包括 5 个二元运算符和 1 个一元运算符。

逻辑运算符的描述及例子如表 2-7 所示。

表 2-7 逻辑运算符的描述及例子

操作符	描述	例子	结果
&	与运算,运算符两边的操作数全为 true 时,计算结果为 true,否则为 false	true & true	true
|	或运算,运算符两边的操作数全为 false 时,计算结果为 false,否则为 true	false | false	false
^	异或运算,运算符两边的操作数一个为 true、另一个为 false 时,计算结果为 true,否则为 false	true ^ false	true
&&	短路与运算,运算符两边的操作数全为 true 时,计算结果为 true,否则为 false	true && true	true
||	短路或运算,运算符两边的操作数全为 false 时,计算结果为 false,否则为 true	false || false	false
!	非运算,运算符后面的操作数为 true 时,计算结果为 false;运算符后面的操作数为 false 时,计算结果为 true	!true	false

在使用逻辑运算符时,需要注意以下 3 点。

(1) &与&&的区别:在使用&进行运算时,无论左边为 true 还是 false,右边的表达式都会进行运算;在使用&&进行运算时,如果左边为 false,右边的表达式将不会进行运算。

(2) |与||的区别:在使用|进行运算时,无论左边为 true 还是 false,右边的表达式都会进行运算;在使用||进行运算时,如果左边为 true,右边的表达式将不会进行运算。

(3) 短路与运算和短路或运算能够采用最优化的计算方法,提高效率,在实际编程时,应优先考虑使用短路与运算和短路或运算。

2.3.4 位运算符

位运算符是针对二进制数(0 和 1)的每一位符号进行运算的符号。位运算符的描述及例子如表 2-8 所示。

因为位运算符的本质是对二进制位进行操作,所以操作数必须为整型,在运算过程中,都会先将操作数转换成二进制数形式再进行位运算,然后再将得到的结果转换成想要的进制数。

表 2-8 位运算符的描述及例子

操作符	描述	例子	结果
&	若相对应位都是 1,则结果为 1,否则为 0	00001010 & 00000110	00000010
|	若相对应位都是 0,则结果为 0,否则为 1	00001010 | 00000110	00001110
^	若相对应位值相同,则结果为 0,否则为 1	00001010 ^ 00000110	00001100
~	按位取反运算符。翻转操作数的每一位	~00001010	11110101
<<	按位左移运算符。左操作数按位左移右操作数指定的位数,左边移走的部分舍去,右边的空位补 0	00001010<< 2	00101000
>>	按位右移运算符。左操作数按位右移右操作数指定的位数,右边移走的部分舍去,左边的空位根据原数的符号位补 0 或 1(原操作数是负数补 1,正数补 0)	00001010 >> 2	00000010
>>>	按位右移补零操作符。左操作数按位右移右操作数指定的位数,移动得到的空位以零填充	00001010>>>2	00000010

例 2-5 位运算符的使用。

```java
public class BitTest{
    public static void main(String[] args){
        int a = 60; /* 60 = 0011 1100 */
        int b = 13; /* 13 = 0000 1101 */
        int c = 0;

        c = a & b;       /* 12 = 0000 1100 */
        System.out.println("a & b = " + c );

        c = a | b;       /* 61 = 0011 1101 */
        System.out.println("a | b = " + c );

        c = a ^ b;       /* 49 = 0011 0001 */
        System.out.println("a ^ b = " + c );

        c = ~a;          /*-61 = 1100 0011 */
        System.out.println("~a = " + c );

        c = a << 2;      /* 240 = 1111 0000 */
        System.out.println("a << 2 = " + c );

        c = a >> 2;      /* 15 = 1111 */
        System.out.println("a >> 2 = " + c );

        c = a >>> 2;     /* 15 = 0000 1111 */
        System.out.println("a >>> 2 = " + c );
    }
}
```

2.3.5　赋值运算符与赋值表达式

赋值运算符的作用就是将常量、变量或表达式的值赋给某一个变量。由常量、变量或表达式和赋值运算符按照语法规范组成的符号序列称为赋值表达式。在赋值时，可以使用"="将右边的表达式结果赋给左边的变量。在 Java 中，可以通过一条赋值语句对多个变量进行赋值。例如，在代码"int x,y;x=y=6;"中，同时为变量 x 和 y 赋值 6。除"="外，还有"+=""-="等特殊的赋值运算符，赋值运算符的描述及例子如表 2-9 所示。

表 2-9　赋值运算符的描述及例子

操作符	描述	例子
=	简单的赋值运算符。将右操作数的值赋给左操作数	C = A + B
+=	加和赋值操作符。将左操作数和右操作数相加的结果赋值给左操作数	C += A 等价于 C = C + A
-=	减和赋值操作符。将左操作数和右操作数相减的结果赋值给左操作数	C -= A 等价于 C = C - A
*=	乘和赋值操作符。将左操作数和右操作数相乘的结果赋值给左操作数	C *= A 等价于 C = C * A

续表

操作符	描述	例子
/=	除和赋值操作符。将左操作数和右操作数相除的结果赋值给左操作数	C /= A，C 与 A 同类型时等价于 C = C / A
%=	取模和赋值操作符。将左操作数和右操作数取模后的结果赋值给左操作数	C %= A 等价于 C = C%A
<<=	左移位赋值运算符。将左操作数按位左移右操作数指定的位数，并把结果赋值给左操作数	C <<= 2 等价于 C = C << 2
>>=	右移位赋值运算符。将左操作数按位右移右操作数指定的位数，并把结果赋值给左操作数	C >>= 2 等价于 C = C >> 2
&=	按位与赋值运算符。将左操作数和右操作数按位与后的结果赋值给左操作数	C &= 2 等价于 C = C & 2
^=	按位异或赋值操作符。将左操作数和右操作数按位异或后的结果赋值给左操作数	C ^= 2 等价于 C = C ^ 2
|=	按位或赋值操作符。将左操作数和右操作数按位或后的结果赋值给左操作数	C |= 2 等价于 C = C | 2

2.3.6 其他运算符

其他运算符如下。
（1）[]运算符：可以用于声明、创建数组，并通过下标来访问某一个数组元素。
（2）点运算符：用于访问对象实例的成员变量和方法。
（3）( )运算符：置于方法名之后，用于表示一个方法的调用。
（4）(type)运算符：用于将其他类型的值转换为 type 类型。
（5）new 运算符：用于创建一个新对象或新数组，并分配存储空间。
（6）instanceof 运算符：测试第一个操作对象是否是第二个操作对象的实例。

2.3.7 运算符的优先级与结合性

一个复杂的表达式中往往包含多种运算符，为了进行正确的运算，必须明确表达式中运算符参与运算的先后顺序，这种顺序是由运算符的优先级和结合性共同决定的。其中优先级决定了不同级运算符参与运算的先后顺序，结合性给出了同优先级运算符的运算的先后顺序。Java 中各运算符的结合性如表 2-10 所示。

表 2-10 运算符的结合性

类别	运算符	结合性	类别	运算符	结合性
后缀	()；[]；点操作符	从左到右	按位与	&	从左到右
一元	expr++；expr--	从左到右	按位异或	^	从左到右
一元	++expr；--expr；+；-；~；!	从右到左	按位或	|	从左到右
乘性	*；/；%	从左到右	逻辑与	&&	从左到右
加性	+；-	从左到右	逻辑或	||	从左到右
移位	>>；>>>；<<	从左到右	条件	?：	从右到左
关系	>；>=；<；<=	从左到右	赋值	=；+=；-=；*=；/=；%=；>>=；<<=；&=；^=；|=	从右到左
相等	==；!=	从左到右	逗号	,	从左到右

可以看到，运算符有多种优先级，很难记忆和使用，因此，更为常见的办法是采用小

括号来指定运算的先后顺序，较为简单和方便，表达式中小括号的用法与数学中的小括号用法相同，即括号内的式子先进行运算。

例如，在"int a=32*(4+6);"中，(4+6)先进行运算。

2.3.8 语句

语句是执行程序的基本单元，类似于自然语言中的句子。以";"为终结符，可分为以下4类。

（1）表达式语句：由一个表达式构成，在一个表达式后用";"结尾即可构成。

（2）空语句：由一个";"组成的语句，不做任何操作。

（3）复合语句：用{}将多条语句括起来的语句块。

（4）控制语句：用于控制程序执行流程的语句。

2.4 程序流控制

Java 的程序基本上是由多条顺序排列的语句构成的，但单一的顺序语句不可能解决所有问题，需要引入控制语句改变程序执行的流程。方法内的程序设计遵循结构化程序设计的思想，由 3 种基本结构组成，即顺序结构、分支结构和循环结构。每种结构都是单入口和单出口的，任何程序都由这 3 种基本结构组合而成。

顺序结构是程序按照线性顺序依次执行的结构。其中的语句按照书写顺序逐条执行，是默认的顺序，不需要额外的控制。分支结构则由程序根据条件判断结果从多条执行路径中选择一条予以执行，由分支条件控制。循环结构则是程序根据循环条件判断结果向后反复执行一段代码，由循环条件控制执行的。

为改变程序的默认执行顺序，Java 语言中提供了 4 类程序控制语句，即分支语句、循环语句、跳转语句和异常处理语句。

本节将介绍分支语句、循环语句、跳转语句，异常处理语句将在后续章节中介绍。

2.4.1 分支语句

分支语句可以分为两种，即 if 语句与 switch 语句。

if 语句：可以让程序根据条件有选择地执行语句，其语法格式如下。

```
if(条件表达式){
    语句/语句块;
}[else{
    语句/语句块;
}]
```

共有以下 3 种具体的使用形式。

（1）if 结构一：if 结构一的流程如图 2-4 所示，该结构语法省略了中括号（[ ]）内的结构（else 语句），即单条件单分支型。若条件表达式结果为 true，则执行紧跟其后的语句块；若条件表达式结果为 false，则跳出 if 语句结构，执行之后的代码。语法格式如下。

```
if(条件表达式){
```

```
    语句/语句块;            //如果条件表达式的值为true,执行该行代码
}
```

(2) if 结构二：if 结构二的流程如图 2-5 所示，该结构语法使用了中括号内的结构（else 语句），即单条件双分支型。若条件表达式结果为 true，则执行紧跟其后的语句块，然后跳出分支结构；若条件表达式结果为 false，则执行 else 关键字后的语句块，然后跳出分支结构，也就是从两个分支中选择一条分支执行。语法格式如下。

```
if(条件表达式){
    语句 1/语句块 1;        //如果条件表达式的值为 true,执行该行代码
}else{
    语句 2/语句块 2;        //如果条件表达式的值为 false,执行该行代码
}
```

(3) if 结构三：if 结构三的流程如图 2-6 所示，该结构语法是在中括号前插入 else if 结构形成嵌套的 if 语句结构，用于表达多条件多分支的复杂情况。一个 if 语句可以有多个 else if 子句，但只能有不超过一个的 else 语句。语法格式如下。

```
if(条件表达式 1){
    语句 1/语句块 1;        //如果条件表达式 1 的值为 true,执行该行代码
}else if(条件表达式 2){
    语句 2/语句块 2;        //如果条件表达式 2 的值为 true,执行该行代码
}else if(条件表达式 3){
    语句 3/语句块 3;        //如果条件表达式 3 的值为 true,执行该行代码
}else{
    语句 4/语句块 4;        //如果以上条件表达式都不为 true,执行该行代码
}
```

此外，if 语句还允许嵌套，使用嵌套的 if…else 语句是合法的。也就是说，用户可以在另一个 if 或者 else if 语句中使用 if 或者 else if 语句。嵌套的 if…else 语句的语法格式如下。

```
if(条件表达式 1){
    语句 1/语句块 1;        //如果条件表达式 1 的值为 true,执行该行代码
    if(条件表达式 2){
        语句 2/语句块 2;    //如果条件表达式 2 的值为 true,执行该行代码
    }
}
```

图 2-4　if 结构一的流程　　　图 2-5　if 结构二的流程　　　图 2-6　if 结构三的流程

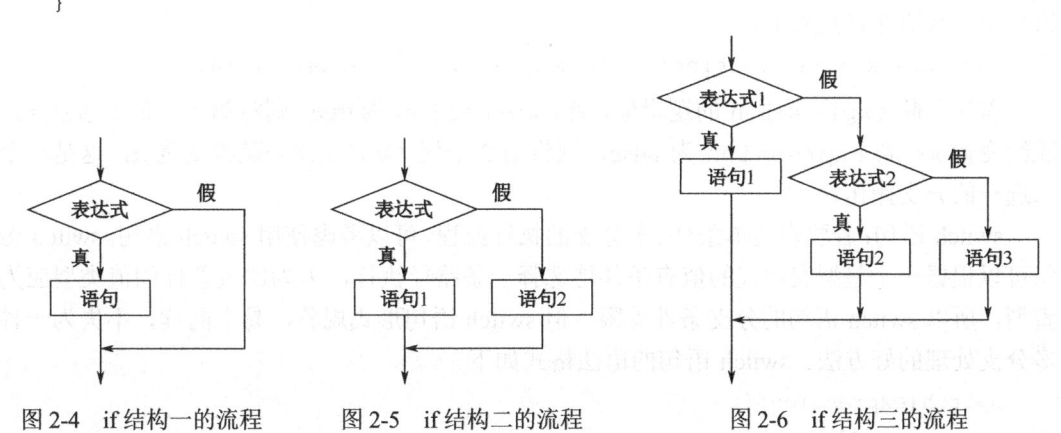

下面通过例 2-6 测试 if 分支语句。

例 2-6 if 分支语句。

```
public class IfTest{
    public static void main(String args[]){
        int x = 30;
        if( x < 20 ){
            System.out.print("这是第一种形式的if语句\n");
        }
        if( x < 20 ){
            System.out.print("这是第二种形式的if语句\n");
        }else{
            System.out.print("这是第二种形式的else 语句\n");
        }
        if( x == 10 ){
            System.out.print("这是第三种形式的if 语句\n");
        }else if( x == 20 ){
            System.out.print("这是第三种形式的第1个else if 语句\n");
        }else if( x == 30 ){
            System.out.print("这是第三种形式的第2个else if 语句\n");
        }else{
            System.out.print("这是第三种形式的else 语句\n");
        }
        int y = 10;
        if( x == 30 ){
            if( y == 10 ){
                System.out.print("这是嵌套的if语句\n");
            }
        }
    }
}
```

其实 Java 还提供了一个条件运算符（?:），它可以简化某些分支语句的结构。该条件运算符是三元运算符，该运算符有 3 个操作数，通过判断条件表达式的值决定该将哪个值赋给变量。其语法格式如下。

```
variable x = (expression) ? value1 if true : value2 if false;
```

首先判断 expression 的逻辑值，若 expression 为 true，则将第 1 个值（value1）赋给变量 x；若 expression 为 false，则将第 2 个值（value2）赋给变量 x，这是一个二选一的分支操作。

switch 语句：若要表达单条件、多分支的执行流程，可以考虑使用 switch 语句。switch 语句可以根据一个整型表达式的值有条件地选择一条路径执行，因为比较条件的值类型应为整型，所以 switch 语句的分支条件受限。但 switch 语句形式规整，易于阅读，不失为一种多分支处理的好方法。switch 语句的语法格式如下。

```
switch(expression){
    case value:
```

```
            语句/语句块;
            break;//可选
        case value:
            语句/语句块;
            break;//可选
        //可以有任意数量的case语句
        default://可选
            语句/语句块;
}
```

switch 语句首先计算表达式的值,若表达式的值和某个 case 后面的常量值相等,则执行该 case 语句中的语句/语句块,直到遇到 break 语句;若某个 case 语句中没有 break 语句,则此 case 语句一旦得到执行,程序会一直执行后面 case 语句中的若干语句/语句块,直到遇到 break 语句,因此 switch 语句会出现贯穿现象。也就是说,case 语句默认是顺序执行的,除非遇到 break 语句才会跳出 switch 结构,否则会继续执行后面的 case 语句。若所有 case 分支中没有与表达式的值相等的常量值,则执行 default 后面的语句/语句块;此 default 可选,但若 default 不存在,则 switch 语句不会进行任何操作。下面通过例 2-7 演示 switch 语句的应用。

例 2-7 switch 语句。

```
public class SwitchTest{
    public static void main(String args[]){
        //char grade = args[0].charAt(0);
        char grade = 'C';

        switch(grade)
        {
          case 'A' :
             System.out.println("优秀");
             break;
          case 'B' ://这里出现了贯穿现象
          case 'C' :
             System.out.println("良好");
             break;
          case 'D' :
             System.out.println("及格");
             break;
          case 'F' :
             System.out.println("你需要再努力");
             break;
          default :
             System.out.println("未知等级");
        }
        System.out.println("你的等级是 " + grade);
    }
}
```

2.4.2 循环语句

循环语句会根据条件反复执行某段操作,直到程序不再满足条件。共有 3 种类型,即 for 语句、while 语句、do…while 语句。

1. for 语句

for 语句提供了非常简洁的方式来形成循环。语法格式如下。

```
for(表达式1; 表达式2; 表达式3){
    语句/语句块;
}
```

for 语句的执行步骤如下。

第一步,计算表达式 1,完成必要的初始化工作。

第二步,表达式 2 为循环条件表达式,值为布尔型,若其值为 true,则进行第三步,否则执行第四步。

第三步,执行"{}"中的语句,然后计算表达式 3(该操作可以改变表达式 2 中循环条件的返回结果),再次回到第二步,开始循环。

第四步,结束 for 语句的执行。

for 语句流程如图 2-7 所示。下面通过例 2-8 来介绍 for 语句的使用。

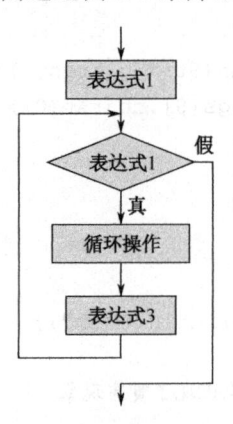

图 2-7 for 语句流程

例 2-8 依次输出 x 为 10～19 的值。

```
public class ForTest{
    public static void main(String args[]){
        for(int x = 10; x < 20; x = x+1){
            System.out.print("value of x : " + x );
            System.out.print("\n");
        }
    }
}
```

2. while 语句

while 语句的语法格式如下。

```
while( 条件表达式 ){
    语句/语句块;
}
```

while 语句的执行步骤如下。

第一步，计算条件表达式的值，若为 true，则进行第二步，否则进行第三步。

第二步，执行 "{}" 中的语句，再回到第一步，出现循环。

第三步，结束循环。

while 语句流程如图 2-8 所示。

下面将例 2-8 用 while 语句重写，如例 2-9 所示。

例 2-9 while 语句的使用。

```
public class WhileTest{
    public static void main(String args[]){
        int x = 10;
        while( x < 20 ){
            System.out.print("value of x : " + x );
            x++;
            System.out.print("\n");
        }
    }
}
```

3. do…while 语句

do…while 语句的语法格式如下。

```
do{
    语句/语句块;
}while(条件表达式);
```

do…while 语句流程如图 2-9 所示。do…while 语句的执行过程与 while 语句非常相似，但该语句要求循环体至少被执行一次，这是很多程序错误的来源，因此实际应用较少。

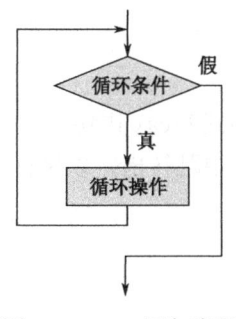

图 2-8 while 语句流程 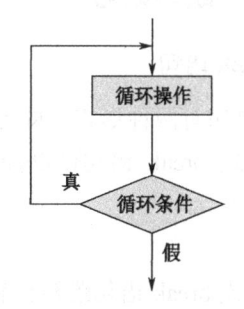   图 2-9 do…while 语句流程

4. 嵌套循环

前面介绍了 3 种基本的循环语句，其中任何一种都可以形成单重循环结构。但在解决复杂的现实问题时，我们经常需要进行多重循环，这就需要使用嵌套循环。

嵌套循环是指在一个循环语句中再定义一个循环语句而形成的结构。3 种基本的循环语句都可以相互嵌套，只要符合各自的语法要求即可，最为常用的是嵌套 for 循环，其语法结构如下。

```
for(初始化表达式;循环条件;操作表达式){
    语句/语句块;
    for(初始化表达式;循环条件;操作表达式){
        语句/语句块;
    }
    语句/语句块;
}
```

此语法结构展示了嵌套 for 循环的基本格式，其中每执行一轮外层循环，都要执行一轮完整的内层循环，然后再执行下一轮外层循环，接着再执行一轮完整的内层循环，如此执行直至外层循环的循环条件不成立，才跳出整个嵌套循环结构。

下面通过例 2-10 中九九乘法表的打印程序演示嵌套 for 循环的使用。

例 2-10　使用嵌套 for 循环打印九九乘法表。

```java
public class ForNesting{
    public static void main(String[] args){
        for(int i = 1; i <= 9; i++){
            for(int j = 1; j <= i; j++){
                System.out.print(j+"*"+i+"="+j*i+"\t");
            }
            System.out.println("");
        }
    }
}
```

可自行尝试跟踪整个结构的执行过程，分析出执行的结果，以了解嵌套循环的执行过程。

2.4.3　跳转语句

1. break 语句

break 语句有两种形式，即无标签式 break 语句和标签式 break 语句。

无标签式 break 语句可以控制语句从某个分支或循环中跳转出，以执行后续的语句，语法格式如下。

```
break;
```

无标签式 break 语句跳转位置如图 2-10 所示。

标签式 break 语句是指 break 后跟一个标签。标签通过在某条语句前标注标识符，且后跟一个冒号，来标识出该语句的位置。

标签式 break 语句的语法格式如下。

```
break label;
```

标签式 break 语句的作用是结束标签所指示循环的执行，相较于无标签式 break 语句一次只能跳过一个层级，标签式 break 语句的好处是可以一次跳过一个以上的嵌套层级，可以更方便地控制流程。

2. continue 语句

同样，continue 语句也有两种形式，即无标签式 continue 语句和标签式 continue 语句。

无标签式 continue 语句用于跳过 continue 语句后面剩余的语句，终止当前这一轮循环，并计算和判断循环条件，以决定是否进入下一轮循环。

无标签式 continue 语句的语法格式如下。

```
continue;
```

无标签式 continue 语句跳转位置如图 2-11 所示。

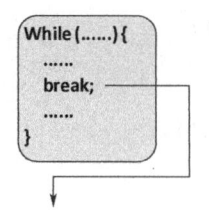

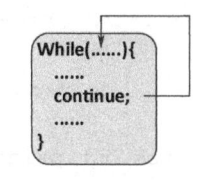

图 2-10　无标签式 break 语句跳转位置　　图 2-11　无标签式 continue 语句跳转位置

标签式 continue 语句与标签式 break 语句类似，会跳过本次循环的剩余部分代码，转向标签所指循环再次执行。与无标签式 continue 语句相比，标签式 continue 语句同样可以一次跳过一个以上的嵌套层级。

下面通过例 2-11 来说明无标签式 break 语句和无标签式 continue 语句的使用。

例 2-11　使用无标签的跳转语句求取 100 以内的素数。

```java
public class JumpTest{
    public static void main(String args[]){
        int sum = 0,i,j;
        for(i = 1; i<= 10; i++){        //1+3+5+7+9
            if(i % 2 == 0){
                continue;
            }
            else{
                sum+=i;
            }
        }
        System.out.println("sum="+sum);
        for(j = 2; j <= 100; j++){  //求 100 以内的素数,使用了嵌套 for 循环结构
            for(i = 2; i <= j/2; i++){
                if(j % i == 0){
                    break;
                }
                if(i > j/2){
                    System.out.println(""+j+"是素数");
                }
            }
        }
```

                }
        }

在例 2-11 中求取 100 以内的素数时就使用了嵌套 for 循环结构，形成了双重循环：外部循环每执行一轮，内部循环就会全部执行一轮。

下面将介绍标签式 break 语句和标签式 continue 语句的使用。

例 2-12 标签式 break 语句。

```
public class BreakLable{
    public static void main(String args[]){
        Boolean isTrue=true;
        outer:
            for(int i=0;i<5;i++){
                while(isTrue){
                    System.out.println("Hello");
                    break outer;
                }
                System.out.println("Outer loop.");
            }
        System.out.println("Good Bye");
    }
}
```

在例 2-12 中，单词 Hello 会先被打印一次，其次执行带标签的 break 语句，退出带有 outer 标签的循环，最后打印 Good Bye，这里用 for 语句内嵌套 while 语句的方式同样形成了双重循环。

如果在例 2-12 中使用 continue 语句代替 break 语句，其他语句不变，那么程序执行结果就明显不同了，Hello 会被打印 5 次。continue 语句在执行时，代码会继续执行标签标识的循环的下一次迭代，而不是退出循环，直到外部循环条件判断为 false，循环终止并打印出 Good Bye。

3. return 语句

return 语句的一般格式如下。

```
return [表达式];
```

return 语句的功能是退出当前执行的方法，能够控制流程返回到调用该方法的语句的后续语句。由 return 返回的值类型必须与方法声明的返回类型匹配，返回值可选，若没有返回值，则方法应被声明为 void 类型。return 语句跳转位置如图 2-12 所示。

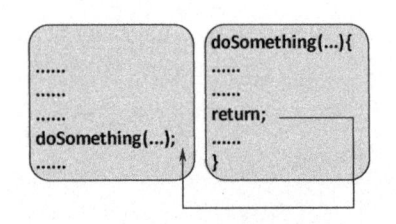

图 2-12 return 跳转位置

2.5 数组

当程序运行过程中需要存储多个同类型的变量时，为提高效率，我们会使用数组。数组是相同类型的变量按照顺序组成的一种固定长度的复合数据类型，数组一旦被创建，其长度将无法被修改，可以通过数组的下标来访问其中的每个数据元素，下标号从零开始。

数组属于引用数据类型，创建时需要经过声明数组和给数组分配元素两个步骤。

2.5.1 声明数组

可以通过以下两种格式声明一维数组。

（1）数组元素类型 数组名[];

（2）数组元素类型[] 数组名;

格式（2）能够更好地体现出数组类型，较为醒目。

可以通过以下两种格式声明二维数组。

（1）数组元素类型 数组名[][];

（2）数组元素类型[][] 数组名;

同样，格式（2）更为醒目。

例如，"int a[];"等价于"int[] a;"，"int[][] x;"等价于"int x[][];"。多维数组的声明也分为类似的两种格式。

Java 允许在一条语句中同时声明多个数组，但要注意声明时中括号的摆放位置不同，但含义相同。

2.5.2 给数组分配元素

在声明数组后，仅声明了数组的名字和类型，要想使用数组，还必须创建数组，即给数组分配元素。

给数组分配元素的语法格式如下。

数组名=new 数组元素类型[数组元素个数];

该语法用 new 运算符将 n 个（数组元素的个数）连续存储单元分配给数组，并将存储单元的首地址赋予数组名，我们便可使用数组名来检索数组元素了，即通过数组名[索引号]来检索，通过索引号能够检索到相应位置的数组元素。索引号从 0 开始，数组末端数据的索引号为-1。这种使用 new 运算符的分配方式称为动态分配。

以上是声明数组后再分配元素的方法，也可以一次性完成声明和创建，声明一维数组的语法格式如下。

数组元素类型 数组名[]=new 数组名[长度];

例如，通过代码"int a[]=new int[4];"创建的一维数组的内存模式如图 2-13 所示。

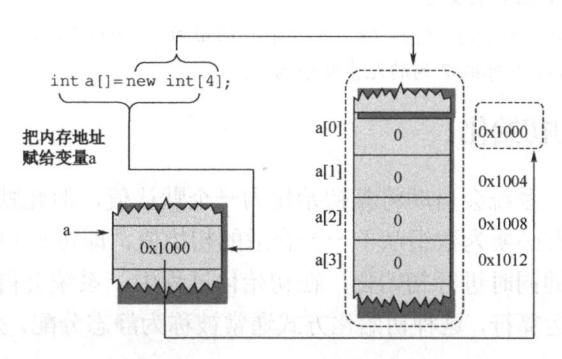

图 2-13　一维数组的内存模式

声明二维数组的语法格式如下。
数组元素类型 数组名[][]=new 数组名[一维长度][二维长度];

二维数组可以看成是由若干一维数组构成的，这些一维数组不必有相同的长度，也就是说二维数组不必是一个矩阵结构，可以是不同的形状，可根据需要来分别定义。

例如，对于"int[][] x = new int[5][];"，创建出一个二维数组 x，该数组由 5 个一维数组构成，但这些一维数组还没有分配存储空间，还必须再创建 5 个一维数组才能使用。

```
x[0] = new int[5];
x[1] = new int[4];
x[2] = new int[3];
x[3] = new int[2];
x[4] = new int[1];
```

该二维数组内存示意如图 2-14 所示。

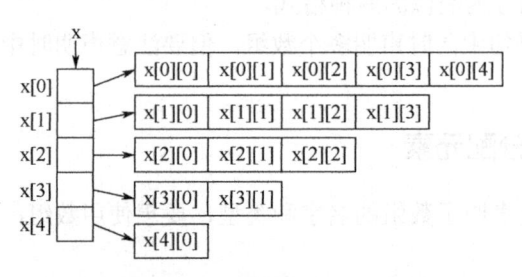

图 2-14 二维数组内存示意

显然该二维数组中包含的一维数组长度不同，不是一个矩形。

2.5.3 数组元素的使用

数组在被创建好后便可以使用了，数组通过索引的方式来访问每个数组元素，然后按照元素的类型合理使用数组元素。

一维数组的元素通过一级索引（一个下标）访问，二维数组的元素通过二级索引（两个下标）访问。索引的范围在创建数组时便已确定，不能修改。可以使用创建时给定的数组元素个数予以限定，数组元素个数可以使用 length 属性从数组中获取。举例如下。

```
int a[]=new int[4];//a.length 的值为 4
a[0]=5;//给第 1 个元素赋值为 5
int[][] x = new int[5][3]; //x.length 的值为 5, x[0].length 的值为 3
x[0][1]=10;//给第 1 行第 2 列的元素赋值为 10
```

2.5.4 数组的初始化

数组创建完成后，系统会自动将其初始化为一个默认值，但此默认值一般不能满足程序的需要，所以我们有必要为数组赋予一个合适的初始值，即进行初始化操作。

可以在声明数组的同时进行初始化，在初始化过程中，系统会自动为数组分配存储空间，不需要使用 new 运算符，这种初始化方式通常被称为静态分配，效果与动态分配相当。举例如下，对于

```
int a[]={1,2,3,4,};
```
此语句相当于
```
int a[]=new int[4];
a[0]=1;a[1]=2;a[2]=3;a[3]=4;
```
当然也可以在声明二维数组时对其进行初始化。举例如下，对于
```
int b[][]={{1},{2,3},{4,5,6},{7,8,9,10}};
```
此语句相当于
```
int b[][]=new int[4][];
b[0]=new int[]{1};
b[1]=new int[]{2,3};
b[2]=new int[]{4,5,6};
b[3]=new int[]{7,8,9,10};
```
可见在声明二维数组时对其进行初始化的语法要简洁许多。

2.5.5 数组的引用

数组属于引用数据类型变量，可以通过数组名来引用所指向的数组。数组名就其本身而言，就是一个引用，可以在代码中重新赋值以改变其所指目标，进而实现对数组的灵活应用。

我们可以用 `System.out.println(a)` 输出数组 a 中存放的引用值，也可以采用 System 类的静态方法 `int identityHashCode()` 获得数组的引用值。

2.5.6 数组的遍历

在操作数组时，经常需要依次访问数组中的每个元素，这种操作被称为数组的遍历，一般而言，使用 for 语句就可以方便地遍历数组（使用数组的长度作为界限），这是传统的方式。

JDK 5 对 for 语句做了扩充和增强，通过 for each 语句能够使用户更好地访问数组，其语法格式如下。
```
for(声明循环变量:数组的名字){
    语句/语句块;
}
```
声明的循环变量的类型必须与数组的类型相同，循环变量可依次读取数组中每个元素的值。

下面通过例 2-13 演示使用传统方式和增强方式遍历一维数组和二维数组的过程。

例 2-13 数组遍历。
```
public class ArrayTraver{
public static void main(String[] args){
    int a[]={1,2,3,4,5};
    int b[][]={{1},{2,3},{4,5,6},{7,8,9,10}};

    for(int n=0;n<a.length;n++){    //使用传统方式遍历一维数组
        System.out.println(a[n]);
```

```
            }
            for(int j=0;j<b.length;j++){        //使用传统方式遍历二维数组
                for(int k=0;k<b.length;k++){
                    System.out.println(a[j][k]);
                }
            }

            for(int i:a){                        //使用增强方式遍历一维数组
                System.out.println(i);
            }
            for(int x[]:b){                      //使用增强方式遍历二维数组
                for(int e:x){
                    System.out.println(e);
                }
            }
        }
    }
```

2.5.7 数组的最值

在数值型数组中，我们经常需要求出其中的最大值和最小值，也就是所谓的求最值。下面通过例 2-14 演示如何在一维数组中求取最大值。

例 2-14 在一维数组中求取最大值。

```
public class ArrayMax{
    public static void main(String[] args){
        int[] arr={2,5,10,3,28,90,1};
        int max=arr[0];
        for(int i=1;i<arr.length;i++){
            if(arr[i]>max){
                max=arr[i];
            }
        }
        System.out.println("数组 arr 中的最大值为: "+max);
    }
}
```

在程序中将比较语句"arr[i]>max;"改为"arr[i]<max"，其他语句皆不变就可以求取最小值，读者可以自行修改测试。

2.5.8 数组排序

数组中保存着大量数据，在应用中有时需要数据是有序排列的，这就必须对数组进行排序。排序的方法有很多种，本节主要演示一种常用的排序方法——冒泡排序。所谓冒泡排序，就是不断地比较数组中相邻的两个元素，较小者向上浮，较大者向下沉，与水中落石气泡上浮类似。

冒泡排序算法的执行步骤如下。

（1）从第一个元素开始，将相邻的两个元素依次进行比较，直到最后两个元素完成比较。若前一个元素比后一个元素大，则交换它们的位置，这一轮比较完成后，数组中最大的元素就会沉在末位。

（2）接下来开始进行下一轮比较，除最后一个元素外（因为最大的元素已经在第一轮中找出并放好），将剩余的元素继续进行同样的两两比较，过程与步骤（1）相似，如此就可以找出数组中第二大的数并放置在倒数第二的位置。

（3）依次类推，持续对剩余的元素重复以上步骤，直到没有任何一对元素需要比较，至此，整个数组中的数据就是按从小到大的顺序排列好的。

例 2-15 冒泡排序的实现过程。

```java
public class BubbleSorting{
    public static void main(String[] args){
        int[] arr={9,7,4,6,2,3,1,8,5};
        //1.冒泡排序前，先循环打印数组元素
        for(int i=0;i<arr.length;i++){
            System.out.print(arr[i]+" ");
        }
        System.out.println();
        //2.进行冒泡排序
        //2.1 外层循环定义需要比较的轮数（两数对比，需要比较n-1轮）
        for(int i=1;i<arr.length;i++){
            //2.2 内层循环定义第 i 轮需要比较的两个数
            for(int j=0;j<arr.length-i;j++){
                if(arr[j]>arr[j+1]){        //比较相邻元素
                    //相邻元素交换
                    int temp=arr[j];
                    arr[j]=arr[j+1];
                    arr[j+1]=temp;
                }
            }
        }
        //3.完成冒泡排序后，再次循环打印数组元素
        for(int i=0;i<arr.length;i++){
            System.out.print(arr[i]+" ");
        }
    }
}
```

2.6 Java Scanner 类

为了方便用户从标准输入中输入数据，Java 5 提供了 `java.util.Scanner` 类，通过 Scanner 类来获取用户的输入。

创建 Scanner 对象的基本语法如下。

Scanner reader = new Scanner(System.in);

Scanner 对象调用 next() 方法依次返回被解析的字符序列中的单词。

下面我们通过例 2-16 演示一个简单的数据输入，并通过 Scanner 类的 next() 方法接收输入的字符串，在读取前一般需要使用 hasNext() 判断是否还有需要输入的数据。

例 2-16 Scanner 类的使用。

```java
//ScannerDemo.java 文件代码
import java.util.Scanner;

public class ScannerDemo{
    public static void main(String[] args){
        Scanner scan = new Scanner(System.in);
        // 从键盘接收数据
        // 通过next()方法接收字符串
        System.out.println("next 方式接收: ");
        // 判断是否还有输入
        if(scan.hasNext()){
            String str1 = scan.next();
            System.out.println("输入的数据为: " + str1);
        }
        scan.close();
    }
}
```

Scanner 类中也支持 int 或 float 等类型数据的输入，但是在输入前最好先使用 hasNextXxx() 方法进行验证，再使用 nextXxx() 方法来读取，这些方法可以读取用户在命令行中输入的各种基本数据类型，但同时也会在执行时阻塞，程序需要等待用户在命令行中输入数据并回车确认。

输入数据时，Scanner 对象用空格做分隔标记，读取当前在键盘缓冲区中的单词，若单词符合方法返回类型要求，则返回该数据，否则将触发数据读取异常；若键盘缓冲区中有单词可读，则这些方法在执行时就不会发生阻塞，否则程序会等待用户在命令行中输入数据并回车确认。用户按下回车，就消除了阻塞状态。

下面通过上述方法改进例 2-16，改进过程如下。

```java
import java.util.Scanner;

public class ScannerDemo{
    public static void main(String[] args){
        Scanner scan = new Scanner(System.in);
        // 从键盘接收数据
        int i = 0;
        float f = 0.0f;
        System.out.print("输入整数: ");
        if (scan.hasNextInt()){
```

```
            // 判断输入的是否是整数
            i = scan.nextInt();
            // 接收整数
            System.out.println("整数数据: " + i);
        }else{
            // 输入错误的信息
            System.out.println("输入的不是整数! ");
        }
        System.out.print("输入小数: ");
        if (scan.hasNextFloat()){
            // 判断输入的是否是小数
            f = scan.nextFloat();
            // 接收小数
            System.out.println("小数数据: " + f);
        }else{
            // 输入错误的信息
            System.out.println("输入的不是小数! ");
        }
        scan.close();
    }
}
```

2.7 本章小结

本章主要介绍了 Java 语言基础，涉及基本语法，变量与常量，运算符、表达式与语句，程序流控制，数组，以及 Java Scanner 类的使用。通过对这些基础知识的学习，可以使读者基本了解 Java 语言，为后续的学习奠定基础。

2.8 习题

一、选择题（若无特殊说明则为单选题）

1. 下面关于布尔型变量的定义中，正确的是（ ）。
   A. boolean a=TRUE;   B. boolean b=FALSE;
   C. boolean c="true"; D. boolean d=false;
2. 若二维数组定义为"int[][]arr={{1,2,3},{4,5,6},{7,8}};"，则 arr[1][2] 的值是（ ）。
   A. 2   B. 5   C. 6   D. 0
3. 下列选项中，不属于比较运算符的是（ ）。
   A. =   B. ==   C. <   D. <=
4. 8>>2 的计算结果为（ ）。
   A. 4   B. 3   C. 2   D. 1

5. 下面浮点型数据的定义中，错误的是（　　）。
   A. float a=1.23;   B. double b=1.23;
   C. double c=1.5E4;   D. float d='a';
6. （多选）以下选项中，属于合法的标识符有（　　）。
   A. Hello_world   B. abc123   C. 123abc   D. class
7. 关于变量的说法不正确的是（　　）。
   A. 变量一旦被定义，在程序中的任何位置都可以被访问
   B. 变量在定义时可以没有初始值
   C. 变量名一定是一个有效的标识符
   D. 在程序中，可以将一个 int 类型的值赋给一个 double 类型的变量，不需要特殊声明
8. 假设 int x=5，则三元表达式 x>5?x+5:x-5 的运行结果是（　　）。
   A. 5   B. 10   C. 0   D. 都不正确
9. 阅读以下代码：
```
int x=2;
int y=1;
if(x%2==0)
    y++;
else
    y--;
System.out.println("y="+y);
```
上面的程序运行结束时，变量 y 的值是（　　）。
   A. 1   B. 2   C. 3   D. 0
10. 下列语句序列执行后，m 的值是（　　）。
```
int a=10,b=3,m=5;
if(a==b)
    m+=a;
else
    m=++a*m;
```
   A. 15   B. 50   C. 55   D. 5
11. 下列语句序列执行后，k 的值是（　　）。
```
int i=4,j=5,k=9,m=5;
if(i>j || m<k)
    k++;
else
    k--;
```
   A. 5   B. 10   C. 8   D. 9
12. 下列语句序列执行后，k 的值是（　　）。
```
int i=10,j=18,k=30;
switch(j-i){
    case 8: k++;
    case 9: k+=2;
```

```
        case 10:k+=3;
        default:k/=j;
}
```
  A. 31   B. 32   C. 33   D. 2

13. 以下 for 循环的执行次数是（ ）。
```
for(int x=0;x==0 && x>4;x++);
```
  A. 无限次   B. 一次也不执行
  C. 执行 4 次   D. 执行 3 次

14. 下列语句序列执行后，j 的值是（ ）。
```
int j=2;
for(int i=7;i>=0;i-=2)
    j*=2;
```
  A. 15   B. 1   C. 60   D. 32

15. 下列语句序列执行后，k 的值是（ ）。
```
int m=3,n=6,k=0;
while(m++<--n){
    ++k;
}
```
  A. 0   B. 1   C. 2   D. 3

二、判断题

1. null 常量表示对象的引用为空。（ ）
2. do…while 循环体中的内容至少会被执行一次。（ ）
3. 字符型变量所占存储空间为 2 字节。（ ）
4. 类需要使用 class 关键字定义，在 class 关键字前面需要一些修饰符修饰。（ ）
5. while 循环条件只能是布尔型的变量，而不能是布尔型的常量。（ ）
6. continue 语句只用于循环语句中，它的作用是跳出循环。（ ）
7. Java 语言不区分大小写。（ ）
8. -8%3 的运算结果是 2。（ ）
9. 数组的大小可以任意改变。（ ）
10. 在 Java 中，String 不属于基本数据类型。（ ）

三、填空题

1. 十进制数 12 转换成二进制的结果是_____。
2. 多行注释以"/*"符号开头，以_____符号结尾。
3. 条件运算符，也称作_____（或三目运算符）。
4. 在使用位运算符时，都会先将操作数转换成_____的形式进行位运算。
5. 在程序中将英文的分号（;）误写成中文的分号（；），编译器会报告_____这样的错误信息。
6. 布尔常量即布尔型的两个值，分别是_____和_____。
7. 已知 x=20，y=60，z=50.0，则 x+(int)y/2*z%10 的值是_____。

8. 若有如下循环：
```
int x=5,y=20;
do{
    y-=x;x+=2;
}while(x<y);
```
则循环体将执行____次。

9. 对于如下程序代码：
```
int a=0,b=0;
do{ --b; a=a-1; }while(a>0);
```
代码执行后，b 的值是_____。

10. 执行如下代码：
```
int i=1,j=1;
switch(i){
    case 0: j=0;
    case 1: j=1;
    case 2: j=2;
}
System.out.println(j);
```
程序运行的结果为_____。

四、编程题

1. 编写一个程序，按照下列分数段指定相应的等级。例如，90～100 为 A 级；80～89 为 B 级；70～79 为 C 级；60～69 为 D 级；0～59 为 E 级；其他为不合法。请使用 if…else 语句判断 95 分对应的等级。

2. 请编写一个程序，计算"1+3+5+7+…+99"的值。提示：①使用循环语句实现自然数 1～99 的遍历；②在遍历过程中，通过条件判断当前遍历的数是否为偶数，若为偶数则继续执行，否则执行累加操作。

3. 输入一个整数 n（n<10），计算 1! +2! +3! +…+n!。

4. 已知一个整型数组 arr，存储的数据是 3、1、5、7、2、6，请编写程序获取数组中的最小值和平均值。

5. 编写程序，输出取值范围为 100～500 的素数，要求每行输出 10 个数。

第3章 类与对象

学习目标：

- 理解类、类的声明、类体、成员变量和局部变量等概念
- 理解方法重载、构造方法、类方法和实例方法等概念，掌握其使用方法
- 理解对象、创建对象、使用对象、对象的引用等概念
- 理解访问控制符、static 和 this 关键字等概念，掌握其使用方法
- 理解包的概念，掌握其使用方法

计算机如何描述现实世界中的汽车、手机？如何描述各类人员与学生？如何描述一项工作和体育比赛？这就需要用到面向对象的编程思想了。面向对象是一种符合人类思维习惯的编程思想，面向对象是面向现实世界中的万事万物。在客观世界中，每个有明确意义和边界的事物都可以看作一个对象，它是一个可以辨识的实体。每个对象都有其状态和行为，以区别于其他对象。例如，手机有型号、内存大小、生产厂家等状态，也有开机、打电话和关机等行为。我们可以把具有相似特征的事物归为一类，例如，所有的手机可以归为手机类。

在面向对象的程序设计中，对象的概念就是对现实世界中对象的模型化，它同样有自己的状态和行为，对象的状态用数据来表示，称为属性；对象的行为用代码来表示，称为方法。类则是对具有相同属性和方法的一组相似对象的描述。类与对象是面向对象的程序设计中两个相对重要的概念，它们的关系可以简要地概括为：类是对象的统称，是对象的模板；对象是具体的事物，是类的实例；类是成员变量与成员方法的统一封装体。

那么如何封装类呢？可以按如下步骤进行。

（1）封装类的成员变量，封装时要注意封装属性的可访问性。例如，为私有变量封装属性时，属性的访问权限一般是 public。

（2）封装类的成员方法，同一个方法中的参数类型和个数可以不同，即可以实施重载。

（3）封装构造函数，为了多样化地创建对象，可以重载构造函数。

（4）在类的成员方法中，可以使用 this。用 this.成员名表示对象引用或用 this() 传递构造函数。

（5）封装静态成员，不需要创建对象，可通过类名.成员名进行访问。

（6）对于不同编程人员封装类时的同名问题，通过引入包的概念对同名类加于区分。

本章围绕封装的思想，具体描述相关内容。

3.1 类的定义

类是具备某些共同属性特征和行为的实体的集合,是一种抽象的"数据类型",是对具有相同特征实体的抽象。在面向对象的程序设计语言中,类是对一类"事物"的属性与行为的抽象。类是组成 Java 程序的基本要素,一个 Java 程序是由若干类构成的,这些类既可以在一个源文件中,也可以分布在若干源文件中。

类的定义包括两部分,分别是类声明和类体,其基本格式如下。

```
class 类名{
    类体的内容;
}
```

class 是关键字,用来定义类。class 类名是类的声明部分,类名必须是合法的 Java 标识符,两个大括号及其之间的内容是类体。

类的封装就是隐藏对象的属性和实现细节,仅对外提供公共访问方式。具体封装方法会在后续章节中结合访问控制符详细介绍。

3.1.1 类的声明

以下是两个类的声明的例子。

```
class Person{
    语句/语句块;
}

class Triangle{
    语句/语句块;
}
```

class Person 和 class Triangle 称为类的声明,Person 和 Triangle 分别是类名。类的名字要符合标识符的规定,即名字可以由字母(A~Z,a~z)、下画线(_)、数字(0~9)或美元符号($)组成,并且第一个字符不能是数字。在给类命名时,要体现下列编程风格(这虽不是语法要求的,但应当遵守)。

(1)如果类名由字母组成,那么名字的首字母使用大写形式,如 Hello、Time 和 Dog 等。

(2)类名最好容易识别、见名知意。当类名由几个"单词"复合而成时,每个单词的首字母使用大写形式,如 BeijingTime、AmericanGame 和 HelloChina 等。

3.1.2 类的成员

类声明之后的一对大括号({})及它们之间的内容称为类体,大括号之间的内容称为类体的内容。类的目的是抽象出一类事物共有的属性和行为功能,即抽象的关键是在数据上进行的操作。因此,类体的内容由以下两部分构成。

(1)成员变量:用来存储属性的值(体现对象的属性)。

(2)成员方法:可以对类中声明的变量进行操作,即给出操作方法(体现对象具有的行为功能)。

下面是一个类名为 Triangle 的类,在类中的变量声明部分给出了 4 个 double 类型的变量，即 sideA、sideB、sideC 和 area；在方法定义部分共定义两个方法，即 setSide() 和 getSideA()。

例 3-1 Triangle 类的定义。

```
class Triangle{
    double sideA;  //成员变量
    double sideB;
    double sideC;
    double  area;
    void setSide(double a, double b, double c){   //成员方法
        sideA = a;
        sideB = b;
        sideC = c;
    }
    double getSideA(){   //成员方法
        return sideA;
    }
}
```

3.1.3 成员变量和局部变量

类体分为两部分，分别为成员变量的声明和成员方法的定义。在类中声明的变量称为类的成员变量；在成员方法体中声明的变量和方法的参数称为局部变量。

1．变量的类型

成员变量和局部变量的类型可以是 Java 中的任何一种数据类型，包括整型、浮点型、字符型等基本数据类型，以及数组、类和接口等引用数据类型。

例 3-2 Person 类的定义。

```
class Person{
    String name;
    int age;
    void say(String message){
        String str=name+"说: "+message;
        System.out.println(str);
    }
}
```

Person 类定义了两个成员变量 name、age 和一个成员方法 say()。name 为 String 类型变量，age 为 int 类型变量。message 是成员方法 say() 的 String 类型参数，str 是成员方法 say() 内的局部变量，只能在 say() 方法内使用。

2．变量的有效范围

成员变量在整个类内都有效，局部变量只在声明它的方法内有效。方法参数在整个方法内有效，方法内的局部变量从声明它的位置之后开始有效。

成员变量的有效性与它在类中书写的先后位置无关。例如，前述的 Triangle 类也可

以写成如下形式。

```
class Triangle{
    void setSide(double a, double b, double c){
        sideA = a;
        sideB = b;
        sideC = c;
    }
    double sideA, sideB, sideC;

    double getSideA(){
        return sideA;
    }
    double area;
}
```

不提倡把成员变量的定义分散地写在方法之间或类体的最后，人们习惯先介绍属性再介绍方法。

3. 成员变量的隐藏

若局部变量的名字与成员变量的名字相同，则成员变量会被隐藏，即这个成员变量在这个方法内会暂时失效。举例如下。

```
class B{
    int x = 98,y;
    void foo(){
        int x = 3;
        y = x; //y得到的值是3, 如果方法foo中没有"int x = 3; ", y的值将是98
    }
}
```

4. 编写风格

（1）一行只声明一个变量。对于相同数据类型的变量，虽然可以使用同一种数据类型来指定，并用逗号分隔来声明若干变量，举例如下。

```
double height, width;
```

但是在编码时，我们并不提倡这样做（本书中的某些代码可能由于想减少行数而没有严格遵守这个风格），其原因是不利于给代码增添注释内容。提倡的风格如下。

```
double height;//高
double width;//宽
```

（2）变量的名字除了符合标识符规定，名字的首字母使用小写形式；如果变量的名字由多个单词组成，从第2个单词开始单词的首字母都使用大写形式。

（3）变量名字见名知意，避免使用ml、nl等作为变量的名字，尤其是名字中不要将小写的英文字母l和数字1相邻接，因为人们很难区分英文字母l和数字1。

3.1.4 成员方法

一个类的类体由两部分组成,即变量的声明和方法的定义。方法的定义包括两部分,即方法声明和方法体,其一般格式如下。

```
[修饰符] [返回值类型] (参数类型 参数1, 参数类型 参数2,…){
    方法体的内容;
}
```

1. 方法声明

最基本的方法声明包括方法名和方法的返回类型,举例如下。

```
double area(){
    语句/语句块;
}
```

方法返回的数据类型可以是 Java 中任意一种数据类型,当一个方法不需要返回数据时,返回类型必须是 void。在很多方法的声明中都给出了方法的参数,参数是用逗号隔开的一些变量声明。方法的参数可以是 Java 中任意的数据类型。

方法的名字必须符合标识符的规定,给方法命名的习惯和给变量命名的习惯类似。例如,如果方法的名字由字母组成,那么首字母应使用小写形式;如果方法的名字由多个单词组成,那么从第 2 个单词开始单词首字母使用大写形式。举例如下。

```
double getTriangleArea()
void setCircleRadius(double radius)
```

下面的 Triangle 类中有 5 个方法,分别为 setSide()、getSideA()、getSideB()、getSideC(),以及 isOrNotTriangle()。

例 3-3 方法的定义。

```
class Triangle{
    double sideA, sideB, sideC;
    void setSide(double a, double b, double c){
        sideA = a;
        sideB = b;
        sideC = c;
    }
    double getSideA(){
        return sideA;
    }
    double getSideB(){
        return sideB;
    }
    double getSideC(){
        return sideC;
    }
    Boolean isOrNotTriangle(){
        if ((sideA + sideB > sideC) && (sideA + sideC > sideB) && (sideB +
            sideC > sideA)){
```

```
            return true;
        }
        else{
            return false;
        }
    }
}
```

2. 方法体

方法声明之后的一对大括号（{}）及其之间的内容称为方法的方法体。方法体的内容包括局部变量的声明和功能语句，举例如下。

```
int getSum(int n){
    int sum = 0;    // 声明局部变量
    for(int i = 1;i <= n;i++){
        sum = sum+i;
    }
    return sum;
}
```

在 Java 中写一个方法与在 C 语言中写一个函数类似，只不过在面向对象的语言中将其称为方法，因此，如果读者编写和使用过函数，那么编写方法的方法体便不再是难点。当然，Java 语言的编程思想并不局限于怎样具体地写一个方法的方法体，即写一个具体的算法，而是侧重于类的整体构思，以及如何合理、有效地组织类和对象等。

3.1.5 方法的重载

方法的重载允许在类中使用同名的方法，但是参数的类型不同或者参数的个数不同。重载的规则有以下 3 种。

（1）重载的方法必须改变参数列表。
（2）重载的方法可以改变返回值类型。
（3）重载的方法可以改变访问控制符。

例如，我们如果想重载方法 public void changeSize(int size, String name, float pattern){}，那么，对 changeSize()方法的合法重载方法如下。

```
public void changeSize(int size, String name){ }
private int changeSize(int size, float pattern){ }
public void changeSize(float pattern, String name) throws IOException{ }
```

下面以 addThem()方法为例，说明方法重载的应用。

例 3-4　方法重载。

```
class Adder{
    public int addThem(int x, int y){
        return x + y;
    }
}
//重载 addThem 方法，使用 double 类型
```

```java
    public double addThem(double x, double y){
        return x + y;
    }
    //重载 addThem 方法，使用 String 类型
    public String addThem(String x, String y){
        return x + y;
    }

    //在另一个类中，测试 addThem()方法
    public class TestAdder{
        public static void main (String [] args){
            Adder add = new Adder();
            int a = 27;
            int b = 3;
            int result = add.addThem(a,b);
            double doubleResult = add.addThem(2.5,3.14);
            String stringResult = add.addThem("abc", "123");
        }
    }
```

在这个 main()方法中，第一次调用 addThem(a,b)时传递了两个 int 类型的参数，因此第一个版本的 addThem()，即重载版本中接收两个 int 类型参数的方法被调用。第二次调用 addThem(2.5,3.14)时传递了两个 double 类型的参数，因此第二个 addThem()方法，即在重载版本中接收两个 double 类型参数的方法被调用。同样，第三次调用时传递了两个字符串参数，第三个 addThem()方法被调用，返回字符串连接的结果。

3.1.6 构造方法

我们在定义了一个类之后，要创建对象，必须为成员变量一一赋值。如果想在创建对象时就为这个对象的属性赋值，那么可以通过构造方法来实现。构造方法（构造函数）是类中一种特殊方法成员，它的名字必须与它所在类的名字完全相同，而且没有返回类型。此外构造方法可以重载。举例如下。

例 3-5 构造方法。

```java
class Triangle{
    double sideA, sideB, sideC, area;
    Triangle(){
        sideA = 60;
        sideB = 100;
        sideC = 20;
    }
    Triangle(double a, double b, double c){    //重载的构造方法
        sideA = a;
        sideB = b;
        sideC = c;
```

```
    }
    double getSideA(){
        return sideA;
    }
}
```

如果在类中没有定义构造方法，那么 Java 会自动提供一个默认的无参构造方法，且方法体中没有语句，如 Triangle(){}。

如果在类中已经定义了构造方法，那么 Java 不再提供默认的构造方法。

3.1.7 类成员和实例成员

成员变量可分为实例变量和类变量，同样，类中的方法也可分为实例方法和类方法。在声明方法时，方法类型前面加 static 修饰的是类方法（静态方法），不加关键字 static 修饰的是实例方法。

3.2 对象的创建与使用

类是面向对象的语言中最重要的一种数据类型，可以用类来封装事物。在面向对象的语言中，用类声明的变量称为对象。和基本数据类型不同，在用类声明对象后，还必须创建对象，即为声明的对象分配其拥有的成员变量（确定对象具有的属性），当使用一个类创建一个对象时，也称创建了这个类的一个实例。通俗地讲，类是创建对象的模板，对象是类的实例。

3.2.1 创建对象

创建对象包括对象的声明和为声明的对象分配空间两个步骤。

1. 对象的声明

对象的声明的一般格式如下。

类名 对象名=new 类名();

举例如下。

Triangle t1=new Triangle();

2. 为声明的对象分配空间

使用 new 运算符和类的构造方法为声明的对象分配空间，即创建对象。如果类中没有构造方法，那么系统会调用默认的构造方法，默认的构造方法是无参数的，下面通过例 3-6 来说明。

例 3-6 创建对象。

```
class Triangle{
    double sideA, sideB, sideC, area;
    Triangle(){}
    Triangle(double a, double b, double c){
        sideA = a;
```

```
            sideB = b;
            sideC = c;
        }
        double getSideA(){
            return sideA;
        }
    }

    public class B{
        public static void main(String args[]){
            Triangle t1;   //声明对象
            t1 = new Triangle(); //分配空间
            Triangle  t2 = new Triangle (3,4,5);      //声明对象并为对象分配空间
            }
    }
```

当用 Triangle 类声明一个变量 t1 时，t1 的内存中还没有任何数据，这时称 t1 是一个空对象。空对象不能使用，因为它还没有得到任何实体，必须再为对象分配变量，即为对象分配实体。

当用 new 运算符创建对象 t1 时，Triangle 类中的成员变量 sideA、sideB、sideC、area 会被分配内存空间，并返回一个引用给 t1；当再创建一个对象 t2 时，Triangle 类中的成员变量 sideA、sideB、sideC、area 再一次被分配内存空间，并返回一个引用给 t2。t2 的变量所占据的内存空间和 t1 的变量所占据的内存空间是不同的。

3．对象的内存模型

Java 把内存分成两种，一种称为栈内存，另一种称为堆内存。定义的基本数据类型的变量，在栈中分配内存；定义的字符串对象、数组或类的实例，则在堆中分配内存。

堆（heap）是一种运行时的数据结构，是一个大的存储区域。堆内存用于存放由 new 运算符创建的对象和数组。在堆中分配的内存由 Java 虚拟机自动垃圾回收器来管理。在堆中产生了一个数组或者对象后，还需要在栈中定义一个特殊的变量，这个变量的取值等于数组或对象在堆内存中的首地址，在栈中的这个特殊的变量就变成了数组或者对象的引用变量，以后就可以在程序中使用栈内存中的引用变量来访问堆中的数组或者对象了，引用变量相当于为数组或者对象起的一个别名。当没有引用时，这个变量为 null。

为了便于直观理解，下面通过例 3-7 来予以说明。

例 3-7　对象的内存模型。

```
class TestStack{
    public static void main(String[] args){
        int x=1;//基本数据类型
        int y=3;
        System.out.println(x==y);
        String str="abc"; //引用数据类型
        int []arr={1,2,3};//引用数据类型
        Person p1=new Person(); //Person 引用数据类型
```

```java
            p1.setName("张三");
            p1.setAge(20);
            p1.speak();
            Person p2=p1;
            p2.speak();
            p1.setName("张三丰");
            p1.speak();p2.speak();
            x=y;
            System.out.println(x == y);
            System.out.println(p1 == p2);
            Person p3=new Person();p3.setName( "张三丰");p3.setAge(20);
            System.out.println(p1 == p3);
    }
}
class Person{
    private String name;
    private int age;
    public String getName(){return name;}
    public void setName(String n){name = n;}
    public int getAge(){return age;}
    public void setAge(int a){age = a;}
    public void speak(){
        System.out.println("我叫:"+getName()+",年龄:"+getAge());
    }
}
```

运行结果如下。

```
false
我叫:张三,年龄:20
我叫:张三,年龄:20
我叫:张三丰,年龄:20
我叫:张三丰,年龄:20
true
true
false
```

程序内存分析如图 3-1 所示。

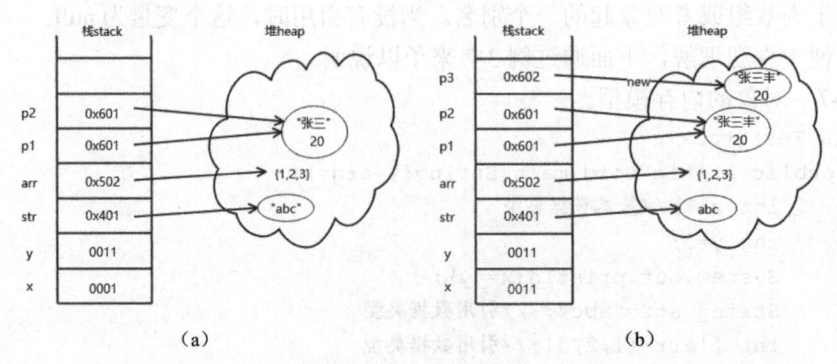

图 3-1　程序内存分析

从例 3-7 可以看出，不同变量会按照其在程序中声明的顺序，依次进入栈内存［见图 3-1（a）］。基本数据类型变量在栈中存储实际值；引用数据类型变量在栈中存储地址，对应的内容会在堆中予以分配。在图 3-1（b）中，当执行 x=y 时，栈中变量的值改为 3（二进制表示为 0011）。用 new 运算符创建 p3 并为其分配堆空间后，即使 p1 与 p3 拥有相等的成员变量值，也是两个不同的对象。

3.2.2　使用对象

封装的目的是产生类，而类的目的是创建具有属性和行为的对象。对象不仅可以操作自己的变量改变状态，而且可以调用类中的方法产生一定的行为。

通过使用运算符"."，对象可以实现对自己的变量的访问和方法的调用（如同语法中一个句子有主语，主语就是对象）。

1．对象操作自己的变量（体现对象的属性）

对象在创建完成后，就有了自己的变量，即对象的实体。对象通过运算符"."（分量运算符）访问自己的变量，访问格式如下。

```
对象.变量;
```

2．对象调用类中的方法（体现对象的行为）

对象创建之后，可以使用运算符"."调用创建它的类中的方法，从而产生行为操作，调用格式如下。

```
对象.方法([实参列表]);
```

3．体现封装

当对象调用方法时，方法中出现的成员变量指的是分配给该对象的变量。在类中的方法可以操作成员变量。当对象调用方法时，方法中出现的成员变量指的是分配给该对象的变量。

注意，当对象调用方法时，方法中的局部变量会被分配内存空间。方法执行完毕，局部变量即刻释放内存。需要注意的是，声明局部变量时如果没有初始化，就没有默认值，而在使用局部变量之前，要保证该局部变量有值。

下面例 3-8 中有 2 个 Java 源文件，即 Triangle.java 和 TriangleTest.java，在 Triangle.java 文件中封装 `Triangle` 类，在 TriangleTest.java 文件中创建对象。

对于初学者，首先需要掌握在主类的 `main()` 方法中使用类来创建对象，并让创建的对象产生行为。举例如下，在主类的 `main()` 方法中使用 `Triangle` 类创建了两个对象，分别为 t1、t2，并且这两个对象各自产生了行为。

例 3-8　对象的创建与使用。

```
//Triangle.java
class Triangle{
    double sideA, sideB, sideC, area;
    void setSide(double a, double b, double c){
        sideA = a;
        sideB = b;
```

```
            sideC = c;
        }
        double getSideA(){
            return sideA;
        }
    }
    //TriangleTest.java
    public class TriangleTest{ // 应用程序的主类
        public static void main(String args[]){
            Triangle  t1, t2; // 声明对象
            t1 = new Triangle(); // 为对象分配内存,使用 new 运算符和默认的构造方法
            t2 = new Triangle();
            t1.sideA = 50;// 对象 t1 给自己的变量赋值
            t1.sideB = 30;
            t1.sideC = 40;
            t1.area = 600;
            t2.setSide(60,80,100);// t2 调用方法给自己的变量赋值
            t2.area = 2400;
            System.out.println("t1.sideA =" + t1.sideA);
            System.out.println("t1.sideB =" + t1.sideB);
            System.out.println("t1.sideC =" + t1.sideC);
            System.out.println("t2.sideA =" + t2.sideA);
            System.out.println("t2.sideB =" + t2.sideB);
            System.out.println("t2.sideC =" + t2.sideC);

            System.out.println("t1.sideA = " + t1.getSideA()); //对象调用方法
            System.out.println("t2.sideA = " + t2.getSideA()); //对象调用方法
        }
    }
```

当对象调用某一个方法时,方法中出现的成员变量就是该对象的成员变量。

3.2.3 对象的引用和实体

通过前面的学习我们已经知道,类是体现封装的一种数据类型(封装着数据和对数据的操作),类声明的变量称为对象,对象(变量)负责存放引用,以确保对象可以操作分配给该对象的变量及调用类中的方法。分配给对象的变量一般称为对象的实体。

1. 避免使用空对象

如果对象没有实体,即该对象中没有存放引用值,那么这样的对象就是空对象。空对象没有实体,即空对象没有属于自己的变量,因此我们应避免让空对象去访问变量和调用方法。因为对象会被动态地分配实体,所以 Java 编译器不会对空对象做检查,但是若让空对象去访问变量和调用方法,则程序运行时会报错。

2. 重要结论

一个类声明的两个对象如果具有相同的引用,二者就具有完全相同的变量(实体)。例

如，对于下列 Point 类：
```
class Point{
    int x,y;
    Point (int a, int b){
        x = a;
        y = b;
    }
}
```
假如使用 Point 类分别创建了两个对象 p1、p2，如下。
```
Point p1 = new Point(5,15);
Point p2 = new Point(8,18);
```
并在程序中使用了如下的赋值语句。
```
p1 = p2;
```
即把 p2 中的引用赋给了 p1，那么 p1 和 p2 本质上就是一样的了。虽然在代码中 p1 和 p2 是两个名字，但在系统看来它们是同一个引用。这时输出 p1.x 的结果将是 8，而不是 5，即 p1 和 p2 有相同的变量（实体）。

3.2.4 垃圾回收

在 Java 中，当一个对象成为垃圾后仍会占用内存空间，时间一长就会导致内存空间不足，因此需要进行对象清理。Java 运行环境提供了垃圾回收机制（Java GC），一个对象在彻底失去引用成为垃圾后会暂时保留在内存中，当这样的垃圾堆积到一定程度时，Java 虚拟机就会启动垃圾回收器，将这些垃圾对象从内存中释放，从而使程序获得更多可用的内存空间。

如果希望 Java 虚拟机立刻进行垃圾回收操作，可以通过如下两种方式强制系统进行垃圾回收操作。

（1）调用 System 类的 gc() 静态方法：System.gc()。
（2）调用 Runtime 对象的 gc() 实例方法：Runtime.getRuntime.gc()。

3.3 访问控制符

3.3.1 成员访问控制符

在 Java 中，对方法和成员变量的访问共有 4 种访问控制级别，分别是 public、protected、default 和 private。

public（公共访问级别）：对所有类可见，即在任何地方都可以访问。

protected（保护访问级别）：对同一个包内的类和所有子类可见，既能被同一个包内的其他类访问，也能被不同包内该类的子类访问。

default（默认访问级别）：没有修饰符意味着访问级别是 default，表示在同一个包内可见，即同一个包内的其他类可以访问。

private（私有访问级别）：在同一个类内可见，即只能在本类中访问。

下面我们通过例子 3-9 说明包的访问限制，首先在包 Sample 中创建 Student 类，代码如下。

例 3-9　包的访问限制。

```
package Sample;
public class Student{
    String xh; //默认访问级别
    public String name; //公共访问级别
    private int age; //私有访问级别
    protected String master; //保护访问级别
    void showInfo(){ //成员方法
        System.out.println(xh + ", " + name + ", " + age);
        System.out.println(master);
    }
}
```

在例 3-9 中，我们分别定义了 4 种不同修饰符修饰的成员，接下来我们在当前包内创建一个测试类 Test，代码如下。

```
package Sample;
public class Test{
    public static void main(String[] args){
        Student s = new Student();
        System.out.println(s.xh);
        System.out.println(s.name);
        System.out.println(s.age);
        System.out.println(s.master);
        s.showInfo();
    }
}
```

此时代码编译错误，错误信息如下。

```
Exception in thread "main" java.lang.Error: Unresolved compilation problem:
    The field Student.age is not visible
        at Sample.Test.main(Test.java:8)
```

从例 3-9 中我们可以看出，同一个包中的类 Test 可以成功访问类 Student 中用 default、protected 及 public 修饰的成员，但是不能访问用 private 修饰的成员 age。

现在我们另创建一个包 Sample1，在该包中再创建一个测试类 Test2，代码如下。

```
package Sample1;//不同包
import Sample.Student;
public class Test2{
    public static void main(String[] args){
        Student s1 = new Student();
        System.out.println(s1.xh);
        System.out.println(s1.name);
        System.out.println(s1.age);
```

```
        System.out.println(s1. master);
        s1.showInfo();
    }
}
```

此时代码编译错误，错误信息如下。

```
Exception in thread "main" java.lang.Error: Unresolved compilation problems:
    The field Student.xh is not visible
    The field Student.age is not visible
    The field Student.master is not visible
    The method showInfo() from the type Student is not visible
    Syntax error on token "|", delete this token
        at Sample1.Test2.main(Test2.java:8)
```

由此我们可知，在不同包中，实例 s1 可以成功访问 Student 类中用 public 修饰的成员 name，而用 default 修饰的成员 xh 和 showInfo()、用 protected 修饰的成员 master，以及用 private 修饰的成员 age，对实例 s1 来讲均不可见。但是当存在继承关系（我们将在第 4 章详细介绍继承）时，不在同一个包中的子类可以通过继承方式访问用 protected 修饰的成员。

例 3-10 在不同包中的访问限制。

```java
package Sample;
//定义父类 Student
public class Student{
    String xh;        //默认访问级别
    public String name;    //公共访问级别
    private int age;      //私有访问级别
    protected String master;  //保护访问级别
    void showInfo(){      //成员方法
        System.out.println(xh+","+name+","+age);
        System.out.println(master);
    }
}
package Sample1;
//不同包
import Sample.Student;

public class Graduate extends Student{ //子类 Graduate 继承 Student 类
    public void print(){
        System.out.println(xh);    //不可访问，编译错误
        System.out.println(name);   //可以访问
        System.out.println(age);    //不可访问，编译错误
        System.out.println(master); //可以访问，子类 Graduate 继承 master
    }
}
```

表 3-1 中总结了 4 种访问控制级别。

表 3-1　4 种访问控制级别的总结

访问范围	private	default	protected	public
同一类中	√	√	√	√
同一包内的任意类		√	√	√
子类			√	√
全局范围				√

由此可见，访问控制符按访问控制级别从高到低的顺序排列依次为 public、protected、default、private。

3.3.2　public 类与 default 类

类的访问控制符有两种，分别为 public 和 default。在一个源程序文件中可以声明多个类，但按照程序规范的要求，一般不建议在一个源程序文件中声明多个类。在一个源程序文件中用 public 修饰的类只能有一个，并且类名必须与文件名相同。若类用 public 修饰，则该类可以被其他所有类访问。若类用默认的修饰符来修饰，则该类只能被同一个包内的其他类访问。

声明类时，若在关键字 class 前面加上 public 关键字，则称这样的类是一个 public 类。例如，public class A{…}。

如果一个类不加 public 修饰，如 class A{…}，这样的类被称为 default 类，那么在另一个类中使用 default 类创建对象时，要保证这两个类在同一包中。

此外不能用 protected 和 private 修饰类。

3.4　static 关键字的使用

类体的定义包括成员变量的定义和方法的定义，并且成员变量又分为实例变量和类变量，用 static 修饰的变量是类变量。除构造方法外，其他的方法可分为实例方法或类方法。在方法声明中用关键字 static 修饰的方法称为类方法或静态方法，不用 static 修饰的方法称为实例方法。在类中，实例方法可以调用该类中的实例方法或类方法；而类方法只能调用该类的类方法，不能调用实例方法。

3.4.1　实例变量和类变量的区别

一个类通过使用 new 运算符可以创建多个不同的对象，这些对象将被分配不同的内存空间。准确来说，不同对象的实例变量将被分配不同的内存空间，如果类中有类变量，那么所有对象的这个类变量都会被分配给一块相同的内存，改变其中一个对象的这个类变量会影响其他对象的这个类变量。也就是说，对象共享类变量。

当执行 Java 程序时，类的字节码文件会被加载到内存中，如果该类没有创建对象，那么类中的实例变量不会被分配内存。但是，类中的类变量在该类被加载到内存中时，就分配了相应的内存空间。如果该类创建对象，那么不同对象的实例变量互不相同，即会分配不同的内存空间,而类变量不再重新分配内存,所有对象共享类变量,即所有对象的类变量分配的是一块相同的内存空间,直到程序退出运行,类变量才释放其占有的内存空间。

类变量是与类相关联的数据变量,也就是说,类变量是和该类创建的所有对象相关联的变量,改变其中一个对象的这个类变量就同时改变了其他对象的这个类变量。因此,类变量不仅可以通过某个对象访问,也可以直接通过类名访问。实例变量仅仅是和相应的对象相关联的变量,也就是说,不同对象的实例变量互不相同,即分配不同的内存空间,改变其中一个对象的实例变量不会影响其他对象的这个实例变量。实例变量能够通过对象名访问,不能通过类名访问。举例如下。

例 3-11 static 修饰符使用。

```
class Person{
    private String name;
    public static String nation="cn";//国籍
    public String getName(){return name;}
    public void setName(String n){name=n;}
    public void showInfo()   //显示姓名与国籍
    {System.out.println("name:"+name+", nation:"+ nation );}
}

public class TestStatic{
    public static void main(String[] args){
        Person.nation="中国";
        Person p1=new Person();
        p1.setName("张三");
        p1.showInfo();
        Person p2=new Person();p2.setName("Jack");
        p2.nation="America";
        p2.showInfo();
        p1.showInfo();
    }
}
```

从主类的 main() 方法开始运行,Java 虚拟机首先将 Person 的字节码加载到内存中,同时为类变量 nation 分配内存空间,初值为"cn";执行 Person.nation="中国"时,nation 值为"中国";当执行 Person p1 = new Person() 及 Person p2 = new Person() 时,实例变量 name 被分配了两次内存空间,分别被对象 p1 和 p2 所引用,而类变量 nation 不再被分配内存,直接被对象 p1 和 p2 引用、共享。当执行 p2.nation="America"时,对象 p1 和 p2 的 nation 值都为"America"。

注意,从例 3-11 来看,类变量的使用似乎破坏了类的封装性,但其实不然,当对象调用实例方法时,该方法中出现的类变量也是该对象的变量,只不过这个变量和其他所有的对象共享而已。

3.4.2 实例方法和类方法的区别

类体中的方法分为实例方法和类方法两种,用 static 修饰的是类方法,否则为实例方法。

无论是类方法还是实例方法，对象在创建之后，都可以使用运算符"."调用这些方法。那么类方法和实例方法到底有什么区别呢？当类的字节码文件被加载到内存中时，类的实例方法不会被分配入口地址，在类第一次创建对象后，类的实例方法才被分配入口地址，从而实例方法可以被类创建的任何对象调用执行。需要注意的是，当类再创建对象时，就不再为这个类的实例方法分配入口地址。也就是说，实例方法的入口地址被所有的对象共享，当所有的对象都不存在时，实例方法的入口地址才被取消。

对于类方法，在该类的字节码文件被加载到内存中时，就为其分配了相应的入口地址，从而类方法不仅可以被类创建的任何对象调用执行，也可以直接通过类名调用。类方法的入口地址直到程序退出才被销毁。

类方法在类的字节码文件加载到内存中时就分配了入口地址，因此，Java 语言允许通过类名直接调用类方法，而不能通过类名调用实例方法。在 Java 语言中，类中的类方法不可以操作实例变量，也不可以调用实例方法，这是因为在类创建对象之前，实例成员变量还没有分配内存，而且实例方法也没有入口地址。

如果一个方法不需要操作实例成员就可以实现某种功能，那么可以考虑将这样的方法声明为类方法。这样做的好处是避免了在创建对象时浪费内存空间。例如，Math 类不需要创建对象就可以使用 Math.Pi、Math.sqrt()。

下面在例 3-11 中加入静态方法。

```
class Person{
    private String name;
    public static String nation="cn";// 国籍
    public String getName(){return name;}
    public void setName(String n){name=n;}
    public void showInfo()   //显示姓名与国籍
    {System.out.println("name:"+name+", nation:"+ getNation() );}

    public static void printNation(){//静态方法
        System.out.println(Person.nation);//使用静态变量
        //System.out.println(name);//不可使用实例成员
    }
    public static String getNation(){//静态方法
        return nation;
    }
}

public class TestStatic2{
    public static void main(String[] args){
        Person.nation="中国";
        Person p1=new Person();
        p1.setName("张三");
        p1.showInfo();
        Person p2=new Person();p2.setName("Jack");
        p2.nation="America";
```

```
            p2.showInfo();
            p1.showInfo();
        }
    }
```

3.4.3 静态代码块

在 Java 类中，由 static 和一对大括号括起来的代码称为静态代码块，如下。
`static{System.out.println("我是静态代码块");}`
静态代码块在类第一次加载时就会执行。因为类只加载一次，所以静态代码块也只执行一次。在程序中可以使用静态代码块对类的成员变量进行初始化。

3.5 this 关键字的使用

当一个对象被创建后，Java 虚拟机（JVM）就会给这个对象分配一个引用自身的指针，这个指针的名字就是 this。因此，this 关键字只能在类中的非静态方法中使用，在静态方法和静态代码块中绝对不能出现，并且 this 关键字只和特定的对象关联，而不和类关联，同一个类的不同对象有不同的 this 关键字。

1．使用 this 关键字来区分当前对象

为解决变量的命名冲突和不确定性问题，在 Java 中引入 this 关键字，表示其所在方法的当前对象的引用，this 关键字有以下两种用法。

（1）在构造方法中表示该构造函数所创建的新对象。
（2）在实例方法中表示调用该方法的对象。

this 关键字只能在构造函数或者方法中使用，用来调用当前的构造函数或者方法的对象引用。可以和任何的对象引用一样来处理这个 this 对象。

具体说明如下。

（1）当实例变量和局部变量重名时，Java 平台会按照先局部变量、后实例变量的顺序寻找，如果没有找到，将会出现编译错误。

（2）若使用 `this.a`，则不会在方法（局部变量）中寻找变量 a，而是直接到实例变量中寻找；若寻找不到，则会出现编译错误。

（3）在一个方法内，在没有出现局部变量和实例变量重名的情况下，是否使用 this 关键字是没有区别的。

在类中通过使用 this 关键字，统一了对象成员的使用方式。

2．在构造函数中使用 this 关键字来调用类本身已经存在的其他构造函数

在构造函数中使用 `this(参数列表)` 可以调用类本身已经存在的其他构造函数，系统将根据 `this(参数列表)` 中的参数个数和类型自动匹配相应的构造函数。在一个构造函数中只能调用一个其他构造函数，并且 `this()` 必须放在构造函数的首行，否则编译时会出现错误，另外不能在构造函数以外的位置使用 `this()` 调用构造函数。

注意，在 static 中不能使用 this 关键字。static 方法是类方法，先于任何实例（对象）

存在,即 static 方法在加载类时就已经存在了,但是对象是在创建时才在内存中生成的。this 关键字指代的是当前对象;在方法中使用 this 关键字来表示当前对象的引用,也就是说只能用 this 关键字来调用属于当前对象的方法或者使用 this 关键字处理方法中成员变量和局部变量重名的情况。

例 3-12 this 关键字的使用。

```
class Person{
    private String name;
    private int age;

    public String getName(){return name;}
    //this关键字在方法中代表调用此方法的对象
    public void setName(String name){this.name=name;}//局部变量优先
    public int getAge(){return age;}
    public void setAge(int age){this.age=age;}
    public void speak()
    {System.out.println("你好,我是"+this.getName()+",年龄:"+getAge());}
    public void speak(Person p)
    {System.out.println("你好,"+p.name+",我是"+this.name);}
    public Person(){}//默认构造函数
    public Person(String name,int age){this.name=name;this.age=age;}
}

public class TestThis{
    public static void main(String[] args){
        Person p1=new Person();
        p1.setName("张三");
        p1.setAge(19);
        p1.speak();
        Person p2=new Person("李四",20);
        p2.speak(p1);
    }
}
```

3.6 包的使用

包是 Java 语言中一个有效管理类的机制。在开发中往往存在很多 Java 文件,如果将所有 Java 文件都放置在同一个目录下,管理起来是很麻烦的。另外不同的 Java 源文件中可能会出现名称相同的类,如果想区分这些类,就需要使用包。包(package)类似于文件夹,是在需要定义多个类或接口时,为了避免名称冲突而采取的一个措施。

包的作用如下。

(1)把功能相似或相关的类或接口组织在同一个包中,方便更好地组织和维护它们。

(2)同一个包中的类名是不能相同的,不同的包中的类名是可以相同的,当同时调用两个不同包中同名的类时，应该加上包名加以区别。因此使用包可以避免因类名相同造成的冲突。

（3）包还限定了访问权限，拥有包访问权限的类才能访问某个包中的类。

3.6.1 包的定义与使用

创建包的一般格式如下。

```
package 包名;
```

需要注意以下 4 点。

（1）包名必须遵循标识符规范，通常全部使用小写字母。

（2）包的名字有层次关系，每层都用运算符"."隔开，包的层次结构必须与 Java 开发系统的文件系统结构相同。

（3）在企业开发中，包名一般为公司域名的倒写形式，例如：com.baidu.api。

（4）创建包的语句必须是源文件中的第一条可执行语句，并且前面只能有注释或空行。

下面我们来创建一个包，在 Eclipse 中，选择 File→New→Package，在 Eclipse 中创建包的界面如图 3-2 所示。

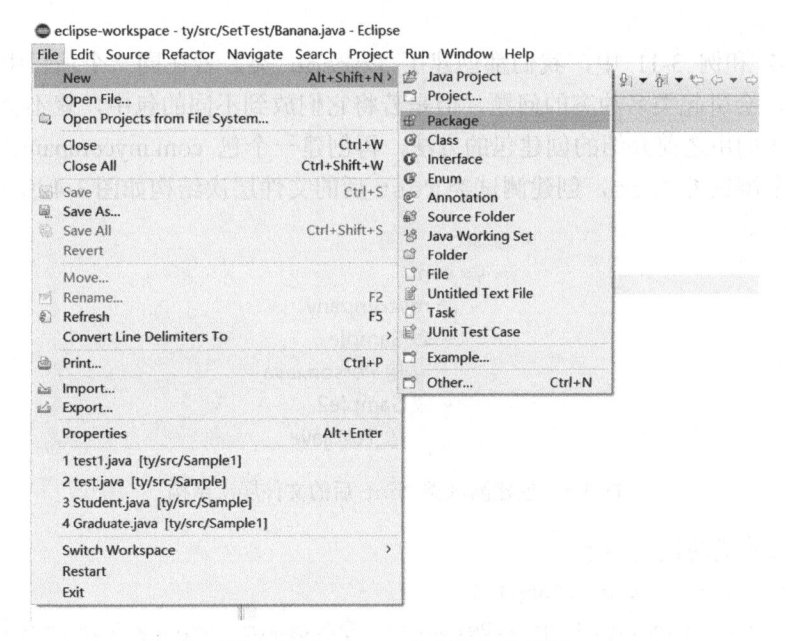

图 3-2　在 Eclipse 中创建包的界面

打开 New Java Package，在 Name 处写入你要创建的包名，如 com.mycompany.Sample，此时在该项目的 src 文件夹中，创建包时的文件夹层次结构如图 3-3 所示。

图 3-3　创建包时的文件夹层次结构

我们选中 Sample，在其中创建一个 Person 类，此时生成的代码如下。

```
1  package com.mycompany.Sample;
2
3  public class Person{
4
5  }
```

第 1 行代码为创建包的语句。

如果需要在一个类中使用其他包中的类，那么就需要导入包。导入包的语句格式如下。

import 包名.类名;

在创建的 Person 类中写入以下代码。

```
package com.mycompany.Sample;
public class Person{
    String name = "张三丰";
    public void introduce(){
        System.out.println(name);
    }
}
```

在例 3-7 和例 3-11 中，我们都创建了 Person 类，若在同一个项目中创建同名的 Person 类，会引起类名冲突的问题，但是若将它们放到不同的包中，就不会产生类名冲突。接下来我们用之前介绍的创建包的方法，再创建一个包 com.mycompany.Sample2，在包中创建一个测试类 Test，创建测试类 Test 后的文件层次结构如图 3-4 所示。

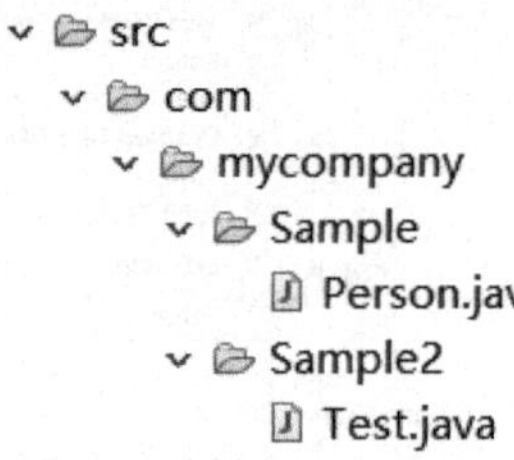

```
▽ 🗁 src
    ▽ 🗁 com
        ▽ 🗁 mycompany
            ▽ 🗁 Sample
                🗎 Person.java
            ▽ 🗁 Sample2
                🗎 Test.java
```

图 3-4 创建测试类 Test 后的文件层次结构

创建 Test 类的代码如下。

```
package com.mycompany.Sample2;
import com.mycompany.Sample.Person;// 导入 com.mycompany.Sample 包中的 Person 类
public class Test{
    public static void main(String[] args){
        new Person().introduce();
    }
}
```

使用 import 语句导入 com.mycompany.Sample.Person 之后，就可以使用 Person 类来创建对象和调用对象的方法了。

3.6.2 import 语句

一个类可以使用所属包中的所有类，以及其他包中的公有类。可以采用两种方式访问其他包中的公有类。

第一种方式是在每个类名之前添加完整的包名，来访问其他包中的公有类，如下。

`com.mycompany.Sample.Person p1=new com.mycompany.Sample.Person();`

第二种方式是使用 import 语句来访问其他包中的公有类，有以下两种表示方法。

`import 包名.子包名.类名;//表示方法1`
`import 包名.子包名.*;//表示方法2`

下面可以通过以下方式直接创建对象。

`Person p2=new Person();`

Java 编译器会为所有程序自动引入包 java.lang，因此不必用 import 语句引入 java.lang 包含的类。在 JDK 中，为方便用户开发程序，提供了大量的系统功能包，不同功能的类放在不同的包中，其中 Java 的核心类主要放在 Java 包及其子包中，Java 扩展的大部分类都放在 javax 包及其子包中。以下是 Java 语言中的常用包。

java.lang：此包为基本包，包含 Java 语言的核心类，如 `String`、`Math`、`System` 和 `Integer` 等常用类，无须使用 import 语句导入，系统会自动导入这个包中的所有类。

java.util：此包为工具包，包含一些常用的类库、日期操作等。

java.net：包含 Java 网络编程相关的类与接口。

java.sql：此包为数据库操作包，包含各种数据库操作的类与接口。

java.io：包含与输入、输出有关的类和接口。

java.awt：包含用于构建和管理应用程序的图形用户界面的类与接口。

javax.swing：包含用于建立图形用户界面的类与接口。

3.6.3 静态导入

在当前主流的 JDK 版本中，import 语句都得到了增强，以便提供更加强大的减少击键次数的功能，这种新的特性称为静态导入。静态导入的作用是简化书写，其语法格式如下。

`import static 包名.类名.方法名`

1．没有导入的情况

如果没有导入，那么在编写程序时就会相对复杂，在代码书写时需要包含包名和类名。举例如下。

```
public class StaticImportDemo1
{
    public static void main(String[] args)
    {
        System.out.println(java.lang.Math.abs(-10));
        System.out.println(java.lang.Math.pow(2,3));
        System.out.println(java.lang.Math.max(23, 34));
    }
}
```

2. 加入一般导入的情况

一般导入可以导入到类，此时调用方法和变量时需要用类名来调用。举例如下。

```java
import java.lang.Math;
public class StaticImportDemo2
{
    public static void main(String[] args)
    {
        //导入普通类
        System.out.println(Math.abs(-10));
        System.out.println(Math.pow(2,3));
        System.out.println(Math.max(23, 34));
    }
}
```

3. 加入静态导入的情况

加入静态导入以后，可以导入到方法。举例如下。

```java
import static java.lang.Math.abs;
import static java.lang.Math.max;
import static java.lang.Math.pow;
public class StaticImportDemo4
{
    public static void main(String[] args)
    {
        System.out.println(abs(-10));
        System.out.println(pow(2,3));
        System.out.println(max(23, 34));
    }
}
```

经过以上对比，可以发现加入静态导入以后可以简化书写，可以在使用导入的类的成员方法或者成员变量时不用再加类前缀。

4. 注意事项

如果静态导入的成员和本类中的成员存在同名的情况，那么默认使用本类中的静态成员，如果想要使用静态导入的成员，就需要在静态导入的成员前面加上类名，举例如下。

```java
import static java.lang.Math.abs;
public class StaticImportDemo5
{
    public static void main(String[] args)
    {
        //默认调用的是本类的abs()方法
        abs("hh");
        //如果想使用Math类的abs()方法，需要加上类名
        //System.out.println(Math.abs(-10));
    }
```

```
public static void abs (String s)
{
 System.out.println(s);
}
}
```

5. 静态导入的使用建议

滥用静态导入会使程序更难阅读和维护。静态导入后，代码中就不用再写类名了，但是我们知道类是"一类事物的描述"，缺少了类名的修饰，静态属性和静态方法的表象意义可以被无限放大，这会让阅读者很难弄清楚其属性或方法代表何意，甚至对其是哪一个类的属性或方法都要思考一番，特别是在一个类中有多个静态导入语句时，若还使用"*"通配符，把一个类的所有静态元素都导入进来，将大大降低程序的可读性，所以建议不要过多地使用静态导入。

3.7 本章小结

本章主要介绍了类与对象的基本知识，首先讲解了类的定义，包括类的声明、类的成员、成员变量和局部变量、成员方法、方法的重载、构造方法、类成员和实例成员；其次讲解了对象的创建与使用，对象的引用和实体，以及垃圾回收；再次，讲解了访问控制符、static 关键字的使用，以及 this 关键字的使用；最后讲解了包的使用等相关内容。面向对象是 Java 的灵魂，而类的封装是 Java 面向对象的第一个重要思想，读者一定要深入理解。

3.8 习题

一、填空题

1. 在进行类的封装时，主要封装_____和_____，并根据需要封装静态成员。
2. 在 Java 中，针对类、成员方法和属性提供了 4 种访问控制级别，按由低到高的顺序分别是_____、_____、_____和_____。
3. 被 static 关键字修饰的成员变量称为_____，它可以被该类所有的实例对象共享。
4. 在非静态成员方法中，可以使用关键字_____访问类的其他非静态成员。
5. 如果有语句 import aaa.bbb，则表示 aaa 是一个_____。

二、判断题

1. 类是最重要的"数据类型"，类声明的变量称为对象变量，简称对象。　　（　　）
2. 构造方法没有返回值类型。　　（　　）
3. 类中的实例变量在用该类创建对象的时候才会被分配内存空间。　　（　　）
4. 类中的所有实例方法都可以用类名直接调用。　　（　　）
5. 局部变量全部都没有默认值。　　（　　）
6. 构造方法的访问权限可以是 public、protected、private 或 default。　　（　　）

7．方法中声明的局部变量不可以用访问控制符 public、protected、private 修饰。
（　　）

8．局部变量的名字不可以和成员变量的相同。（　　）

三、选择题（若无特殊说明则为单选题）

1．下面哪一个是正确的类的声明？（　　）
    A．public void HH{...}
    B．public class Move(){...}
    C．public class void number{...}
    D．public class Car{...}

2．在类的作用域中能够通过直接使用该类的（　　）成员名进行访问。
    A．私有　　　　　　　　　　B．公共
    C．保护　　　　　　　　　　D．任何

3．（多选）关于类的说法中，正确的有（　　）。
    A．一般类体的域包括常量、变量、数组等独立的实体
    B．类中的每个方法都由方法头和方法体组成
    C．Java 程序中可以有多个类，但公共类只有一个
    D．Java 程序中可以有多个公共类

4．（多选）下面对于构造方法的描述，正确的有哪些？（　　）
    A．方法名必须和类名相同
    B．方法名的前面没有返回值类型的声明
    C．在方法中不能使用 return 语句返回一个值
    D．当定义了带参数的构造方法，系统默认的不带参数的构造方法依然存在

5．关于被 protected 修饰的成员变量，以下说法正确的是（　　）。
    A．可以被 3 种类引用：该类自身、与它在同一个包中的其他类、在其他包中的该类的子类
    B．可以被两种类访问和引用：该类自身、该类的所有子类
    C．只能被该类自身访问和修改
    D．只能被同一个包中的类访问

四、编程题

1．类的字节码进入内存时，类中的静态块会立刻被执行。书写下列程序，给出执行结果。

```
class A{
    static int m;
    static{
        m = 888;
    }
}
public class E{
    public static void main(String args[]){
```

```
        A a= null;
        System.out.println(A.m+":"+a.m);
    }
}
```

2. 用类描述计算机中 CPU 的速度和硬盘的容量。要求 Java 应用程序有 4 个类，名字分别是 CPU、HardDisk、PC 和 Test，其中，Test 是主类。CPU 类有 int 型成员变量 speed，提供 getSpeed() 方法返回 speed 的值；提供 setSpeed(int m) 方法设置 speed 的值。HardDisk 类有 int 型成员变量 amount，提供 getAmount() 方法返回 amount 的值，setAmount(int m) 方法设置 amount 的值。PC 类组合 CPU 和 HardDisk 类的对象，即 PC 类有 CPU 类型的成员变量 cpu 和 HardDisk 类型的成员变量 HD。PC 类提供 setCUP(CPU c) 方法和 setHardDisk(HardDiskh h) 方法。对主类 Test 的要求：

(1) 在 main() 方法中创建一个 CPU 对象 cpu，cpu 将自己的 speed 设置为 2200。

(2) 在 main() 方法中创建一个 HardDisk 对象 disk。disk 将自己的 amount 设置为 200。

(3) 在 main() 方法中创建一个 PC 对象 pc。

(4) pc 调用 setCUP(CPU c) 方法，调用时实参是 cpu。

(5) pc 调用 setHardDisk(HardDiskh h) 方法，调用时实参是 disk。

(6) pc 调用 show() 方法。可以输出 CPU 的速度和 HardDisk 的容量。

第 4 章 深入理解 Java 语言面向对象

> **学习目标：**
> - 掌握继承的基本概念及实现
> - 掌握方法重写的概念及实现
> - 掌握 super 关键字的作用
> - 掌握 final 关键字的使用要求
> - 掌握抽象类和接口的定义和使用规则
> - 掌握接口与抽象类的关系
> - 掌握对象向上转型及向下转型的使用
> - 掌握 JDK 8 中 Lambda 表达式的使用

第 3 章介绍了类与对象的基本用法，并对面向对象中的类的封装进行了详细描述。本章将继续讲解面向对象的其他特性，如继承、多态，同时对抽象类、接口、内部类和 Lambda 表达式等知识进行介绍。

4.1 继承

继承是面向对象的第二大特性。继承描述的是事物之间的所属关系，例如，猫和狗都属于动物，在程序中可以描述为猫和狗继承自动物类。在 Java 中，类的继承是指在一个现有类的基础上构建一个新的类，主要作用是扩充已有类的功能，构建出的新类称为子类或派生类，现有类称为父类、超类（Super Class）或者基类，子类自动拥有父类所有可继承的属性和方法。

4.1.1 继承关系的引出

定义两个类 Person、Student，按照已学习到的概念，须分别定义两个类，此时两个类的定义如例 4-1 所示。

例 4-1 类的一般定义方式。

```
//对 Person 类的定义
class Person{
    private String name;
    private int age;
    public void setName(String name){
        this.name = name;
    }
}
```

```java
        public void setAge(int age){
            this.age = age;
        }
        public String getName(){
            return this.name;
        }
        public int getAge(){
            return this.age;
        }
    }
    //对 Student 类的定义
    class Student{
        private String name;
        private int age;
        private String school;
        public void setName(String name){
            this.name = name;
        }
        public void setAge(int age){
            this.age = age;
        }
        public String getName(){
            return this.name;
        }
        public int getAge(){
            return this.age;
        }
        public String getSchool(){
            return this.school;
        }
        public void setSchool(String school){
            this.school = school;
        }
    }
```

通过例 4-1 中的代码我们可以很明显地发现，这段代码中有大量重复代码出现，而且通过实际的问题可以发现，学生本身就是一个人。

面向对象开发就是为了消除重复代码，我们可以发现，按照之前的编写方式已经不能满足这种现实问题，此时可以采用继承来解决，语法格式如下。

```
class 子类 extends 父类{}
```

子类 Student 使用 extends 继承父类 Person,则默认继承父类的所有属性和方法。

例 4-2　通过继承定义类。

```java
class Person{
    private String name;
```

```java
        private int age;
        //setter 方法：主要用于进行属性内容的设置与修改
        public void setName(String name){
            this.name = name;
        }
        public void setAge(int age){
            this.age = age;
        }
        //getter 方法：主要用于进行属性内容的获取
        public String getName(){
            return this.name;
        }
        public int getAge(){
            return this.age;
        }
        //getInfo()方法用于打印对象信息
        public String getInfo(){
            return "姓名: " + this.name + ", 年龄: " + this.age;
        }
    }

    class Student extends Person{     // Student 类继承父类 Person，此时内部没有编写任
                                      何代码
    }

    public class Ex4_2{
        public static void main(String args[]){
            Student stu = new Student();
            stu.setName("张三");
            stu.setAge(20);
        }
    }
```

从例 4-2 我们可以看到，Student 类继承了 Person 类之后，无须编写额外代码，可以直接使用 Person 类中定义的任意方法，如 setName()、setAge()方法。当然，子类也允许对父类中的定义进行扩充，如例 4-3 所示。

例 4-3　子类扩展父类属性。

```java
class Person{
    private String name;
    private int age;
    //此处省略 setter 和 getter 方法

    public String getInfo(){
        return "姓名: " + this.name + ", 年龄: " + this.age;
```

```java
    }
}
class Student extends Person{
    private String school;         // 扩充的属性
    public void setSchool(String school){   //扩充属性的setter和getter方法
        this.school = school;
    }
    public String getSchool(){
        return this.school;
    }
}

public class Ex4_3{
    public static void main(String args[]){
        Student stu = new Student();
        stu.setName("张 三");
        stu.setAge(20);
        stu.setSchool("清华大学");              // 此方法为子类扩充的
        System.out.println(stu.getInfo());
        System.out.println("学校: " + stu.getSchool());
    }
}
```

从例 4-3 我们可以发现，子类允许对父类进行扩充。Person 类与 Student 类的继承关系如图 4-1 所示。

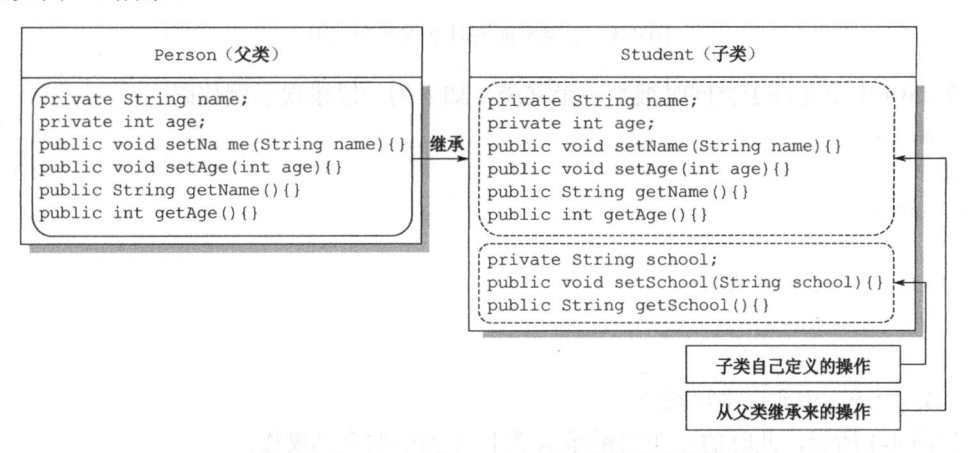

图 4-1 Person 类与 Student 类的继承关系

继承的基本作用就是扩充已有类的功能。

4.1.2 继承的限制

继承的限制主要有两类。
（1）子类可以继承父类的全部操作（属性、方法），所有的公共操作都是可以直接继承的，而所有的私有操作都是无法直接访问的，需要通过其他方式间接访问。子类访问父类的属性如图 4-2 所示。

图 4-2　子类访问父类的属性

例 4-4　子类直接访问父类的属性（错误示例）。
```
class Student extends Person{        // Student 类是 Person 类的子类
    public void fun(){
        System.out.println("父类中的 name 属性: " + name);    // 错误,无法访问
        System.out.println("父类中的 age 属性: " + age);      // 错误,无法访问
    }
}
```

如图 4-3 所示，一个子类只能继承一个父类，属于单继承，而不能同时继承多个父类。一个类同时继承多个父类属于多重继承。

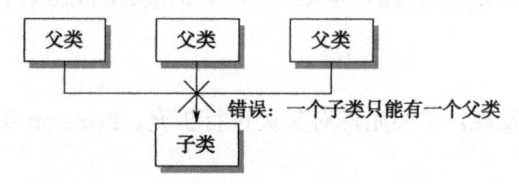

图 4-3　子类不能同时继承多个父类

在 Java 中不允许子类同时继承多个父类，如下为一段错误示例代码。
```
class A{
}
class B{
}
class C extends A,B{
}
```

（2）在 Java 中允许多层继承。
如图 4-4 所示，此时的 C 类将继承 A 类和 B 类中的全部操作。

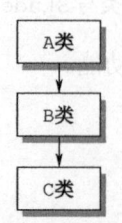

图 4-4　多层继承关系示意

多层继承的示例代码如下。
```java
class A{
}
class B extends A{
}
class C extends B{        // 此时C类同时继承A类和B类的所有操作
}
```

4.1.3 子类对象的实例化

例 4-5 在现实世界中，都是先有父亲，再有孩子，因此在使用子类对象的时候，系统默认会调用父类的构造方法。
```java
class Person{
    private String name;
    private int age;
    public Person(String name, int age){}   //父类两参构造方法
    //此处省略了setter和getter方法
}

class Student extends Person{
    private String school;          // 扩充的属性
    //此处省略了扩充属性的setter和getter方法
}

public class Ex4_5{
    public static void main(String args[]){
        Student stu = new Student();          //实例化子类对象
    }
}
```
编译以上代码时会发生以下错误。
```
ExtDemo06.java:7: cannot find symbol symbol : constructor Person()
location: class Person
class Student extends Person{
^
1 error
```
此错误是没有找到 Person 类的无参构造方法，提示是子类出现的错误，因为一旦一个类中构造方法被调用，就意味着此类可以使用了，对象的产生就如同一个人的出生。按照正常的思维，肯定是先有父类产生再有子类产生，所以在子类对象实例化的时候实际上都会默认调用父类中的无参构造方法。子类对象实例化步骤如图 4-5 所示，示例代码如例 4-6 所示。

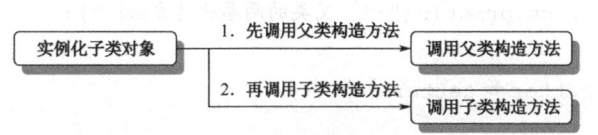

图 4-5　子类对象实例化步骤

例 4-6 在例 4-5 中，父类只声明了两参构造方法，没有无参构造方法，因此会报错，将代码进行修改。

```
class Person{
    private String name;
    private int age;
    public Person(){
        System.out.println("** 父类的无参构造方法! ");
    }
    public Person(String name,int age){    // 父类的两参构造方法
    }
    //此处省略 setter 和 getter 方法
}
class Student extends Person{
    private String school;  // 扩充的属性
    public Student(){
        System.out.println("** 子类的无参构造方法! ");
    }
    //此处省略 setter 和 getter 方法
}
public class Ex4_6{
    public static void main(String args[]){
        Student stu = new Student();
    }
}
```

以上代码的运行效果符合现实生活中的场景。对于子类构造方法而言，实际上在构造方法中隐含了一条 super 语句，如下。

```
public Student(){
    super();    // 调用父类中的无参构造方法
    System.out.println("** 子类的无参构造方法! ");
}
```

既然在子类中可以通过 super 关键字调用父类中的无参构造方法，那么也可以通过 super 关键字调用父类中的有参构造方法。

例 4-7 通过 super 关键字调用父类中的有参构造方法。

```
class Person{
    private String name;
    private int age;
    public Person(String name,int age){
        System.out.println("**  父类的两参构造方法! ");
    }
    //此处省略 setter 和 getter 方法
}
```

```
class Student extends Person{
    private String school; // 扩充的属性
    public Student(name,age,school){
        super(name,age);        // 调用父类中的构造方法
        System.out.println("** 子类的有参构造方法！");
    }
}
public class Ex4_7{
    public static void main(String args[]){
        Student stu = new Student("张三",30,"清华大学");
    }
}
```

在例 4-7 中，通过 super 关键字调用父类中的构造方法时，可直接调用父类的有参构造方法 super(name,age)，即不管子类如何操作，肯定都会调用父类中的构造方法。

4.2 重写

继承本身可以进行类的功能扩充，但是扩充之后也会存在问题，例如，如果在子类中定义了和父类完全一样的方法或属性，那么此时实际上就发生了重写操作。重写操作主要分为方法的重写和属性的重写。

4.2.1 方法的重写

所谓方法的重写就是指在一个子类中定义一个与父类完全一样的方法名称，包括返回值类型、参数的类型及个数，但是需要注意的是，被重写的方法不能拥有比父类更严格的访问控制权限。

关于访问控制级别我们已经学习过 4 种，访问级别由低到高为 private< default< protected< public。

例 4-8 方法的重写。

```
class A{
    public void print(){        // 定义 print()方法
        System.out.println("hello");
    }
}
class B extends A{
    public void print(){     // 子类重写 print()方法
        System.out.println("world");
    }
}
public class Ex4_8{
    public static void main(String args[]){
        B b = new B();          //实例化子类对象
        b.print();              //调用的是被子类重写过的方法
    }
}
```

子类中的方法一旦被重写，实际上最终调用的方法就是被重写过的方法，但是，如果此时子类中的方法的访问权限已经降低的话，即将例 4-8 中的代码修改为如下形式。

```
class B extends A{
    void print(){      // 子类重写 print 方法，此时访问级别为 default
        System.out.println("world");
    }
}
```

编译时将会出现以下错误。

OverrideDemo01.java:7: print() in B cannot override print() in A; attempting to assign weaker access privileges; was public void print(){

例 4-9　父类中方法用 private 声明，子类将其修改为 default 访问控制级别。

```
class A{
    public void print(){      // 定义方法
        this.getInfo();
    }
    private void getInfo(){      //此处的 getInfo()访问级别为 private
        System.out.println("A --> getInfo()");
    }
}
class B extends A{
    void getInfo(){            //子类将 getInfo()的访问级别修改为 default
        System.out.println("B --> getInfo()");
    }
}
public class Ex4_9{
    public static void main(String args[]){
        B b = new B();
        b.print();
    }
}
```

注意，使用 private 声明的方法子类是无法重写的。因此，虽然在编译以上代码时不会产生任何问题，但是子类中被重写过的方法将永远无法被找到，而且这种代码在实际中没有任何意义。

例 4-10　如果在子类中需要调用父类中已经被子类重写过的方法，那么可以通过 super 关键字完成。

```
class A{
public void print(){     // 定义方法
        System.out.println("hello");
    }
}
class B extends A{
    public void print(){
        // 直接从父类中找到 print 方法 System.out.println ("hello");
```

```
            super.print();
        }
    }
    public class Ex4_10{
        public static void main(String args[]){
            B b = new B();
            b.print();
        }
    }
```

在例 4-10 中，使用 super 关键字能够直接由子类找到父类中指定的方法，而若使用 this 关键字，则会先从本类中查找，若查找到，则直接使用；若查找不到，则再从父类中查找。

4.2.2 属性的覆盖

子类声明了与父类完全相同的变量名称，这种情况称为属性的覆盖，但是这种概念基本上是无意义的。

例 4-11 属性的覆盖。

```
class A{
    String name = "HELLO";
}
class B extends A{
    int name = 30;
    public void print(){
        System.out.println(super.name);
        System.out.println(name);
    }
}
public class Ex4_11{
    public static void main(String args[]){
        B b = new B();
        b.print();
    }
}
```

在实际中，属性必须被封装，即访问控制级别为 private，因此，此处的代码并没有实际意义，仅做了解。

4.2.3 属性的应用

例 4-12 参考例 4-2、例 4-3 讲解的 Person 类和 Student 类，观察属性的应用。

```
class Person{
    private String name;
    private int age;
    public Person(){}
    public Person(String name,int age){
```

```java
            this.name = name;
            this.age = age;
        }
        //此处省略setter和getter方法
        public String getInfo(){
            return "姓名: " + this.name + ", 年龄: " + this.age;
        }
    }
    class Student extends Person{
        private String school; // 扩充的属性
        public Student(){}
        public Student(String name,int age,String school){
            super(name,age);
            this.school = school;
        }
        public void setSchool(String school){
            this.school = school;
        }
        public String getSchool(){
            return this.school;
        }
        public String getInfo(){
            return super.getInfo() + ", 学校: " + this.school;
        }
    }
    public class Ex4_12{
        public static void main(String args[]){
            Student stu = new Student("张三",20,"清华大学");
            System.out.println(stu.getInfo());
        }
    }
```

例 4-12 为一个继承应用案例，Student 类继承 Person 类，扩充属性为 school，并且子类重写了用于打印对象的 getInfo() 方法。根据子类的不同，同一个方法可以完成不同的功能。

4.2.4 两组重要概念的比较

重载与重写、this 关键字与 super 关键字是 Java 中两组比较重要的概念，下面分别对这两组概念进行归纳比较。

1. 重载与重写的区别

重载与重写的区别如表 4-1 所示。

表 4-1 重载与重写的区别

区别	重载	重写
定义	方法名称相同，参数的类型或个数不同	方法名称、参数的类型或个数、返回值相同
权限	没有权限要求	被重写的方法不能拥有比父类更严格的权限
范围	发生在一个类中	发生在继承关系中
关键字	Overload	Override

2. this 关键字与 supper 关键字的区别

this 关键字与 supper 关键字的区别如表 4-2 所示。

表 4-2 this 关键字与 supper 关键字的区别

区别	this	super
使用	调用本类中的属性或方法	从子类调用父类中的属性或方法
构造	可以调用本类的构造方法，且有一个构造方法作为出口	从子类调用父类的构造方法，子类一定会调用父类的构造方法，默认调用父类中的无参构造方法
要求	调用构造方法时一定要放在构造方法首行	放在子类构造方法首行
	使用 this 关键字和 super 关键字调用构造方法的语句是不可能同时出现的	
其他	表示当前对象	—

3. final 关键字

final 关键字在 Java 中发挥终止操作的作用，又称为完结器。在 Java 中可以使用 final 关键字定义类、方法、属性。在使用 final 关键字时需要注意以下 3 点。

（1）使用 final 关键字定义的类不能有子类。
（2）使用 final 关键字声明的方法不能被子类重写。
（3）使用 final 关键字声明的变量可视为常量，必须在声明时赋初值。

例 4-13 使用 final 关键字声明类。

```
final class A{
}
class B extends A{
}
```

例 4-14 使用 final 关键字声明方法。

```
class A{
    public final void print(){}
}
class B extends A{
    public void print(){}
}
```

例 4-15 使用 final 关键字声明的变量是常量。

```
class A{
```

```
    public final String INFO = "hello";
    public void fun(){
        INFO = "wor";      //此处报错,无法修改final常量值
    }
}
```

在声明一个常量的时候,所有单词的字母都必须采用大写形式,另外需要注意的是,若想声明一个全局常量,语法格式如下。

public static final 声明;

例 4-16 声明一个全局常量 INFO。

public static final String INFO = "hello";   // 此时 INFO 为全局常量

4.3 对象多态性

4.3.1 多态的概述与对象的类型转换

在 Java 中,多态指不同类的对象在调用同一个方法时呈现出的多种不同行为。多态性实际上是面向对象中最有用的特点,多态性在 Java 中有两种体现:①方法重写;②对象多态性。其中,对象多态性指的是父类对象和子类对象之间的转型操作。转型操作有向上转型和向下转型两种操作方式。

(1) 向上转型:子类对象转换为父类对象,语法格式如下。

父类 父类对象=子类实例;

对于向上转型,程序会自动完成。

(2) 向下转型:父类对象转换为子类对象,语法格式如下。

子类 子类对象 = (子类)父类实例;

对于向下转型,必须明确指明要转型的子类类型。

在讲解之前,我们先来观察例 4-17 的代码。

例 4-17 向上转型。

```
class A{
    public void print(){
        System.out.println("A --> public void print(){}");
    }
    public void fun(){
        this.print();
    }
}
class B extends A{
    public void print(){
        System.out.println("B --> public void print(){}");
    }
}
public class Ex4_17{
```

```
    public static void main(String args[]){
        A a = new B();          // 子类对象变为父类对象
        a.fun();
    }
}
```

在例 4-17 中，new B()为子类的实例化对象，可直接由父类对象 a 接收，此处发生了向上转型。

例 4-18　向上转型指的是一个子类对象转换为父类对象的过程，但是调用的方法是被子类重写过的操作，进一步对例 4-17 进行修改。

```
public class Ex4_18{
    public static void main(String args[]){
        A a = new B();          // 子类对象变为父类对象
        B b = (B) a;            // 父类对象变为子类对象
        b.fun();
    }
}
```

再次观察以下代码。

```
public class Ex4_18{
    public static void main(String args[]){
        A a = new A();          // 父类对象实例化
        B b = (B) a;            // 父类对象变为子类对象
        b.fun();
    }
}
```

在执行例 4-18 的代码时将出现以下错误。

`Exception in thread "main" java.lang.ClassCastException: A cannot be cast to B`

这个错误表示类转换异常，主要原因是在两个不同类的对象之间进行转换。

例 4-19　在进行向下转型之前必须首先建立向上转型的关系。

```
class A{
    public void print(){
        System.out.println("A --> public void print(){}");
    }
    public void fun(){
        this.print();
    }
}
class B extends A{
    public void print(){
        System.out.println("B --> public void print(){}");
    }
    public void printB(){
```

```
        System.out.println("Hello B");
    }
}
public class Ex4_19{
    public static void main(String args[]){
        A a = new B();          // 父类对象实例化
        // a.printB();           // 错误代码
        B b = (B) a;             // 向下转型
        b.printB();
    }
}
```

但是，在对象多态性中也必须注意一点，虽然可以进行向上转型，但是也要考虑到一点，一旦发生了向上转型，子类中定义的操作是无法通过父类对象找到的。在开发中要注意，所有的操作方法都一定要以父类规定的方法为主，子类最好不要任意地扩充。

下面通过例 4-20 来研究对象多态性带来的好处。要求建立一个方法，此方法可以接收 A 类的任意子类的对象。可通过两种方法实现。

例 4-20　第一种方法：通过重载完成。

```
class A{
    public void print(){
        System.out.println("A --> public void print(){}");
    }
    public void fun(){
        this.print();
    }
}
class B extends A{
    public void print(){
        System.out.println("B --> public void print(){}");
    }
}
class C extends A{
    public void print(){
        System.out.println("C --> public void print(){}");
    }
}
public class Ex4_20{
    public static void main(String args[]){
        fun(new B());
        fun(new C());
    }
    public static void fun(B b){
        b.fun();
    }
```

```
        public static void fun(C c){
            c.fun();
        }
}
```
这种代码虽然完成了眼前的功能,但是本身是存在问题的,因为若 A 类有 1000 个子类,则意味着此方法要重载 1000 次。

例 4-21 第二种方法:因为所有的子类对象都可以自动向父类对象转换,所以可以通过对象多态性完成。
```
public class Ex4_21{
    public static void main(String args[]){
        fun(new B());
        fun(new C());
    }
    public static void fun(A a){
        a.fun();
    }
}
```
通过比较两种实现方法我们可以清楚地发现,若使用第二种方法,即使 A 类存在许多子类,程序也不需要有任何的变化。因此,父类的设计非常关键。

Java 的多态性是由类的继承、方法重写,以及父类引用指向子类对象体现的。因为一个父类可以有多个子类,多个子类又可以重写父类方法,并且多个不同的子类对象也可以指向同一个父类,所以只有在程序运行时才能知道 fun() 方法中的 a 具体代表的是哪个子类对象,这就体现了多态性。

4.3.2 instanceof 关键字

通过 instanceof 关键字可以判断某个对象是否是某个类的实例。语法格式如下。
```
对象 instanceof 类      // 返回值为 boolean 类型
```
例 4-22 使用 instanceof 关键字验证某个对象是否是某个类的实例。
```
class A{
}
class B extends A{
}
public class InstanceDemo{
    public static void main(String args[]){
        A a = new A();
        System.out.println(a instanceof A);
        System.out.println(a instanceof B);
    }
}
```
在进行向下转型操作之前,要先使用 instanceof 关键字进行验证,验证通过后,才可以安全地执行向下转型的操作。

例 4-23 使用 instanceof 关键字进行验证,配合对象的向下转型操作。

```
public class Ex4_23{
    public static void main(String[] args){
        fun(new B());              // 传递B类实例，进行向上转型
        fun(new C());              // 传递C类实例，进行向上转型
    }
    public static void fun(A a){   // 此方法可以分别调用各自子类单独定义的方法
        a.fun1();
        if(a instanceof B){        // 判断是否是B类实例
            B b = (B)a;            // 进行向下转型
            b.fun3();              // 调用子类自己定义的方法
        }
        if(a instanceof C){        // 判断是否是C类实例
            C c = (C)a;            // 进行向下转型
            c.fun5();              // 调用子类自己定义的方法
        }
    }
}
```

在例 4-23 中，在每次进行向下转型，即 B b = (B)a 和 C c = (C)a 之前，都要先通过 if 条件语句判断对象 a 是否为 B 类和 C 类的实例。

4.4 Object 类

4.4.1 基本概念

Object 类是所有类的父类，若在定义一个类时没有明确地继承一个类，则默认继承 Object 类。class Person{}与 class Person extends Object{}这两种类的定义方式是相同的。

在 Object 类中定义了以下两个重要方法。

表 4-3 Object 类中的两个重要方法

方法名称	类型	描述
public String toString()	普通	对象输出时调用
public boolean equals(Object obj)	普通	用于对象比较

4.4.2 对象信息：toString()

若要直接打印一个对象，则默认打印一个对象的地址，参考以下代码。

例 4-24 打印对象以及对象的 toString()方法输出。

```
class Person{
}
public class Ex4_24{
    public static void main(String args[]){
        Person per = new Person();
```

```
        System.out.println(per);
        System.out.println(per.toString());
    }
}
```

由例 4-24 代码的运行结果我们可以看到，直接输出一个对象和调用 toString() 方法输出一个对象的最终效果是一样的。当打印一个对象时，默认调用的方法是 toString()，因此我们可以根据子类的需要重写 toString() 方法，以输出合适的信息。

例 4-25 根据子类的需要重写 toString() 方法。

```
class Person{
    private String name;
    private int age;
    public Person(String name,int age){
        this.name = name;
        this.age = age;
    }
    public String toString(){            //重写 toString() 方法
        return "姓名: " + this.name + ", 年龄" + this.age;
    }
}
public class Ex4_25{
    public static void main(String args[]){
        Person per = new Person("张三",20);
        System.out.println(per);
        System.out.println(per.toString());
    }
}
```

例 4-25 重写了打印对象的 toString() 方法，输出 name 属性和 age 属性。

4.4.3 对象比较：equals()

如果要比较两个字符串的内容，那么可以使用 equals() 方法，因为 String 也是 Object 的子类，所以在 String 类中已经重写了 equals() 方法，对象的比较操作也应该在 equals() 方法中完成。

例 4-26 使用 equals() 方法比较对象。

```
class Person{
    private String name;
    private int age;
    public Person(String name,int age){
        this.name = name;
        this.age = age;
    }
    public boolean equals(Object obj){            // 重写对象比较方法
        if(this == obj){         //是否为同一个对象
```

```
            return true;
        }
        if(!(obj instanceof Person)){         //是否为 Person 类的实例
            return false;
        }
        Person per = (Person) obj;
        if(this.name.equals(per.name) && this.age==per.age){   //name 和 age 都相
                                                                等时，返回 true
            return true;
        } else{
            return false;
        }
    }
    public String toString(){
        return "姓名: " + this.name + ",年龄: " + this.age ;
    }
}
public class Ex4_26{
    public static void main(String args[]){
        Person per1 = new Person("张三",20);
        Person per2 = new Person("张三",20);
        System.out.println(per1.equals(null));
        System.out.println(per1.equals(per2));
    }
}
```

例 4-26 重写了 equals() 方法。首先，要明确被比较的两个对象的地址是否相同、是否为"同一个类"的实例对象，若地址相同，则代表二者为"同一个类"的实例对象，比较结果为 true；若地址不同，则需要进一步判断二者是否为"同一个类"的实例对象，若非"同一个类"的实例对象，则没有比较的必要，即返回 false。其次，才需要比较姓名 name 和年龄 age 这些属性值。

4.5 抽象类

抽象类和接口是整个 Java 面向对象的核心部分，但是要想充分理解此概念，就必须结合对象多态性来学习。抽象类的定义及使用规则如下。

（1）包含一个抽象方法的类必须是抽象类。
（2）抽象类和抽象方法都要使用 abstract 关键字声明。
（3）抽象方法只需要声明而不需要实现。
（4）抽象类必须被子类继承，子类（如果不是抽象类）必须重写抽象类中的全部抽象方法。

4.5.1 抽象类的定义

抽象类的定义比较简单，包含一个抽象方法的类就是抽象类。只声明而未定义方法体的方法称为抽象方法，抽象方法也必须使用 **abstract** 关键字声明，其语法格式如下。

```
abstract class 抽象类名称{
    属性;
    访问权限 返回值类型 方法名称(参数){          // 普通方法
        return 返回值;
    }

    访问权限 abstract 返回值类型 方法名称(参数);   // 抽象方法
    // 在抽象方法中是没有方法体的
}
```

例 4-27 定义一个抽象类。

```
abstract class Ex4_27{          // 抽象类
    public void print(){
        System.out.println("Hello World!!!");
    }
    public abstract void fun();   // 抽象方法
}
```

从类的结构上我们可以看出，抽象类只比普通类多了若干抽象方法，其他的定义结构都是一样的，但是需要注意的是，抽象类不能直接使用，下面通过例 4-28 来说明。

例 4-28 直接实例化抽象类（错误示例）。

```
public class Ex4_28{
    public static void main(String args[]){
        Demo demo = null;
        demo = new Demo();
        demo.print();
    }
}
```

利用例 4-28 中的代码直接实例化抽象类 Demo，编译时会提示"由于 Demo 是一个抽象类，所以无法进行实例化"，因此抽象类的使用有以下原则。

（1）抽象类不能直接实例化。

（2）抽象类必须有子类，若有子类（不是抽象类），则必须重写抽象类中全部的抽象方法。

（3）若一个抽象类中没有任何一个抽象方法，则依然是抽象类。

例 4-29 定义抽象类子类。

```
abstract class Demo{          // 抽象类
    public void print(){
        System.out.println("Hello World!!!");
```

```
        public abstract void fun();      // 抽象方法
    }
    class DemoImpl extends Demo{
        public void fun(){};              //子类重写抽象类中的抽象方法 fun()
    }
    public class Ex4_29{
        public static void main(String args[]){
            DemoImpl di = new DemoImpl();
            di.print();
        }
    }
```

在抽象类的操作过程中，抽象类依然符合单继承的原则，即一个子类只能继承一个抽象类。

4.5.2 抽象类实例化

抽象类必须有子类，且子类一定要实现所有的抽象方法。通过对对象多态性的学习，我们可以发现，当一个父类通过子类实例化之后，调用的方法一定是被子类重写过的方法，下面通过例 4-30 来说明。

例 4-30 抽象类子类实例化的使用。

```
    abstract class Demo{
        public void fun(){
            System.out.println(this.getInfo());
        }
        public abstract String getInfo();       //抽象方法
    }
    class DemoImpl extends Demo{
        public String getInfo(){                //重写父类的抽象方法
            return "Hello World!!!";
        }
    }
    public class Ex4_30{
        public static void main(String args[]){
            Demo demo = new DemoImpl();         // 向上转型
            demo.fun();
        }
    }
```

抽象类本身不可以实例化，而是通过子类实例化的，由子类实现具体功能，因此同一种功能会根据子类的不同而不同，由子类决定。

4.6 接口

4.6.1 接口的定义

接口是 Java 中最重要的概念,接口可以理解为一种特殊的类,是由全局常量和公共的抽象方法组成的。接口使用 interface 关键字声明,其语法格式如下。

```
interface 接口名称{
    全局常量;
    抽象方法;
}
```

例 4-31 定义一个接口 Demo。

```
interface Demo{ //接口
    public static final String INFO = "hello world";
    public abstract void print();
    public abstract void fun();
}
```

接口定义完成后,实际上与抽象类的使用原则是一样的,具体如下。
(1)接口必须有子类,子类(如果不是抽象类)必须重写接口中的全部抽象方法。
(2)接口不能直接进行对象的实例化操作。
(3)一个子类可以同时继承(实现)多个接口,如下。

```
class 子类 implements 接口 A,接口 B,…{
}
```

例 4-32 实现接口。

```
interface Demo{ // 接口
    public static final String INFO = "hello world";
    public abstract void print();
    public abstract void fun();
}
interface Flag{
    public abstract void info();
}
class Temp implements Demo,Flag{    // 实现两个接口
    public void print(){
        System.out.println(INFO);
    }
    public void fun(){}
    public void info(){}
}
public class Ex4_32{
    public static void main(String args[]){
        Temp temp = new Temp();
        temp.print();
```

}
}

考虑以下情况,若一个子类既要实现接口又要继承抽象类,则必须先继承抽象类,再实现接口,下面通过例 4-33 来说明。

例 4-33 继承并且实现接口。

```java
interface Demo{           // 接口
    public static final String INFO = "hello world";
    public abstract void print();
    public abstract void fun();
}
abstract class Flag{
    public abstract void info();
}
class Temp extends Flag implements Demo{
    public void print(){
        System.out.println(INFO);
    }
    public void fun(){}
    public void info(){}
}
public class Ex4_33{
    public static void main(String args[]){
        Temp temp = new Temp();
        temp.print();
    }
}
```

接口都是由抽象方法和全局常量组成的,因此,以下两种接口的定义形式是完全相同的。

接口定义形式 1 如下。

```java
interface Demo{           // 接口
    public static final String INFO = "hello world";
    public abstract void print();
}
```

接口定义形式 2 如下。

```java
interface Demo{           // 接口
    String INFO = "hello world";
    void print();
}
```

接口中的抽象方法是否添加访问修饰符并没有任何意义,因为接口中的抽象方法都是公共的(public)。接口本身还有一个很大的特点,即一个接口可以通过 extends 关键字继承多个接口,如下。

```java
interface A{
```

```
    public void printA();
}
interface B{
    public void printB();
}
interface C extends A,B{
    public void printC();
}
```

另外，可以通过对象多态性完成接口对象的实例化操作。

4.6.2 接口的使用——制定标准

接口常常出现在人们的现实生活中，如 USB 接口、HDMI 接口等，接口可看作一种标准。计算机上有了 USB 接口，即有了接口标准，因此只要是 USB 设备都可以插入计算机并使用，下面通过例 4-34 来说明。

例 4-34 接口的标准化特性。

```
interface USB{           // 定义好一个标准（接口）
    public void use();
}
class Computer{
    public static void plugIn(USB usb){
        usb.use();
    }
}
class Flash implements USB{
    public void use(){
        System.out.println("使用 U 盘。");
    }
}
class Print implements USB{
    private String name;
    public Print(String name){
        this.name = name;
    }
    public void use(){
        System.out.println("欢迎使用" + this.name + "牌打印机！");
        System.out.println("开始打印！");
    }
}
public class Ex4_34{
    public static void main(String args[]){
        Computer.plugIn(new Flash());
        Computer.plugIn(new Print("HP"));
    }
}
```

从实际的应用来看，接口主要有以下 3 个功能：①制定标准；②表示能力；③将远程方法的操作视图暴露给客户端。

4.6.3 抽象类和接口的区别

抽象类和接口的区别如表 4-4 所示。

表 4-4 抽象类和接口的区别

比较	抽象类	接口
关键字	使用 abstract class 声明	使用 interface 声明
定义	包含一个抽象方法的类	抽象方法和全局常量的集合
组成	属性、构造方法、常量、抽象方法	全局常量、抽象方法
权限	抽象方法可以是任意权限	只能是 public 权限
使用	通过 extends 关键字继承抽象类	通过 implements 关键字实现接口
局限	抽象类存在单继承局限	没有单继承局限，一个子类可以实现多个接口
顺序	一个子类只能先继承抽象类再实现多个接口	
设计模式	模板设计	工厂设计、代理设计
	两者联合可以完成一个适配器设计	
实际作用	只能作为模板使用	作为标准、表示能力
使用	两者没有本质区别，但是从实际来看，若一个程序中抽象类和接口都可以使用，则要优先考虑使用接口，因为接口可以避免单继承带来的局限	
实例化	均依靠对象多态性，通过子类进行对象实例化	

4.7 内部类

4.7.1 内部类的定义

若一个类的内部还包含其他操作类，则该类称为外部类，被包含的类称为内部类，下面通过例 4-35 来说明。

例 4-35 观察内部类。
```
class Outer{          // 定义外部类
    private String info = "Hello";
    class Inner{      // 定义内部类
        public void print(){
            System.out.println(info);        // 输出外部类定义的 info 属性
        }
    }
    public void fun(){
        new Inner().print();
    }
}
```

```
public class Ex4_35{
    public static void main(String args[]){
        new Outer().fun();
    }
}
```

在例 4-35 中,在 Outer 类内声明了一个内部类 Inner,在 Inner 类中通过 print() 方法输出外部类的属性 info,从代码中可以观察到内部类的缺点和优点。

(1) 缺点:破坏了一个程序的标准结构。

(2) 优点:可以方便地访问外部类中的私有成员。

此时,内部类是通过外部类的 fun() 方法进行对象实例化的,那么有没有可能在类的外部实例化内部类对象呢?下面通过例 4-36 来说明。

例 4-36 在类的外部实例化内部类对象。

```
class Outer{           // 定义外部类
    private String info = "Hello";
    class Inner{       // 定义内部类
        public void print(){
            System.out.println(info);      // 输出 info 属性
        }
    }
}
public class Ex4_36{
    public static void main(String args[]){
        Outer.Inner in = null;    // 声明内部类的对象
        in = new Outer().new Inner();
        in.print();
    }
}
```

内部类若要被外部调用,则一定要先产生外部类的实例化对象,之后再产生内部类的实例化对象。创建内部类对象的语法格式如下。

外部类名.内部类名 变量名 = new 外部类名().new 内部类名()

4.7.2 使用 static 定义内部类

static 关键字可以用来定义内部类,一旦使用 static 关键字定义了内部类,则此类将成为静态内部类,只能访问外部类中的 static 成员,下面通过例 4-37 来说明。

例 4-37 使用 static 关键字定义内部类。

```
class Outer{           // 定义外部类
    private static String info = "Hello";
    static class Inner{       // 定义内部类
        public void print(){
            System.out.println(info);      // 输出外部类 info 属性
        }
    }
}
```

```
}
public class Ex4_37{
    public static void main(String args[]){
        // Outer.Inner in = new Outer().new Inner();
        Outer.Inner in = new Outer.Inner();
        in.print();
    }
}
```

在例 4-37 中，内部类 Inner 使用 static 关键字进行定义，此时在主方法中，将不再需要通过 new Inner() 进行内部类的实例化，可直接通过外部类创建实例，即通过 new Outer.Inner() 的方式实现。

4.7.3 在方法中定义内部类

理论上而言，一个内部类可以在任意位置上定义。例如，在一个循环语句中，或者在一个方法中，从开发的角度来看，在方法中定义内部类的操作是使用得最多的。下面通过例 4-38 说明在方法中定义内部类。

例 4-38 在方法中定义内部类。

```
class Outer{
    private String info = "hello";
    public void fun(){
        class Inner{    // 在方法中定义内部类
            public void print(){
                System.out.println(info);
            }
        }
        new Inner().print();
    }
}
public class Ex4_38{
    public static void main(String args[]){
        new Outer().fun();
    }
}
```

可以发现，一个在方法中定义的内部类，依然可以访问外部类中的属性，但是这个内部类是无法直接访问方法的参数的，若要访问，则必须在参数前使用 final 关键字进行声明，下面通过例 4-39 来说明。

例 4-39 内部类访问外部类中的属性。

```
class Outer{
    private String info = "hello";
    public void fun(final int x){
        final int y = 100;
        class Inner{            // 在方法中定义内部类
```

```
            public void print(){
                System.out.println(info);
                System.out.println("x = " + x);
                System.out.println("y = " + y);
            }
        }
        new Inner().print();
    }
}
public class Ex4_39{
    public static void main(String args[]){
        new Outer().fun(30);
    }
}
```

在例 4-39 中，在方法中定义的内部类 Inner 需要访问外部类的属性 y，则需要在属性 y 前使用 final 关键字声明。

4.7.4 匿名内部类

匿名内部类是在以后的框架开发中经常使用到的一种概念。匿名内部类是在内部类、抽象类及接口的基础上发展起来的，下面通过例 4-40 来说明。

例 4-40 只使用一次的内部类。

```
interface X{
    public void print();
}
class A implements X{
    public void print(){
        System.out.println("Hello World!!!");
    }
}
class Demo{
    public void fun(X x){            //接收接口 X 对象
        x.print();
    }
    public void hello(){
        this.fun(new A());           //将子类 A 的实例化对象作为参数传给 fun()
    }
}
public class Ex4_40{
    public static void main(String args[]){
        new Demo().hello();
    }
}
```

在例 4-40 中，A 类为接口 X 的实现类，思考如果现在 A 类只使用一次，那么有必要将其定义为一个具体的类吗？此时，可以通过匿名内部类来解决此问题，下面通过例 4-41

来说明。

例 4-41 匿名内部类。

```java
interface X{
    public void print();
}
public class Ex4_41{
    public void fun(X x){
        x.print();
    }
    public void hello(final String info){
        this.fun(new X(){
            public void print(){
                System.out.println(info);
            }
        });
    }
    public static void main(String args[]){
        new Demo().hello("Hello World!!!");
    }
}
```

在例 4-41 中，在方法 fun() 的参数位置上使用 new X() 的形式，创建了一个匿名内部类对象，并将该对象作为参数传给 fun() 方法。

4.8 Lambda 表达式

4.8.1 表达式入门

使用匿名内部类可以减少类的定义，但实现匿名内部类不太方便，下面通过例 4-42 来说明。

例 4-42 使用匿名内部类作为参数进行传递。

```java
interface FunctionInterface{
    public void test();
}
public class Ex4_42{
    public static void main(String[] args){
        func(new FunctionInterface(){     //使用匿名内部类
            @Override
            public void test(){
                System.out.println("Hello World!");
            }
        });
    }
    public static void func(FunctionInterface fi){
```

```
        fi.test();
    }
}
```

在例 4-42 中，传统的语法规则是将一个匿名内部类作为参数进行传递的，实现了 FunctionInterface 接口，并将其作为参数传递给 func() 方法，而利用 Lambda 表达式可以简化匿名内部类的使用。

Lambda 表达式是 JDK 8 中一个重要的特性，Lambda 表达式又称为匿名方法，当一个方法只使用一次，而且定义很简短时，就可以使用 Lambda 表达式。Lambda 表达式在 Java 语言中引入了一个新的语法元素和操作符，这个操作符为 ->，该操作符称为 Lambda 操作符或箭头操作符。

Lambda 表达式的语法格式如下。

（形参列表）->表达式 或 {语句}

从上面的语法格式可以看出，一个 Lambda 表达式由 3 个部分组成。

（1）参数列表：形参允许省略形参类型。如果形参列表中只有一个参数，那么小括号也可省略。

（2）箭头（->）：用来指定参数数据指向，用英文横线和大于号书写。

（3）代码块：如果代码块只包含一条语句，那么 Lambda 表达式允许省略代码块的大括号；Lambda 表达式只有一条 return 语句，且可以省略 return 语句。

例如，一个接收 String 类型和 int 类型数据，并返回 int 类型数据的函数可以用 Lambda 表达式表示为(String,int)->int。

以下是一些常见的写法。

```
() -> 5              //不需要参数,返回值为 5
(int x) -> { return x + 1;};    //单个参数,返回值为 x+1
(int x) -> x + 1;     //省略 return
(x) -> x + 1;         //省略参数类型
(int x, int y) -> x + y    //接收 2 个 int 类型整数,返回他们的和
(x, y) -> x - y      //接收 2 个参数(数字),并返回他们的差值,省略参数类型
(String s) -> System.out.print(s)    //接收一个 string 对象,并在控制台打印,不
                                     //返回任何值
(student) ->{System.out.println(student.name);};   //打印 student 类的 name
                                                    //属性值,返回 void
```

使用 Lambda 表达式对例 4-42 进行修改，参考例 4-43。

例 4-43 使用 Lambda 表达式。

```
interface FunctionInterface{
    public void test();
}
public class Ex4_43{
    public static void main(String[] args){
        func(() -> System.out.println("Hello World"));
    }
    public static void func(FunctionInterface fi){
        fi.test();
    }
}
```

若一个接口中只包含一个方法，则可以使用 Lambda 表达式，这样的接口称为函数式接口。

4.8.2 函数式接口

只包含一个抽象方法的接口称为函数式接口。在 JDK 8 中，为函数式接口引入了一个 @FunctionalInterface 注解，该注解只是显式地标注了接口是一个函数式接口，对程序运行没有实质影响。

```
/**
 * 此注解声明接口必须是函数式接口
 *
 * @param <T>
 */
@FunctionalInterface
public interface MyInterface<T>{
    boolean test(T t);
}
```

例 4-43 中的函数式接口比较简单，不包含参数，也不包含返回值，下面对该接口做相应修改。

例 4-44 函数式接口。

```
public interface FunctionInterface{
    public void test(int param);
}
public interface Calculator{
    public Integer calc(int a,int b);
}
public class Ex4_44{
    public static void main(String[] args){

        //使用 Lambda 表达式
        func((x) -> System.out.println("Hello World" + x));

        //使用 Lambda 表达式
        invokeCalc(120,130,(int a,int b)->{
            return a+b;
        });
        //简化的 Lambda 表达式,计算a+b的值
        invokeCalc(220,230,(a,b)->a+b);

        //简化的 Lambda 表达式,计算a*b的值
        invokeCalc(220, 230, (a, b) -> a * b);

        //简化的 Lambda 表达式,返回a与b中的最大值
        invokeCalc(33,5, (a,b)->Math.max(a, b));
```

```
        //方法调用的简化形式
            invokeCalc(33,55, Math::max);
    }
    public static void func(FunctionInterface fi){
        int x = 1;
        fi.test(x);
    }
    public static void invokeCalc(int a,int b,Calculator calculator){
        int result = calculator.calc(a,b);
        System.out.println(result);
    }
}
```

在例 4-44 中，将函数式接口 FunctionInterface 修改为只包含参数、不包含返回值的形式。定义 Calculator 接口，内含抽象方法 calc，用于计算两数之和，使用 Lambda 表达式调用 invokeCalc 方法。运行结果如下。

```
Hello World1
250
450
50600
33
55
```

4.9 本章小结

1．继承的实现

（1）作用：继承可以扩充已有类的功能。

（2）实现：class 子类 extends 父类{}，父类又称超类，子类又称派生类。

（3）限制：子类可以直接继承父类中的全部非私有操作，但只能隐式继承所有的私有操作，一个子类只能继承一个父类，但是允许多层继承。

（4）子类对象的实例化过程：在进行子类对象实例化时，首先会对父类对象进行实例化，调用父类中的构造方法，默认情况下调用的是父类中的无参构造方法，当然也可以通过 super 关键字指定要调用的是哪一个构造方法。

2．重载与重写的区别

（1）重载：发生在一个类中，方法名称相同，参数的类型或个数不同。

（2）重写：发生在继承关系中，子类定义了一个与父类完全相同的方法，但是要注意方法的访问权限，即被重写的方法不能拥有比父类更严格的访问控制权限。

3．this 关键字与 super 关键字

（1）this 关键字表示的是调用本类中的属性或方法，首先从本类开始查找，若未找到，则再去父类中查找；而 super 关键字表示直接调用父类中的属性或方法。

（2）this 关键字与 super 关键字在调用构造方法的时候都要放在构造方法的首行，因此两者不能同时出现。

（3）this 关键字可以表示当前对象，但是 super 关键字无此概念。

4．final 关键字

定义的类不能有子类，定义的方法不能被子类重写，定义的变量称为常量，使用 public static final 声明的是全局常量。

5．抽象类

包含一个抽象方法的类称为抽象类，抽象类必须使用 abstract 关键字声明，所有的抽象类不能直接实例化，而需要通过子类继承，之后子类（如果不是抽象类）则要重写全部的抽象方法。

6．接口

抽象方法和全局常量的集合，称为接口，接口使用 interface 关键字进行声明，接口通过 implements 关键字被子类实现，一个子类可以同时继承（实现）多个接口，一个接口也可以同时继承多个接口。

7．对象多态性

（1）向上转型，子类实例变为父类对象，自动转型方法为"父类名称 父类对象 = 子类实例;"。

（2）向下转型，将父类实例变为子类对象，强制转型方法为"子类名称 子类对象 = (子类名称) 父类实例;"。

（3）在进行向下转型之前一定要首先发生向上转型的关系。

（4）可以使用 instanceof 关键字判断某个对象是否是某个类的实例。

8．Object 类

（1）所有的类默认继承自 Object 类。

（2）包含 toString() 和 equals() 两种主要方法：toString() 在对象输出时调用，用于输出对象的内容；equals() 是用于对象比较的操作。

（3）使用 Object 类可以接收任意引用数据类型的对象。

4.10 习题

一、填空题

1. ＿＿＿＿保留字用于定义常值变量，声明该变量以后不会改变。
2. ＿＿＿＿方法仅有方法头，没有具体方法体和操作实现方法，该方法必须在抽象类中定义。
3. 若在子类构造方法中调用父类的无参构造方法，使用的语句是＿＿＿＿＿＿＿。
4. 如果不允许方法被子类覆盖，定义方法时应使用关键字＿＿＿＿＿＿。
5. 要声明一个接口，应该使用关键字＿＿＿＿＿＿＿。

6. 设 a 是父类 A 的一个实例，b 是 A 类的子类 B 的一个实例，语句 "a = b;" 是自动转换还是强制转换？＿＿＿＿＿＿＿。

二、选择题

1. 下面选项中不属于面向对象的程序设计特征的是（ ）。
   A. 多态性　　　B. 类比性　　　C. 继承性　　　D. 封装性
2. 下列叙述中，错误的是（ ）。
   A. Java 中，方法的重载是指多个方法可以共享同一个名字
   B. Java 中，用 abstract 修饰的类称为抽象类，它不能实例化
   C. Java 中，构造方法可以有返回值
   D. Java 中，接口是不包含成员变量和方法实现的抽象类
3. 在 Java 类中，使用以下（ ）声明语句来定义公有的 int 类型常量 MAX。
   A. `public int MAX = 100;`
   B. `final int MAX = 100;`
   C. `public static int MAX = 100;`
   D. `public static final int MAX = 100;`
4. 在 Java 语言中，下列关于类的继承的描述，正确的是（ ）。
   A. 一个类可以继承多个父类
   B. 一个类可以具有多个子类
   C. 子类可以使用父类的所有方法
   D. 子类一定比父类有更多的成员方法
5. 在 Java 中，如果类 C 是类 B 的子类，类 B 是类 A 的子类，那么下面描述正确的是（ ）。
   A. 类 C 不仅继承了类 B 中的公有成员，同样也继承了类 A 中的公有成员
   B. 类 C 只继承了类 B 中的成员
   C. 类 C 只继承了类 A 中的成员
   D. 类 C 不能继承类 A 或类 B 中的成员
6. 给定如下一个 Java 源文件 Child.java，编译并运行该文件，以下结果正确的是（ ）。

```
class Parent1{
    Parent1(String s){
        System.out.println(s);
    }
}
class Parent2 extends Parent1{
    Parent2(){
        System.out.println("parent2");
    }
}
public class Child extends Parent2{
    public static void main(String[] args){
```

```
        Child child = new Child();
    }
}
```
  A．编译错误：没有找到构造器 `Child()`
  B．编译错误：没有找到构造器 `Parent1()`
  C．正确运行，没有输出值
  D．正确运行，输出结果为：`parent2`

7．分析如下所示的 Java 代码，选项中的说法正确的是（　　）。
```
class Parent{
    public String name;
    public Parent(String pName){
        this.name = pName;
    }
}
public class Test  extends Parent{        //第1行
    public Test(String Name){             //第2行
        name="hello";         //第3行
        super("kitty");       //第4行
    }
}
```
  A．第 2 行错误，`Test` 类的构造函数中参数名应与其父类构造函数中的参数名相同
  B．第 3 行错误，应使用 **super** 关键字调用父类的 `name` 属性，改为 `super.name="hello";`
  C．第 4 行错误，调用父类构造方法的语句必须放在子类构造方法中的第一行
  D．程序编译通过，无错误

8．在 Java 中，多态的实现不仅能减少编码量，还能大大提高程序的可维护性及可扩展性，那么实现多态的步骤不包括（　　）。
  A．子类覆写父类的方法
  B．子类重载同一个方法
  C．定义方法时，把父类类型作为参数类型；调用方法时，把父类或子类的对象作为参数传入方法
  D．运行时，根据实际创建的对象类型动态决定使用哪个方法

9．给定如下所示的 Java 代码，编译运行后，输出结果是（　　）。
```
class Parent{
    public void count(){
        System.out.println(10%3);
    }
}
public class Child  extends Parent{
    public void count(){
        System.out.println(10/3);
```

```
            }
            public static void main(String args[]){
                Parent p = new Child();
                p.count();
            }
        }
```
    A. 1   B. 1.0   C. 3   D. 3.3333333333333335

10. 分析如下所示的 Java 代码, 若想在控制台上输出"B 类的 test()方法", 则应在横线处填入（　　）。

```
        class A{
            public void test(){
                System.out.println("A 类的 test()方法");
            }
        }
        class B extends A{
            public void test(){
                System.out.println("B 类的 test()方法");
            }
            public static void main(String args[]){
                _____
            }
        }
```
    A. A a = new B();
       a.test();
    B. A a = new A();
       a.test();
    C. B b = new A();
       b.test();
    D. B b = new B();
       b.test();

三、程序填空

按如下要求定义两个类 A 和 B, 在 A 类中定义一个 int 类型的属性 x (将其赋值为 8) 和一个在命令行下输出 x 值的方法 myPrint()。B 类是 A 类的子类, 其中定义一个 int 类型的属性 y (将其赋值为 16) 和 String 类型的属性 s (将其赋值为"java program!"), 同时定义一个在命令行下输出 y 值和 s 值的方法 myPrint(), 以及一个方法 printAll(), 在该方法中分别调用父类和子类的 myPrint()方法。编写程序, 创建 B 类的对象 b, 调用 printAll()方法, 输出结果。

```
        public class Prog1{
            public static void main(String args[])
            {
                ___1___ =new B();
```

```
            b.printAll();
        }
    }
    class A
    {
        int x=8;
        public void myPrint()
        {
            System.out.println( "x="+x );
        }
    }

    class B ___2___
    {
        int y=16;
        ___3___ s="java program!";
        public void myPrint()
        {
            System.out.println("y="+y);
            System.out.println("s="+s);
        }
        void printAll()
        {
            ___4___.myPrint();
            myPrint();
        }
    }
```

四、编程题

1. 请按照题目的要求编写程序并给出运行结果。

要求定义一个数组类 Array，在其中定义一个整型数组，此整型数组动态分配大小，即所有大小由程序指定，并在此基础上实现以下两个子类。

（1）反转类：可以将数组的内容反转显示。

（2）排序类：可以对数组进行排序显示。

2. 按照下面要求定义类和创建对象。

（1）定义一个名为 Circle 的类来表示圆，其中含有 double 类型的成员变量 centerX、centerY 表示圆心坐标，radius 表示圆的半径。定义求圆面积的方法 getArea() 和求圆周长的方法 getPerimeter()。

（2）定义一个带参数的构造方法，通过给出的圆的半径创建圆对象。定义默认构造方法，在该方法中调用带参数的构造方法，将圆的半径设置为1.0。

（3）定义一个名为 Cylinder 的类表示圆柱，它继承自 Circle 类。要求定义一个变量 height 表示圆柱高度，定义 getVolume() 方法求圆柱体积，以及定义默认构造方法和带 radius 和 height 两个参数的构造方法。

第 5 章　异常处理

> **学习目标：**
>
> - 了解什么是异常，异常类的层次结构
> - 区分检查异常、非检查异常及错误
> - 使用 try 和 catch 捕获异常
> - 理解 finally 关键字
> - 掌握如何声明及抛出异常
> - 掌握自定义异常的使用

在程序运行时，经常会发生不被期望的事件，它阻止了程序按照程序员的预期正常执行，这就是异常。因此在程序设计中，进行异常处理是非常关键的一部分。本章将从异常类的层次结构、捕获异常、声明抛出异常等方面阐述 Java 的异常处理。

5.1　异常概述

5.1.1　什么是异常

异常（Exception），即异常的情况，是指发生了某些改变程序正常流程、阻止程序按照预期正常执行的事件，如用户输入了非法的数据、访问的文件不存在、操作数超出范围、资源耗尽等。当程序出现异常时，程序无法正常运行，以至其非正常退出，有时候甚至会造成用户的数据丢失，而程序运行占用的资源也得不到有效的释放。此时异常处理的作用就体现出来了。对于异常的正确处理是能够将异常提示给编程人员或用户，使本来已经中断的程序以适当的方式继续运行或是退出，并能将占用的资源释放。

5.1.2　异常类的层次结构

Java 中所有的异常类都是直接或间接继承 Throwable 类的，Exception 类和 Error 类是 Throwable 类的直接子类，其中 Error 类描述的是内部系统错误，发生错误时通常会导致程序中断。我们可以把 Error 类看作一个程序的终结者，但在应用程序中一般不对这类异常做处理，在这里我们更关注 Exception 类。

Exception 类是一个非常重要的异常子类，它分为两大类，分别是检查异常（Checked Exception）和非检查异常（Unchecked Exception）。

Java 认为检查异常是指可以被处理的异常，在程序中必须显示处理，即必须使用 try-catch 语句进行处理，或者在方法头进行处理，若没有进行处理，则程序在编译时会发生错误，无法通过编译。例如，IOException 类（Exception 的子类）或者一些自定义

的异常，除了 RuntimeException 类及其子类，都是检查异常。

非检查异常则不需要编写代码捕获或声明异常，RuntimeException 类、Error 类及其子类均为非检查异常。RuntimeException 类表示的是运行时异常，主要包括空指针异常、数组下标越界异常、类型转换异常、算术异常等，运行时异常的特点是 Java 编译器不会检查它，也就是说，当程序中出现这类异常时，编译也会通过。下面通过例 5-1 来说明。

例 5-1 ExceptionTest.java。

```
public class ExceptionTest{
    public static void main(String[] args){
        int[] arr = { 1, 2, 3, 4, 5 };
        for (int i = 0; i <= 5; i++){
            System.out.println(arr[i]);
        }
    }
}
```

运行结果显示如下。

```
1
2
3
4
5
Exception in thread "main" java.lang.ArrayIndexOutOfBoundsException: 5
    at ExceptionTest.main(ExceptionTest.java:7)
```

例 5-1 的程序通过了编译，但运行时会抛出 ArrayIndexOutOfBoundsException 异常，原因是我们访问了一个越界数组。在这里我们没有写异常捕获的语句，异常是在运行时由 Java 虚拟机自动抛出并自动捕获的。对于 RuntimeException 类，程序可以选择捕获处理，也可以选择不处理。通常这些异常是由程序逻辑错误引起的，应该尽可能从逻辑角度避免这类异常的发生。

表 5-1 Java 中常见的运行时异常

异常类型	说明
ArithmeticException	算术错误异常，如以零做除数
ArrayIndexOutOfBoundException	数组索引越界
ArrayStoreException	向类型不兼容的数组元素赋值
ClassCastException	类型转换异常
IllegalArgumentException	使用非法实参调用方法
IllegalStateException	环境或应用程序处于不正确的状态
IllegalThreadStateException	被请求的操作与当前线程状态不兼容
IndexOutOfBoundsException	某种类型的索引越界
NullPointerException	尝试访问 null 对象成员，空指针异常
NegativeArraySizeException	在负数范围内创建的数组
NumberFormatException	数字转化格式异常，如 String 类型到 float 类型的转换无效
TypeNotPresentException	类型未找到

异常类的层次结构如图 5-1 所示。

```
                    Throwable
                       ↑
        ┌──────────────┴──────────────┐
      Error                       Exception
                                      ↑
                    ┌─────────────────┴─────────────────┐
              非检查异常                              检查异常
            RuntimeException                         IOException
                    ↑                                    ↑
        ┌───────────┴───────────┐              ┌─────────┴──────────┐
ArithmeticException    ArrayIndexOutOfBoundsException  EOFException
        │                       │                      │
NullPointerExcepiton   MissingResourceException    FileNotFoundException
```

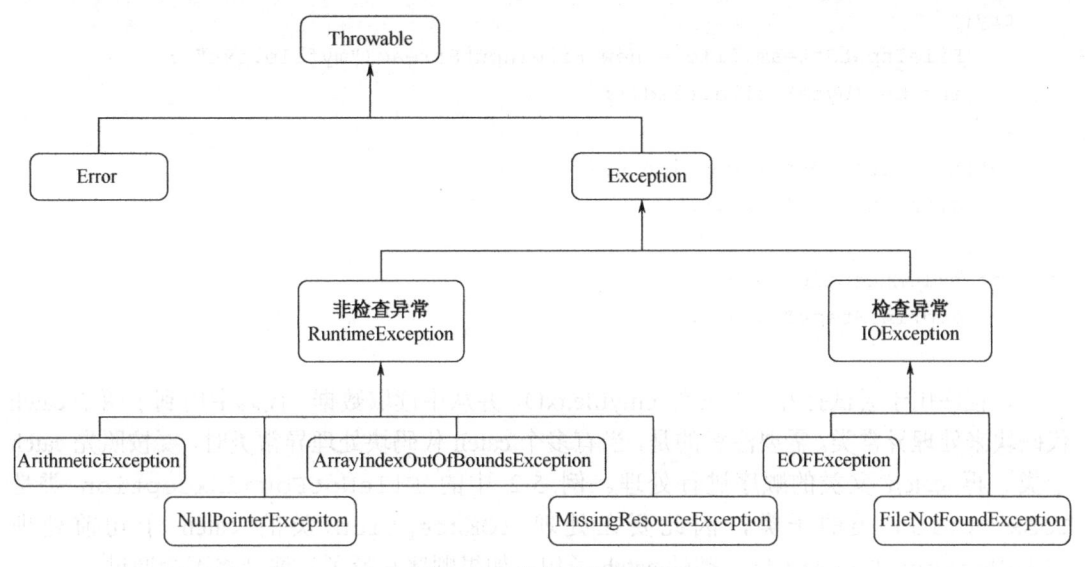

图 5-1 异常类的层次结构

5.2 Java 异常的捕获和处理

对于检查异常，都需要进行处理或声明，Java 使用 try、catch 和 finally 关键字组成的语句对这些异常进行捕获和处理，其中 finally 语句可选。

5.2.1 try-catch 语句捕获异常

由 try-catch 关键字组成的异常对象捕获语句的语法格式如下。
```
try{
    语句/语句块;                    //可能发生异常的语句，称为"监控区域"
}
catch(Exceptiontype1 e){
    语句/语句块;                    //对捕获的异常进行相应处理的语句
}
catch(Exceptiontype2 e){
    语句/语句块;                    //对捕获的异常进行相应处理的语句
}
```

在 try-catch 语句中，将可能产生异常的语句放在 try 代码块中，这块代码块称为"监控区域"，一旦有异常发生，部分 try 代码块将停止执行，转而执行 catch 代码块，catch 代码块可能有若干个，每个 catch 代码块分别用来处理不同类型的异常子类对象，程序会将抛出的异常对象依次与 catch 代码块中的参数类型匹配，一旦匹配成功，则执行这个 catch 代码块，其他的 catch 代码块将不会执行。若 try 代码块中没有出现异常，则跳过 catch 语句。需要注意的是，catch 代码块必须紧跟 try 代码块，当有多个 catch 代码块时，它们之间不能有任何其他语句或代码块，并且 catch 代码块的顺序也很重要。下面通过例 5-2 来说明。

115

例 5-2 try-catch 语句的使用。
```
try{
    FileInputStream file = new FileInputStream("myfile.txt");
    int b= (byte) file.read();
}
catch(FileNotFoundException e){
    e.printStackTrace();
}
catch(IOException e){
    e.printStackTrace();
}
```
该程序用于尝试打开一个文件（myfile.txt），并从中读取数据。代码中用到了两个 catch 代码块来处理异常类。需要注意的是，当有多个 catch 代码块处理异常类时，要按照先 catch 子类、再 catch 父类的顺序进行处理。例 5-2 中的 `FileNotFoundException` 类是 `IOException` 类的子类，因此要在处理 `IOException` 类的 catch 子句前处理 `FileNotFoundException` 类的 catch 子句，如果顺序写反了，编译将不会通过。

5.2.2 finally 语句

try-catch 语句为捕获和处理异常提供了很好的机制，而程序最后的善后收尾工作，如释放资源、关闭文件、关闭数据库等，由 Java 提供的 finally 代码块来完成。finally 代码块创建在 try 代码块或 try-catch 代码块后面。它是对 Java 异常处理机制的一个补充，其语法格式如下。

```
try{
    语句/语句块;         //可能发生异常的语句
}
catch(Exceptiontype1 e){
    语句/语句块;         //对捕获的异常进行相应处理的语句
}
catch(Exceptiontype2 e){
    语句/语句块;
}
finally{
    语句/语句块;
}
```

下面通过例 5-3 来说明 finally 语句。

例 5-3 Sample.java。
```
public class Sample{
    public static void main(String[] args){
        try{
            int x=3/0;
            System.out.println(x);
        }
```

```java
        catch(Exception e){
            e.printStackTrace();
        }
        finally{
            System.out.println("无论程序是否异常，都会执行finally代码块。");
        }
    }
}
```

运行结果如下。

```
java.lang.ArithmeticException: / by zero
    at Sample.main(ExceptionTest.java:6)
无论程序是否异常，都会执行finally代码块。
```

在例 5-3 中，try 代码块捕获到异常，程序转入 catch 代码块中运行其中的代码，当 catch 代码块中的所有代码都运行完之后，程序会转到 finally 代码块中，因此 finally 代码块中的 "System.out.println("无论程序是否异常，都会执行finally代码块。");" 语句被执行。

现在我们将例 5-3 改为如下形式。

```java
public class Sample{
    public static void main(String[] args){
        try{
            int x = 3/2;
            System.out.println(x);
        }
        catch(Exception e){
            e.printStackTrace();
        }
        finally{
            System.out.println("无论程序是否异常，都会执行finally代码块。");
        }
    }
}
```

运行结果如下。

```
1
无论程序是否异常，都会执行finally代码块。
```

此时 try 代码块没有捕获到异常，程序转到 finally 代码块中运行。因此无论 try 代码块是否捕获到异常，finally 代码块一般都会执行，但是如果在前面的代码中使用 System.exit() 退出程序，或者在 finally 代码块中发生了异常等特殊情况，finally 代码块将不会执行。

当然，finally 代码块也不是必需的，若没有编写该子句，代码仍然能正常通过编译并运行，另外在没有需要清理的资源时，则通常不需要 finally 代码块。

在 try-catch-finally 语句的合法代码中要注意以下 4 点。

（1）catch 代码块不能独立于 try 代码块存在。

（2）在 try-catch 语句后添加 finally 代码块并非强制性要求。
（3）try 代码块后不能既没有 catch 代码块，也没有 finally 代码块。
（4）try-catch-finally 语句之间不能添加任何代码。

5.3 Java 异常的声明和抛出

5.3.1 throws 语句

如果一个方法可能出现检查异常，那么可以直接用 try-catch 语句捕获；但是如果一个方法出现异常，而设计者并不明确或并不确定如何处理该异常，那么可以用 throws 语句声明该方法可能抛出的异常，再由该方法的调用者在调用时负责处理。该方法可能引发的所有类型的异常必须在 throws 子句中声明，否则会导致编译错误。如果是非检查异常，即 Error 类、RuntimeException 类或它们的子类，那么可以不使用 throws 关键字来声明要抛出的异常，编译仍能顺利通过，但在运行时若出现异常会被系统抛出。

在声明方法时，throws 关键字通常被写在方法名和方法的参数表之后、方法体之前，用 throws 关键字修饰的方法向调用者表明该方法可能会抛出某种类型的异常，throws 可以抛出一个或多个异常类型，每个不同的异常类型之间用","隔开，语法格式如下：

```
public void Method( ) throws FirstException , SecondException,…{
    语句/语句块；
}
```

如图 5-2 所示，调用者在调用 div 方法时未使用 try-catch 语句进行捕获处理，程序编译不通过。

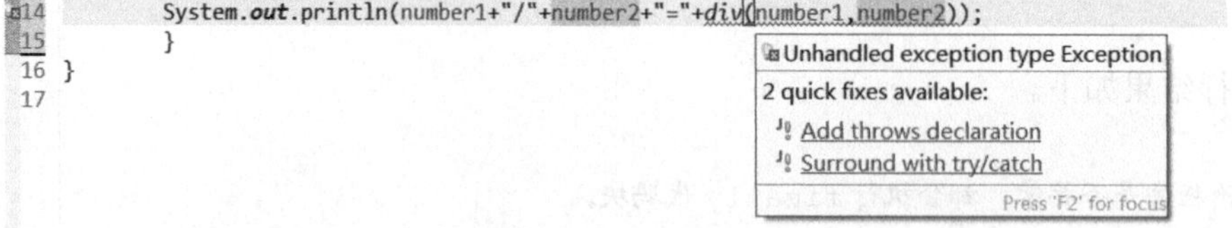

```java
import java.util.Scanner;

public class Sample {
    static int div(int num1,int num2) throws Exception{
        return num1/num2;
    }
    public static void main(String[] args) {
        System.out.println("请输入两个整数");
        Scanner input=new Scanner(System.in);
        int number1=input.nextInt();
        int number2=input.nextInt();
        System.out.println(number1+"/"+number2+"="+div(number1,number2));
    }
}
```
Unhandled exception type Exception
2 quick fixes available:
 Add throws declaration
 Surround with try/catch
Press 'F2' for focus

图 5-2 调用 div 方法时未使用 try-catch 语句进行捕获处理

在如图 5-2 所示的代码中，在调用 div 方法时程序抛出了异常，所以调用者在调用 div 方法时必须用 try-catch 语句进行捕获处理，否则会发生编译错误，可以改为如例 5-4 所示的形式。

例 5-4 Sample.java。
```
import java.util.Scanner;
public class Sample{
```

```java
        static int div(int num1,int num2) throws Exception{
            return num1/num2;
        }
        public static void main(String[] args){
            System.out.println("请输入两个整数");
            Scanner input=new Scanner(System.in);
            int number1=input.nextInt();
            int number2=input.nextInt();
            try{
        System.out.println(number1+"/"+number2+"="+div(number1,number2));
            }catch(Exception e){
                System.out.println("div方法抛出的异常");
            }
        }
    }
```

运行结果如下。

请输入两个整数
6
0
div方法抛出的异常

5.3.2 throw 语句

throw 语句与 throws 语句不同，throws 关键字写在方法名后，而 throw 关键字用于在方法体中直接抛出异常。当方法在执行过程中遇到异常情况时，会将异常信息封装为异常对象，然后抛出异常。当异常被抛出时，正常的执行流程被中断。语法格式如下。

`throw ExceptionObject;`

下面通过例 5-5 说明 throw 语句的使用。

例 5-5　SampleThrow.java。

```java
public class SampleThrow{
    public boolean formUserName(String userName){
        boolean con = false;
        if(userName.length() > 8){
            // 判断用户名长度是否大于8位
            for(int i = 0; i < userName.length(); i++){
                char ch = userName.charAt(i);
                if((ch >= '0' && ch <= '9') || (ch >= 'a' && ch <= 'z') ||
                    (ch >= 'A' && ch <= 'Z')){
                    con = true;
                }else{
                    con = false;
                    throw new IllegalArgumentException("用户名只能由字母和数字组
                                                        成！");
                }
```

```java
            }
        }else{
            throw new IllegalArgumentException("用户名长度必须大于 8 位! ");
        }
        return con;
    }
    public static void main(String[] args){
        SampleThrow st = new  SampleThrow();
        Scanner input = new Scanner(System.in);
        System.out.println("请输入用户名: ");
        String userName = input.next();
        try{
            boolean con = st.formUserName(userName);
            if (con){
                System.out.println("用户名输入正确! ");
            }
        } catch (IllegalArgumentException e){
            System.out.println(e);
        }
    }
}
```

如例 5-5 所示，在 formUserName() 方法中共有两处位置抛出了 IllegalArgumentException 异常，即当用户名字符中含有非字母或数字，以及长度不足 8 位时，会抛出 IllegalArgumentException 异常。在 main() 方法中，调用了 formUserName() 方法，并使用 catch 语句捕获该方法可能抛出的异常。

当用户输入的用户名包含非字母或者数字的字符时，程序运行结果如下。

请输入用户名:
xyz123abc*&
java.lang.IllegalArgumentException: 用户名只能由字母和数字组成!

当用户输入的用户名长度不足 8 位时，程序运行结果如下。

请输入用户名:
xyz
java.lang.IllegalArgumentException: 用户名长度必须大于 8 位!

5.3.3 throw 和 throws

Java 语言给我们提供了 throw 和 throws 这两个极为相似的关键字，那么它们有什么区别呢？首先是使用的位置不同，throw 语句总是出现在方法体内，用来抛出一个异常，表示在这个位置有一个异常出现，程序会在 throw 语句后立即终止；而 throws 出现在方法名的后面，用来把方法中出现的异常抛出去给调用者处理。其次是内容不同，throw 只能抛出一个异常对象，而 throws 后面跟着异常类，且可以一次性抛出多个异常类，多个异常类以逗号分隔。最后，在 throw 抛出异常时，调用它的方法可以不声明或不捕获；而在 throws 抛出异常时，调用它的方法要声明抛出异常或者进行 try-catch 捕获，否则编译会报错。

5.4 自定义异常类

在 Java 的内置类库中已经定义了因各种操作出现异常的情况，但是在实际应用中，遇到某些特殊情况时还需要用户自定义异常类，自定义异常类必须继承自 Excepion 类或者 RuntimeException 类。自定义异常类的语法格式如下。

```
class 自定义异常类 extends 异常类型{
    语句/语句块;
}
```

自定义异常类的步骤如下。
（1）创建自定义异常类，该异常类通常继承自 Exception 类。
（2）自定义异常类的构造方法，使用 super() 语句调用 Exception 类的构造方法。
（3）在具体实现方法的内部使用 throw 关键字抛出自定义异常对象。
（4）若在当前抛出异常的方法中处理异常，则使用 try-catch 语句捕获并处理；否则在方法的头部通过 throws 关键字声明要抛出的异常，由调用者捕获并处理。

下面我们通过例 5-6 来学习如何自定义异常类。

例 5-6　Human.java。

```java
//自定义异常类
public class SexException extends Exception{
    public SexException(String msg){
        super(msg);          //调用 Exception 类的构造方法
    }
}
//实体类:
public class Human{
    String name = "";
    int age = 0;
    String sex;
    public void setSex(String sex) throws Exception{
        if(sex.equals("男") || sex.equals("女")){
            this.sex = sex;
        }else{
            throw new SexException("性别只能是男或女。");
        }
    }
    public static void main(String[] args){
        Human h = new Human();
        try{
            h.setSex("Male");
        }catch(Exception e){
            System.out.println("性别设置出错！");
            e.printStackTrace();
        }
```

        }
    }
运行结果如下。
性别设置出错!
SexException: 性别只能是男或女。
    at Human.setSex(Human.java:19)
    at Human.main(Human.java:25)

5.5 本章小结

本章首先介绍了什么是异常，以及异常类的层次结构，在 Java 中异常类都是直接或间接继承 Throwable 类的，Exception 类和 Error 类是 Throwable 类的直接子类，其中 Exception 类是一个非常重要的异常子类，分为检查异常和非检查异常。其次介绍了 Java 异常的捕获和处理，任何可能抛出检查异常的方法都必须使用 throws 声明异常，或是使用 try-catch 进行处理，还可以使用 throw 关键字在方法体内抛出异常；非检查异常则不需要。最后介绍了自定义异常类，Java 允许用户自定义异常类。

5.6 习题

一、选择题

1. Java 中用来抛出异常的关键字是（   ）。
    A. try   B. throw   C. finally   D. catch
2. （   ）类是所有异常类的父类。
    A. Error   B. Exception
    C. Throwable   D. AWTError
3. 对于 catch 子句的排列，下列哪种是正确的？（   ）
    A. 父类在先，子类在后
    B. 子类在先，父类在后
    C. 有继承关系的异常类不能在同一个 try 程序段内
    D. 先有子类，其他类如何排列都无所谓
4. 在异常处理中，如释放资源、关闭文件、关闭数据库等由（   ）来完成。
    A. try 子句   B. catch 子句   C. finally 子句   D. throw 子句
5. 当一个方法出现异常，而设计者并不确定如何处理该异常时，下列哪种操作是正确的？（   ）
    A. 捕获异常   B. 抛出异常   C. 声明异常   D. 嵌套异常

二、填空题

1. Java 虚拟机能自动处理_____异常。
2. Java 语言的类库提供了一个_____类，所有的异常都必须是它的实例或是它子类的实例。

3. ＿＿＿关键字可以抛出异常。
4. 在一个异常处理中，finally 代码块只能有＿＿＿个或者＿＿＿个。

三、读程序

下面的 Java 异常代码有什么错误？

```
class TestThrows{
    static void throw1(){
        System.out.println("Inside throw1 . ");
        throw new IllegalAccessException("demo");
    }
    public static void main(String[] args){
        throw1();
    }
}
```

四、编程题

编写一个异常类 MyException，再编写一个 Student 类，该类有一个产生异常的方法如下。

```
public void illegalAge (int age) throws MyException
```

要求参数 age 的值大于 6，否则抛出一个 MyException 对象。编写测试类 Test，在 main() 方法中用 Student 类创建一个对象 s，该对象调用 illegalAge() 方法。

第 6 章　常用类与工具类

> **学习目标:**
> - 能熟练使用包装类
> - 了解泛型的使用
> - 了解反射机制
> - 掌握 Math 类与 Random 类的常用方法
> - 掌握 String 类、StringBuffer 类和 StringBuilder 类的使用
> - 掌握 Date 类、Calendar 类的使用
> - 掌握 List 集合、Set 集合、Map 集合的使用
> - 掌握 Collections 工具类的使用

Java 作为一种被广泛使用的面向对象语言，已对常用的数据结构、算法进行了封装，并以类的形式提供给程序开发者。在本章中，我们将学习如何将基本数据类型与包装类相互转换；使用 Math 类及 Random 类进行数学运算；使用字符串类处理文本数据；使用 Date 类和 Calendar 类处理时间和日期；使用集合类管理实例对象的集合；使用泛型技术高效存取集合中的对象。通过对本章的学习，我们将能够更高效地解决开发中遇到的多种常见问题，避免重复制造"轮子"，这些常用类和工具类将成为我们开发大型应用程序的基石。

6.1　包装类

6.1.1　装箱与拆箱

在前面的章节中我们学到，Java 的数据类型分两种，分别为基本数据类型、引用数据类型。

包装类是一种引用数据类型，有些时候，我们需要将基本数据类型和包装类相互转换，将基本数据类型转换为包装类的操作称为装箱（Boxing），与之相对的反向转换称为拆箱（Unboxing）。例如，下面的代码就是使用包装类 Integer 将一个 int 类型的数据 1 转换成包装类对象 intObject。

```
Integer intObject = Integer.valueOf(1);
```

与之相对的拆箱（Unboxing）例子如下。

```
int intValue = intObject.intValue();
```

上面给出的是基本数据类型（int 类型）与它的包装类 Integer 相互转换的例子。在 Java 中每种基本数据类型都有相应的包装类，如表 6-1 所示，它们相互转换的方法基本一致。

表 6-1 基本数据类型对应的包装类

基本数据类型	对应的包装类
boolean	`java.lang.Boolean`
byte	`java.lang.Byte`
short	`java.lang.Short`
int	`java.lang.Integer`
long	`java.lang.Long`
float	`java.lang.Float`
double	`java.lang.Double`
char	`java.lang.Character`

从 JDK 1.5 版本以后,Java 就可以自动完成基本数据类型和包装类的相互转换了。Java 编译器会根据程序上下文,自动将基本数据类型的数据装箱或将包装类对象拆箱,称为自动装箱和自动拆箱。

下面我们还是以 int 类型和包装类 Integer 的相互转换为例,讲解自动拆箱。

```
int i = Integer.valueOf(1);
```

在上面的代码中,等号左边是基本数据类型变量,右边是包装类对象。包装类到基本数据类型的转换是自动完成的(无显示地调用包装类对象的拆箱方法 `intValue`)。

下面我们看一些自动装箱与自动拆箱的例子。

例 6-1 自动装箱与自动拆箱。

```
int x=20;           //声明一个基本数据类型变量
Integer i=x;        //自动装箱:将基本数据类型转换为包装类
Double d=3.14;      //自动装箱
double pi=d;        //自动拆箱:将包装类转换为基本数据类型
Integer[] intArray = {1,2,3};//自动装箱:1,2,3 自动包装成为 3 个 Integer 类型对象
```

6.1.2 包装类常用方法

表 6-1 列举了 8 种基本数据类型及其对应的包装类。`Byte`、`Short`、`Integer`、`Long`、`Float`、`Double` 都属于 `Number` 类的子类。`Number` 类是一个抽象类,封装了返回以上 6 种基本数据类型的方法,`Number` 类的常用方法如表 6-2 所示,具体的操作由子类实现。

表 6-2 Number 类的常用方法

方法	返回值	功能描述
`byteValue()`	byte	以 byte 类型返回指定的数值
`shortValue()`	short	以 short 类型返回指定的数值
`intValue()`	int	以 int 类型返回指定的数值
`longValue()`	long	以 long 类型返回指定的数值
`floatValue()`	float	以 float 类型返回指定的数值
`doubleValue()`	double	以 double 类型返回指定的数值
`equals(Object obj)`	boolean	比较此对象与指定对象是否相等
`toString()`	String	返回一个表示该数值的 String 类对象

在这些包装类中，还有一些常用的常量值可供我们使用，如 MAX_VALUE、MIN_VALUE，可以获取整型的最大值、最小值。使用方法如下列代码所示。

```
int maxint = Integer.MAX_VALUE;
int minint = Integer.MIN_VALUE;
```

Character 类和 Boolean 类都是 Object 类的直接子类，重写了 Object 类的方法。

6.1.3 包装类的应用

借助包装类及其自动装箱和自动拆箱的功能，开发者可以把基本数据类型变量方便地转化为包装类对象使用；反之，包装类对象也可转化为基本数据类型变量使用。

包装类最常见的应用是实现基本数据类型和字符串之间的转换。除了 Character 类，包装类还提供了一个名为 parseXxx(String str) 的静态方法，用于将字符串转换为基本数据类型；另外也可以使用包装类的构造方法 Xxx(String s) 强制转换。举例如下。

```
Integer i = Integer.parseInt("123");
Float f = Float.parseFloat("3.14");
Integer j = new Integer("10");
```

此外，通过 8 种包装类的静态方法 valueOf()，可以将基本数据类型或字符串对应的数值转换为包装类。举例如下。

```
Integer a = Integer.valueOf(123);
Double d = Double.valueOf("3.14");
Boolean t1 = Boolean.valueOf("true");//结果为 true
Boolean t2 = Boolean.valueOf("yes");//除 true 外,其他都为 false
Character c = Character.valueOf('a');
```

将基本数据类型转换为字符串时，各包装类都重写了 Object 类中的 toString() 方法，以字符串的形式返回被包装的基本数据类型的值。同时，String 类提供了多个重载的 valueOf() 方法，用于将基本数据类型转换成字符串。举例如下。

```
String str1 = Integer.toString(11);
String str2 = String.valueOf(12);
String str3 = String.valueOf(1.4);
```

6.2 Math 类与 Random 类

6.2.1 Math 类

Math 类提供了很多数学函数方法，如三角函数方法、指数函数方法、取整函数方法，以及取最大值、最小值和绝对值函数方法等。

1. 三角函数方法

Math 类常用的三角函数方法如表 6-3 所示。

表 6-3　Math 类常用的三角函数方法

方法	描述
sin(radians)	返回以弧度为单位的三角正弦函数值
cos(radians)	返回以弧度为单位的三角余弦函数值
tan(radians)	返回以弧度为单位的三角正切函数值

2. 指数函数方法

Math 类常用的指数函数方法如表 6-4 所示。

表 6-4　Math 类常用的指数函数方法

方法	描述
exp(x)	返回 e 的 x 次方（e^x）
log(x)	返回 x 的自然对数（$\log_e x$）
log10(x)	返回 x 的以 10 为底的对数（$\log_{10} x$）
pow(a,b)	返回 a 的 b 次方（a^b）
sqrt(x)	返回 x（x≥0）的平方根（$\sqrt{x}$）

3. 取整函数方法

Math 类常用的取整函数方法如表 6-5 所示。

表 6-5　Math 类常用的取整函数方法

方法	描述
ceil(x)	返回大于等于 x 的最小整数
floor(x)	返回小于等于 x 的最大整数
rint(x)	返回与参数最接近的整数，若两个整数同样接近，则结果取偶数
round(x)	若 x 是 float 类型，则返回 (int)Math.floor(x+0.5)；若 x 是 double 类型，则返回 (long)Math.floor(x+0.5)

常用的取整函数方法的使用举例如下。

```
Math.ceil(2.7)返回 3.0
Math.ceil(-2.7)返回-2.0
Math.floor(2.7)返回 2.0
Math.floor(-2.7)返回-3.0
Math.rint(2.7)返回 3.0
Math.rint(2.1)返回 2.0
Math.rint(2.5)返回 2.0
Math.rint(-2.1)返回-2.0
Math.rint(-2.5)返回-2.0
Math.round(2.7f)返回 3
Math.round(2.0)返回 2
Math.round(-2.7)返回-3
```

4. 取最大值、最小值、绝对值函数方法

max() 方法和 min() 方法用于返回两个数的最大值和最小值。例如，

Math.max(2.7,3.0)返回3.0，而Math.min(2.7,3.0)返回2.7。

abs()方法返回一个数的绝对值，例如，Math.abs(-2.7)返回2.7。

5. 产生随机数方法

Math类中有一个random()方法，用于产生随机数，这个方法默认产生的是大于等于0.0，小于1.0的double类型的随机数，即Math.random()>=0&&Math.random()<1.0。

6.2.2 Random类

除了Math类中的random()方法可以获取随机数，Java还提供了java.util.Random类，使用该类可以获取随机数。Random类提供了两个构造方法，如下。

1. Random r=new Random();

该构造方法是无参的，其中r指的是Random对象，每次实例化Random对象时，Java编译器都以系统当前时间作为随机数生成器的种子，因此每次产生的随机数都不同。

2. Random r=new Random(long seed);

该构造方法是有参的，其中r指的是Random对象，seed是随机数生成器的种子，若希望创建的不同的Random实例对象产生相同的随机数，则可以传入相同的seed。

相比于random()方法，Random类提供了多种获取各种数据类型随机数的方法，Random类的常用方法如表6-6所示。

表6-6 Random类的常用方法

方法	描述
int nextInt()	返回一个int类型随机数
int nextInt(int n)	返回一个大于等于0、小于n的int类型随机数
long nextLong()	返回一个long类型随机数
Boolean nextBoolean()	返回一个boolean类型随机数
double nextDouble()	返回一个double类型随机数
float nextFloat()	返回一个float类型随机数

下面通过创建不同的Random类的对象，生成不同类型的随机数，并输出结果。

例6-2 Random类的使用。

```java
import java.util.Random;
public class RandomDemo{
    public static void main(String[] args){
        Random r = new Random();
        System.out.println("随机产生一个整数: "+r.nextInt());
        System.out.println("随机产生一个大于等于0且小于5的整数: "+r.nextInt(5));
        System.out.println("随机产生一个双精度的数: "+r.nextDouble());
        System.out.println("随机产生一个浮点型的数: "+r.nextFloat());
        System.out.println("随机产生一个布尔型的数: "+r.nextBoolean());
    }
}
```

使用 Random 类中的方法产生随机数的运行结果如图 6-1 所示。

```
Console
<terminated> RandomDemo [Java Application] C:\Program Files\Java\j
随机产生一个整数: 1933616189
随机产生一个大于等于0且小于5的整数: 4
随机产生一个双精度的数: 0.3619180427997173
随机产生一个浮点型的数: 0.6419564
随机产生一个布尔型的数: true
```

图 6-1　使用 Random 类中的方法产生随机数的运行结果

6.3　字符串类

在 Java 中如果要处理多个字符（char）就需要使用字符数组或字符串类（String 类）。String 类具备比字符数组更强大的功能，同时也多了一些复杂性，下面我们就来讨论 String 类。

6.3.1　字符串的不变性

不变性是字符串的一个重要性质。不变性是指字符串的内容不能被改变。我们可以通过下面的例子来理解不变性。

```
String s = "Sun";
s = "Moon";
```

在上面的代码中，字符串 s 的值一开始是 Sun，后来是 Moon。我们所说的 s 的不变性，是指 s 从 Sun 到 Moon 转换的过程中，并不是用 Moon 的 4 个字符改写了原来 Sun 的 3 个字符，而是重新创建了一个 Moon 字符串（原来的 Sun 仍然暂时存在内存中，直到 Java 的垃圾收集器将其清除）。这一过程如图 6-2 所示。

```
String s = "Sun" ;         s ─────────→ "Sun"

─────────────────────────────────────────────────

s = "Moon" ;               s ────╳────→ "Sun"
                              └──────→ "Moon"
```

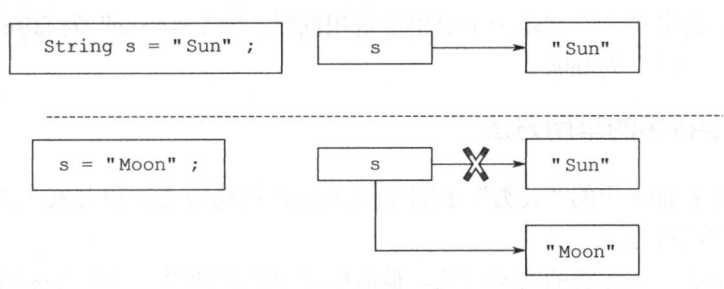

图 6-2　字符串不变性

还有一点需要说明，为了提高效率并节省内存，JVM 为具有相同字符序列的字符串使用唯一实例，这样的实例称为内部字符串。下面通过例 6-3 来说明字符串的定义和使用。

例 6-3　字符串的定义和使用。

```
String s1 = "123";
String s2 = new String("123");
String s3 = "123";
String s4 = new String("123");
```

```
System.out.println("s1 == s2 is " + (s1 == s2));//false
System.out.println("s1 == s3 is " + (s1 == s3));//true
System.out.println("s2 == s4 is " + (s2 == s4));//false
```

这些代码的输出为：

```
s1 == s2 is false
s1 == s3 is true
s2 == s4 is false
```

我们分析一下这个过程。首先，代码定义了字符串变量 s1，并且在 JVM 的字符串内存池中创建了字符串"123"（假设之前并没有"123"这样的字符序列），s1 指向内存池中的字符串"123"；其次，代码定义了字符串变量 s2，s2 指向使用 new 关键字创建的新字符串"123"（用 new 创建的这个"123"不在字符串内存池中）；再次，代码定义了字符串变量 s3，s3 指向内存池中的字符串"123"（因为此时 JVM 的字符串内存池中已有字符串"123"）；最后，代码定义了字符串变量 s4，s4 指向使用 new 关键字创建的新字符串"123"。这 4 行代码执行完成后，字符串在内存中的情形如图 6-3 所示。

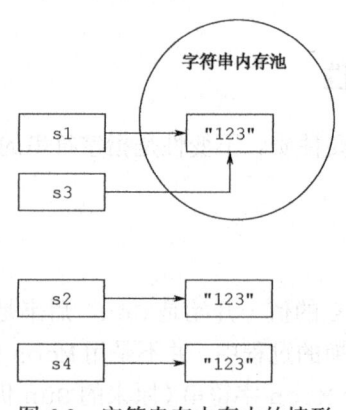

图 6-3 字符串在内存中的情形

因此，我们使用"=="比较两个引用是否相同时，"s1 == s2"为 false、"s1 == s3"为 true、"s2 == s4"为 false。

6.3.2 字符串的常用方法

String 类是 Java 中的"大类"，因此它拥有较多的构造方法和对象方法，我们这里只讨论其中比较常用的方法。

要创建一个 String 类的实例对象，最简单的方法是使用字符串直接创建，如下。

```
String str = "Welcome to Java";
```

此外，使用 String 类的 valueOf() 方法可以从所有的基本数据类型中得到 String 类的实例对象，如下。

```
String str1 = String.valueOf(123);// "123"
```

接下来，我们讨论一些字符串的常用方法。

（1）使用 length() 方法返回字符串中的字符数，如下。

```
String message = "Welcome to Java";
System.out.println(message + "字符数: " + message.length());
```

（2）使用 charAt()方法获取字符串中指定位置的字符。需要注意的是，字符串中第一个字符的下标是 0。例如，字符串对象 message 的值为"Welcome to Java"，那么 message.charAt(0)就会返回字符 W。

（3）如果需要连接两个字符串，那么可以使用 concat()方法，如下。

```
String s1 = "123";
String s2 = "456";
String s3 = s1.concat(s2);
System.out.println(s3);//123456
```

由于字符串连接操作在编程中十分常见，Java 提供了"+"运算符来完成字符串连接。相较于 concat()方法，"+"运算符使用更加便捷，如下。

```
String s3 = s1 + s2;//等价于 String s3=s1.concat(s2);
String s4 = "12" + "34" + "56";//连接多个字符串，结果为 123456
String s5 = "12" + 34 + "56";//效果同上一行，结果为 123456
```

（4）使用 toLowerCase()方法能够返回一个由小写字母组成的新字符串，使用 toUpperCase()方法能够返回一个由大写字母组成的新字符串，如下。

```
"China".toLowerCase();//china
"China".toUpperCase();//CHINA
```

除了上面介绍的几个常用字符串方法，String 类中还定义了许多常用的字符串处理方法，帮助我们在程序开发中快捷地操纵字符串。表 6-7 中列举了 String 类的常用方法。

表 6-7 String 类的常用方法

方法	描述
int compareTo(String anotherString)	按字典顺序比较两个字符串
int compareToIgnoreCase(String str)	按字典顺序比较两个字符串，不考虑大小写
boolean endsWith(String suffix)	测试此字符串是否以指定的后缀结束
boolean equals(Object anObject)	将此字符串与指定的对象比较
boolean equalsIgnoreCase(String anotherString)	将此字符串与另一个字符串比较，不考虑大小写
int indexOf(int ch)	返回指定字符在此字符串中第一次出现处的索引
int lastIndexOf(int ch)	返回指定字符在此字符串中最后一次出现处的索引
boolean matches(String regex)	告知此字符串是否匹配给定的正则表达式
String replace(char oldChar, char newChar)	返回一个新的字符串，它是通过用 newChar 替换此字符串中所有 oldChar 得到的
String replaceAll(String regex, String replacement)	使用给定的 replacement 替换此字符串中所有匹配给定正则表达式的子字符串
String replaceFirst(String regex, String replacement)	使用给定的 replacement 替换此字符串中匹配给定正则表达式的第一个子字符串
String[] split(String regex)	根据给定正则表达式的匹配拆分此字符串
boolean startsWith(String prefix)	测试此字符串是否以指定的前缀开始

续表

方法	描述
String substring(int beginIndex)	返回一个新字符串,它包含从指定的beginIndex起始角标处到此字符串末尾的所有字符
String substring(int beginIndex, int endIndex)	返回一个新字符串,它包含从指定的beginIndex起始角标处到索引endIndex-1角标处的所有字符
String trim()	返回字符串的副本,忽略前导空白和尾部空白
contains(CharSequence chars)	判断是否包含指定的字符系列
isEmpty()	判断字符串是否为空

6.3.3　StringBuilder 类和 StringBuffer 类

StringBuilder 类和 StringBuffer 类与前文介绍的 String 类非常相似,它们之间的区别是 String 类是不变类,而 StringBuilder 类、StringBuffer 类是可变类,可以向 StringBuilder 对象和 StringBuffer 对象中增加、插入或删除字符,而 String 对象的值在创建字符串后就固定不变了。

StringBuilder 类在 Java 5 中被提出,它和 StringBuffer 类的最大不同在于 StringBuilder 类的方法不是线程安全的(不能同步访问),但 StringBuilder 类相较于 StringBuffer 类有速度优势。StringBuffer 类和 StringBuilder 类中的构造函数和方法几乎相同。下面的代码以 StringBuilder 类的使用为例介绍可变字符串中字符的增加、插入、删除方法,我们可以将其中出现的所有 StringBuilder 类替换为 StringBuffer 类,程序仍然可编译和运行。

例 6-4　StringBuilder 类的使用。

```
StringBuilder sb = new StringBuilder(10);
sb.append("I");
System.out.println(sb);//输出: I
sb.append(" Java!!!.");
System.out.println(sb);//输出: I Java!!!.
sb.insert(1, " love");
System.out.println(sb);//输出: I love Java!!!.
sb.delete(11,14);
System.out.println(sb);//输出: I love Java.
```

6.3.4　StringJoiner 类

StringJoiner 类用于拼接字符串。当程序需要将多个字符串用某个分割符号进行连接时,使用 StringJoiner 类是最简便的方法,如下。

```
String[] names = {"张三", "李四", "王五"};
StringJoiner sj = new StringJoiner(", ");
for (String name : names){
    sj.add(name);
}
System.out.println(sj.toString());//输出:张三, 李四, 王五
```

有时候程序还需要为拼接的字符串加上前缀和后缀，如下。

```
String[] names = {"张三","李四","王五"};
StringJoiner sj = new StringJoiner(",","尊敬的 "," 您们好！ ");
for (String name : names){
    sj.add(name);
}
System.out.print(sj.toString());//输出:尊敬的 张三,李四,王五 您们好！
```

6.4 日期与时间类

6.4.1 基本概念

在计算机中，我们经常需要处理日期和时间。日期是指某一天，它不是连续变化的，而应该看作离散的，如年月日（如 2021-9-20）。时间有两种概念，一种是不带日期的时间，如时分秒（如 10:30:24）；另一种是带日期的时间，如年月日时分秒（如 2021-9-20 10:30:24），它们的区别在于，只有带日期的时间能确定唯一时刻，不带日期的时间是无法确定唯一时刻的。

由于时区的不同，当我们说 2021 年 9 月 20 日早晨 8 点一刻的时候，我们说的实际上是本地时间（北京时间），即中国标准时间（China Standard Time，CST）。对应还有通用协调时（Universal Time Coordinated，UTC）或格林尼治平均时（Greenwich Mean Time，GMT），这两种时间都与英国伦敦的本地时间相同。由于不同国家语言环境的差异，时间也会表现出不同的格式。

java.util 包中提供的和日期时间相关的类有 Date 类和 Calendar 类。在 java.util 包中提供格式化日期时间的类 DateFormat 是一个抽象类，提供了多种格式化时间和解析时间的方法。格式化时间是指将日期格式转换成文本格式，解析时间是指将文本格式转换成日期格式。使用比较多的是 DateFormat 类的子类 SimpleDateFormat 类，SimpleDateFormat 类是一个以与语言环境有关的方式来格式化和解析日期的具体类，如"yyyy-MM-dd HH:mm:ss"就是一种指定的日期和时间模式。

为了满足更多的需求，JDK 8 中新增了一个 java.time 包，在该包中包含了更多的日期类和时间操作类。读者可以自查相关文档。

6.4.2 Date 类

在 JDK 的 java.util 包中，提供了一个 Date 类用于表示日期和时间。随着 JDK 版本的不断升级和发展，Date 类中大部分的构造方法和普通方法都已经不再推荐使用。目前在 JDK 8 中，Date 类只有两个构造方法可以使用。

（1）Date()：用来创建当前日期时间的 Date 对象。

（2）Date(long date)：用来创建指定时间的 Date 对象，其中 date 参数表示自 1970 年 1 月 1 日 0 时 0 分 0 秒（历元）以来的毫秒数，我们称它为时间戳。

Date 类对象用来表示日期和时间，该类提供了一系列操作日期和时间各组成部分的方法。Date 类的常用方法如表 6-8 所示。

表 6-8 Date 类的常用方法

方法	描述
boolean after(Date date)	若调用此方法的 Date 对象在指定日期之后，则返回 true，否则返回 false
boolean before(Date date)	若调用此方法的 Date 对象在指定日期之前，则返回 true，否则返回 false
int compareTo(Date date)	比较调用此方法的 Date 对象和指定日期，两者相等时返回 0；调用此方法的 Date 对象在指定日期之前返回负数；调用此方法的 Date 对象在指定日期之后返回正数
boolean equals(Object date)	若调用此方法的 Date 对象和指定日期相等，则返回 true，否则返回 false
long getTime()	返回自 1970 年 1 月 1 日 00:00:00 GMT 以来此 Date 对象表示的毫秒数
void setTime(long time)	用自 1970 年 1 月 1 日 00:00:00 GMT 以来的 time（毫秒数）设置时间和日期
String toString()	将此 Date 对象转换为以下形式的字符串，即"dow mon dd hh:mm:ss zzz yyyy"，其中，"dow"是一周中的某一天（Sun、Mon、Tue、Wed、Thu、Fri、Sat），"zzz"为时区，yyyy 为年份

Date 类中使用最多的是获取系统当前日期和时间的函数，如例 6-5 所示。

例 6-5 Date 类的使用。

```
Date date = new Date();//获取系统当前时间
System.out.print(date);
SimpleDateFormat formater = new SimpleDateFormat("yyyy-MM-dd HH:mm:ss");
System.out.print(formater.format(date));//格式化时间
```

6.4.3 Calendar 类

Calendar 类也是用来操作日期和时间的类，它可以看作 Date 类的增强版。Calendar 类提供了一组方法，允许把一个以毫秒为单位的时间转换成年份、月份、日期、小时、分钟、秒。Calendar 类可看作一个万年历，默认显示的是当前时间，也可以查看其他时间。Calendar 类是抽象类，可以通过静态方法 getInstance() 获得 Calander 类的对象，其实获得的这个对象是它的子类的对象。Calendar 类提供了一些方法和静态字段来操作日历。Calendar 类静态字段如表 6-9 所示。

表 6-9 Calendar 类静态字段

字段	描述
Calendar.YEAR	年份
Calendar.MONTH	月份
Calendar.DATE	日期
Calendar.DAY_OF_MONTH	日期，和 Calendar.DATE 字段的意义完全相同
Calendar.HOUR	12 小时制的小时
Calendar.HOUR_OF_DAY	24 小时制的小时
Calendar.MINUTE	分钟
Calendar.SECOND	秒
Calendar.DAY_OF_WEEK	星期

下面通过例 6-6 演示如何获取当前计算机的日期和时间。

例 6-6 利用 Calendar 对象获取当前计算机的日期和时间。

```
Calendar c1 = Calendar.getInstance();//获得 Calander 对象
int year = c1.get(Calendar.YEAR);//获得年份
int month = c1.get(Calendar.MONTH) + 1;//获得月份,需要加 1
int date = c1.get(Calendar.DATE);//获得日期
int hour = c1.get(Calendar.HOUR_OF_DAY);//获得小时
int minute = c1.get(Calendar.MINUTE);//获得分钟
int second = c1.get(Calendar.SECOND);//获得秒
int day = c1.get(Calendar.DAY_OF_WEEK);//获得星期,1 代表星期日、2 代表星期1,以
                                       此类推
System.out.println("当前时间为:" + year + "年 " + month + "月 " + date + "
日 " + hour + "时 " + minute + "分 " + second + "秒");
```

Calendar 类提供了大量操作日期和时间的方法，表 6-10 列举了一些 Calendar 类的常用方法。

表 6-10 Calendar 类的常用方法

方法	功能描述
int get(int field)	返回指定日历字段的值
void add(int field,int amount)	根据日历规则,为指定的日历字段增加或减去指定的时间量
void set(int field,int value)	为指定日历字段设置指定值
void set(int year,int month,int date)	设置 Calendar 对象的年份、月份、日期三个字段的值
void set(int year,int month,int date,int hourOfDay, int minute,int second)	设置 Calendar 对象的年份、月份、日期、小时、分钟、秒六个字段的值
Date getTime()	返回日历的日期对象

例 6-7 输出 2020 年 2 月的最后一天。

```
Calendar cld = Calendar.getInstance();
int y = 2020, m = 2;
cld.set(y, m, 1);
cld.add(Calendar.DATE, -1);
System.out.println(cld.get(Calendar.DATE));
System.out.println(cld.getTime());
```

6.4.4 日期与时间格式化类

DateFormat 类本身是一个抽象类,SimpleDateFormat 类是 DateFormat 类的子类,通常使用 SimpleDateFormat 类完成日期和时间的格式化。SimpleDateFormat 类是一个格式化日期以及解析日期字符串的工具,它能够按照指定的格式对日期进行格式化,得到指定格式的字符串,或从格式化文本中解析出日期时间对象。

日期和时间格式由日期和时间模式字符串指定。在日期和时间模式字符串中,未加单引号的字母（A~Z 和 a~z）被解释为模式字母,是用来表示日期或时间的字符串元素；而加了单引号的文本则会输出到结果字符串中。日期和时间模式字符串如表 6-11 所示。

表 6-11 日期和时间模式字符串

字母	日期或时间元素	类型	示例
G	Era 标志符	Text	AD
y	年份	Number	1996；96
M	年份中的月份	Text	July；Jul；07
w	年份中的周数	Number	27
W	月份中的周数	Number	2
D	年份中的天数	Number	189
d	月份中的天数	Number	10
F	月份中的星期数	Number	2
E	星期	Text	Tuesday；Tue
a	AM/PM 标记	Text	PM
H	一天中的小时数（0～23）	Number	0
k	一天中的小时数（1～24）	Number	24
K	AM/PM 中的小时数（0～11）	Number	0
h	AM/PM 中的小时数（1～12）	Number	12
m	小时中的分钟数	Number	30
s	分钟中的秒数	Number	55
S	毫秒数	Number	978
z	时区	General time zone	PST；GMT-08:00
Z	时区	RFC 822 time zone	-800
X	时区	ISO 8601 time zone	-08；-0800；-08:00

可以使用 new 关键字创建 SimpleDateFormat 类的实例对象。在创建实例对象时，SimpleDateFormat 类的构造方法需要接收一个表示日期格式模板的字符串参数，之后可以通过 format(Date date) 和 parse(String str) 方法来格式化日期对象或解析日期时间文本。

例 6-8 格式化日期时间对象与解析日期时间文本。

```
//1.格式化日期时间对象
//创建一个 SimpleDateFormat 对象
SimpleDateFormat sdf = new SimpleDateFormat("Gyyyy年MM月dd日：今天是yyyy年的第D天，E");
// 按 SimpleDateFormat 对象的日期模板格式化 Date 对象
System.out.println(sdf.format(new Date()));

//2.解析日期时间文本
//创建一个 SimpleDateFormat 对象，并指定日期格式
SimpleDateFormat sdf2 = new SimpleDateFormat("yyyy/MM/dd");
//定义一个日期格式的字符串
String str = "2021/11/27";
//将字符串解析成 Date 对象
System.out.println(sdf2.parse(str));
```

输出结果如下（以程序运行时刻为例）。

公元2022年02月14日：今天是2022年的第45天，星期一
Sat Nov 27 00:00:00 CST 2021

6.5 集合类

Java 提供了一些最常用的数据结构，如列表 List、集合 Set 和映射 Map，可以用来有效地组织和操作数据。这些通常被称为 Java 集合框架（Java Collections Framework）。下面将逐一介绍这些常用的数据结构。集合类体系如图 6-4 所示。

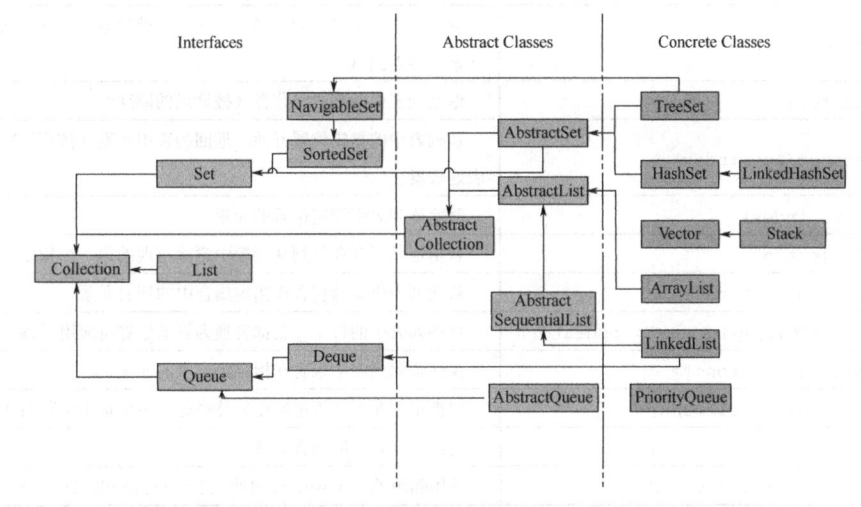

图 6-4 集合类体系

6.5.1 List 接口及其子类

List 接口的父接口是 Collection 接口，Collection 接口存储一组不唯一、无序的对象；而 List 接口是一个有序的集合，使用此接口能够精确控制每个元素插入的位置，能够通过索引（元素在 List 中位置，类似于数组的下标）来访问 List 中的元素，第一个元素的索引为 0，而且允许有相同的元素。List 接口存储一组不唯一、有序（插入顺序）的对象。List 接口常用方法如表 6-12 所示。

表 6-12 List 接口常用方法

方法	描述
add(E e)	将指定的元素追加到此列表的末尾（可选操作）
add(int index, E element)	将指定的元素插入此列表中的指定位置（可选操作）
addAll(Collection<? Extends E> c)	按指定集合的迭代器（可选操作）返回的顺序将指定集合中的所有元素都附加到此列表的末尾
addAll(int index, Collection<? Extends E> c)	将指定集合中的所有元素都插入到此列表中的指定位置（可选操作）
clear()	从此列表中删除所有元素（可选操作）
contains(Object o)	若此列表包含指定的元素，则返回 true

续表

方法	描述
containsAll(Collection<?> c)	若此列表包含指定集合的所有元素，则返回 true
equals(Object o)	将指定的对象与此列表进行比较，判断是否相等
get(int index)	返回此列表中指定位置的元素
hashCode()	返回此列表的哈希码值
indexOf(Object o)	返回此列表中指定元素第一次出现处的索引，若此列表中不包含指定元素，则返回-1
isEmpty()	若此列表不包含元素，则返回 true
iterator()	以正确的顺序返回该列表中元素的迭代器
lastIndexOf(Object o)	返回此列表中指定元素最后一次出现处的索引，若此列表不包含元素，则返回-1
listIterator()	返回列表中的列表迭代器（按适当的顺序）
listIterator(int index)	从列表中的指定位置开始，返回列表中元素（按正确顺序）的列表迭代器
remove(int index)	删除该列表中指定位置的元素
remove(Object o)	若指定元素存在，则从列表中删除出现的第一个指定元素
removeAll(Collection<?> c)	从此列表中删除包含在指定集合中的所有元素
replaceAll(UnaryOperator<E> operator)	将该列表中的每个元素都替换为将该运算符应用于该元素的结果
retainAll(Collection<?> c)	仅保留此列表中包含在指定集合中的元素
set(int index, E element)	用指定的元素（可选操作）替换此列表中指定位置的元素
size()	返回此列表中的元素数量
sort(Comparator<? super E> c)	使用随附的 Comparator 对此列表进行排序以比较元素

最常用的 List 子类是 ArrayList 类。ArrayList 类是一个可以动态修改的数组，与普通数组的区别在于 ArrayList 类没有固定大小的限制，我们可以增加、访问、修改、删除 ArrayList 类中的元素。

例 6-9　ArrayList 类的使用。

```
ArrayList<Object> foo = new ArrayList<Object>();
foo.add("I");    //增加元素
foo.add("love");
foo.add("Java");
foo.add("! ");
System.out.println(foo);//[I, love, Java, ! ]
System.out.println(foo.get(1));  // 访问元素，得到 love
foo.set(0,"You");//修改元素
System.out.println(foo);  // [You, love, Java, ! ]
foo.remove(3);//删除元素
System.out.println(foo);  // [You, love, Java]
System.out.println(foo.size());//获取当前元素个数
```

有时候我们需要遍历整个 ArrayList 集合，通常使用 for 循环和增强 for 循环两种方法来遍历集合中的各元素。

```
//方法一:for 循环
for (int i = 0; i < foo.size(); i++){
    System.out.println(foo.get(i));
}
//方法二:增强 for 循环
for (String i : foo){
    System.out.println(i);
}
```

ArrayList 类的常用方法如表 6-13 所示。

表 6-13 ArrayList 类的常用方法

方法	描述
add(E e)	将指定的元素追加到此列表的末尾
addAll(Collection<? Extends E> c)	按指定集合的 Iterator 返回的顺序将指定集合中的所有元素都追加到此列表的末尾
addAll(int index, Collection<? Extends E> c)	将指定集合中的所有元素从指定的位置开始插入此列表
clear()	删除所有元素
contains(Object o)	若此列表包含指定的元素,则返回 true
get(int index)	返回此列表中指定位置的元素
indexOf(Object o)	返回此列表中指定元素第一次出现处的索引,若此列表不包含元素,则返回-1
removeAll(Collection<?> c)	从此列表中删除指定集合中包含的所有元素
remove(int index)	删除该列表中指定位置的元素
remove(Object o)	若指定元素存在,则从列表中删除出现的第一个指定元素(如果存在)
size()	返回此列表中的元素数量
isEmpty()	判断此列表是否为空
set(int index,E element)	用指定的元素替换此列表中指定位置的元素
sort(Comparator<? Super E> c)	使用提供的 Comparator 对此列表进行排序以比较元素
retainAll(Collection<?> c)	仅保留此列表中包含在指定集合中的元素

Java 中另一个常用的 List 子类是 LinkedList 类。

链表(Linked List)是一种常见的基础数据结构,是一种线性表,但是链表并不会按线性的顺序存储数据,而是在每个节点里都存放下一个节点的地址。链表可分为单向链表和双向链表。

一个单向链表包含两个值,即当前节点的值和一个指向下一个节点的链接。单向链表如图 6-5 所示。

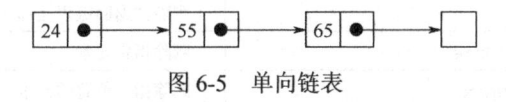

图 6-5 单向链表

一个双向链表有三个整数值,即数值、向后的节点链接、向前的节点链接。双向链表如图 6-6 所示。

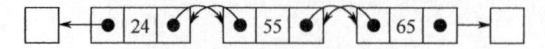

图 6-6　双向链表

　　与 `ArrayList` 类相比，`LinkedList` 类的增加和删除的操作效率较高，而查找和修改的操作效率较低。如果我们只需要在列表末尾进行增加和删除元素的操作，就使用 `ArrayList` 类，如果需要频繁地在列表开头、中间、末尾等位置进行增加和删除元素的操作，就使用 `LinkedList` 类。

　　`LinkedList` 类不仅实现了 `List` 接口，还实现了 `Queue` 接口和 `Deque` 接口，所以可以作为队列使用。其中，`Queue` 接口是一般队列，规定了 FIFO（先进先出）的操作。`Deque` 接口是双端队列（Double Ended Queue），允许两头都进、两头都出。也就是说，`Deque` 接口既可以添加元素到队首，又可以添加元素到队尾；既可以从队首获取元素，又可以从队尾获取元素。`Queue` 接口和 `Deque` 接口的对比如表 6-14 所示。

表 6-14　Queue 接口和 Deque 接口的对比

动作	Queue	Deque
添加元素到队尾	add(E e)/offer(E e)	addLast(E e)/offerLast(E e)
取队首元素并删除	E remove()/E poll()	E removeFirst()/E pollFirst()
取队首元素但不删除	E element()/E peek()	E getFirst()/E peekFirst()
添加元素到队首	无	addFirst(E e)/offerFirst(E e)
取队尾元素并删除	无	E removeLast()/ E pollLast()
取队尾元素但不删除	无	E getLast()/E peekLast()

　　`LinkedList` 类的常用方法如表 6-15 所示。

表 6-15　LinkedList 类的常用方法

方法	描述
public boolean add(E e)	在链表尾部添加元素
public void add(int index, E element)	在指定位置插入元素
public boolean addAll(Collection c)	将集合元素添加到链表尾部
public boolean addAll(int index, Collection c)	将集合元素添加到链表的指定位置
public void addFirst(E e)	将元素添加到链表头部
public void addLast(E e)	将元素添加到链表尾部
public boolean offer(E e)	向链表尾部添加元素
public boolean offerFirst(E e)	向链表头部插入元素
public boolean offerLast(E e)	向链表尾部插入元素
public void clear()	清空链表
public E removeFirst()	删除并返回链表头部元素
public E removeLast()	删除并返回链表尾部元素
public boolean remove(Object o)	删除指定元素
public E remove(int index)	删除指定位置的元素
public E poll()	删除并返回链表头部元素

续表

方法	描述
public E remove()	删除并返回链表头部元素
public boolean contains(Object o)	判断链表中是否含有某元素
public E get(int index)	返回指定位置的元素
public E getFirst()	返回链表头部元素
public E getLast()	返回链表尾部元素
public int indexOf(Object o)	查找指定元素从前往后第一次出现处的索引
public int lastIndexOf(Object o)	查找指定元素最后一次出现处的索引
public E peek()	返回链表头部元素,若链表为空,则返回 null
public E element()	返回链表头部元素,若链表为空,则抛出异常
public E peekFirst()	返回链表头部元素
public E peekLast()	返回链表尾部元素
public E set(int index, E element)	设置指定位置的元素
public int size()	返回链表元素个数

6.5.2 Set 接口

Set 接口是 Collection 接口的另一个常用子接口,Set 接口描述的是一种比较简单的集合,集合中的对象并不按特定的方式排列,并不能保存重复的对象,也就是说 Set 接口可以存储一组唯一、无序的对象。

假如现在需要在很多数据中查找某个数据,LinkedList 类的数据结构则决定了它的查找效率低下,如果在不知道数据的索引,但需要遍历全部数据的情况下使用 ArrayList 类,效率同样低下。为此 Java 集合框架提供了一个查找效率高的集合类 HashSet。

Set 接口常用的实现类有 HashSet 集合。HashSet 集合的特点如下。

(1) 集合内的元素是无序排列的
(2) HashSet 集合是非线程安全的。
(3) 允许集合元素值为 null。

HashSet 集合的常用方法如表 6-16 所示。

表 6-16 HashSet 集合的常用方法

方法	描述
boolean add(Object o)	若此集合中尚未包含指定元素,则添加指定元素
void clear()	从此集合中移除所有元素
int size()	返回此集合中的元素数量(集合的容量)
boolean isEmpty()	若此集合不包含任何元素,则返回 true
boolean contains(Object o)	若此集合包含指定元素,则返回 true
boolean remove(Object o)	若指定元素存在于此集合中,则将其移除

例 6-10 Set 接口的使用。

```
Set<Object> set = new HashSet<>();
```

```
set.add("abc");//添加元素成功，返回 true
set.add("def");//添加元素成功，返回 true
set.add("ghi");//添加元素成功，返回 true
set.add("def");//添加元素失败，因为元素已存在,返回 false
set.contains("abc");//集合中包含该元素，返回 true
set.remove("abc");//元素 adc 移除成功，返回 ture
set.size();//返回 2
set.isEmpty();//此时不为空，返回 ture
```

在此需要注意以下两点。

（1）在使用 HashSet 集合前，需要导入相应的接口和类，代码如下。

```
import java.util.Set;
import java.util.HashSet;
```

（2）List 接口可以使用 for 循环和增强 for 循环两种方式遍历，使用 for 循环遍历时，通过 get() 方法取出每个对象，但是因为 HashSet 集合不存在 get() 方法，所以 Set 接口无法使用普通的 for 循环遍历。因此下面有必要介绍遍历集合的另一种比较常用的方法，即使用 Iterator 接口遍历。

Iterator 接口表示对集合进行迭代的迭代器。Iterator 接口为集合而生，专门用于实现集合的遍历。此接口主要有以下两个方法。

（1）hasNext()：判断是否存在下一个可访问的元素，若仍有元素可以迭代，则返回 true。

（2）next()：返回要访问的下一个元素。

只要是由 Collection 接口派生而来的接口或者类，都实现了 iterate() 方法，iterate() 方法返回一个 Iterator 对象。

例 6-11　HashSet 遍历。

```
Set<Object> animal = new HashSet<>();//此处涉及泛型，可参考 6.6 节
animal.add("狗狗");
animal.add("小猫");
animal.add("鸭子");
Iterator it = animal.iterator();//获取集合迭代器 iterator
while (it.hasNext()){
    String name = (String) it.next();
    System.out.print(name);
}//使用 while 循环遍历
```

6.5.3　Collections 类

Collections 类是 Java 提供的一个集合操作工具类，它包含了大量的静态方法，用于实现对集合元素的排序、查找和替换等操作。注意，需要区分 Collections 类和 Collection 接口，前者是集合的操作类，后者是集合接口。Collections 类的常用方法如表 6-17 所示。

表 6-17　Collections 类的常用方法

方法	描述
sort()	对集合进行排序，默认按照升序排序，需要实现 Comparable 接口
reverse()	对集合中的元素进行反转
shuffle()	对集合中的元素进行随机排序（洗牌）
fill(List list,Object obj)	用对象 obj 替换 list 中的所有元素
copy(List m, List n)	将集合 n 中的元素全部复制到 m 中，并且覆盖相应索引的元素
indexOfSubList(List m,List n)	查找 n 在 m 中首次出现处的索引
lastIndexOfSubList(List m,List n)	查找 n 在 m 中最后出现处的索引
rotate(List list,int m)	集合中的元素向后移动 m 个位置，末尾被覆盖的元素会循环到前面。m 是负数表示向左移动，m 是正数表示向右移动
swap(List list,int i,int j)	交换集合中索引位置的元素
binarySearch(Collection,Object)	查找指定集合中的元素，返回所查找元素位置的索引
replaceAll(Listlist,Object old,Object new)	替换指定元素为新元素，若被替换的元素存在，则返回 true；否则返回 false

例 6-12　Collections 类的使用。

```
List<Object> m = new ArrayList<Object>();
m.add("c");
m.add("d");
m.add("b");
m.add("a");//创建一个集合m,并添加元素a,b,c,d
Collections.sort(m);//对集合进行排序,默认按照升序排序
Collections.reverse(m);//对集合中的元素进行反转
Collections.shuffle(m);//对集合中的元素进行随机排序(洗牌)
Collections.fill(m, "java");//用java替换集合m中的所有元素
//创建集合n,并添加元素,把n中的元素复制到m中,并覆盖相应索引的元素
List<Object> n = new ArrayList<Object>();
n.add("A");n.add("B");n.add("C");n.add("D");
Collections.copy(m, n);
```

6.5.4　Map 集合

Map 接口存储一组成对的键（key）-值（value）对象，提供从 key 到 value 的映射，通过 key 来检索。Map 接口中的 key 不要求有序，但不允许重复。value 同样不要求有序，但允许重复。Map 接口中存储的数据都是键-值对，例如，一个身份证号码对应一个人，其中身份证号码就是 key，与此号码对应的人就是 value。

Map 接口最常用的实现类是 HashMap 类，其优点是查询指定元素的效率高。

Map 接口的常用方法如表 6-18 所示。

表 6-18　Map 接口的常用方法

方法	描述
Object put(Object key, Object value)	将相互关联的一个 key 与一个 value 放入该集合，若此 Map 接口已经包含了 key 对应的 value，则旧值将被替换
Object remove(Object key)	从当前集合中移除与指定 key 相关的映射，并返回该 key 关联的旧 value。若 key 没有任何关联，则返回 null
Object get(Object key)	获得与 key 相关的 value。若该 key 不关联任何非 null 值，则返回 null
boolean containsKey(Object key)	判断集合中是否存在 key
boolean containsValue(Object value)	判断集合中是否存在 value
boolean isEmpty()	判断集合中是否存在元素
void clear()	清除集合中所有元素
int size()	返回集合中元素的数量
Set keySet()	获取所有 key 的集合
Collection values()	获取所有 value 的集合

例 6-13　HashMap 类的使用。

```
Map<Object, Object> map = new HashMap<>();//此处涉及泛型,可参考 6.6 节
map.put(1, "张三");
map.put(2, "李四");
map.put(3, "王五");
//将编号和姓名按照键-值对的方式存储在 HashMap 类中
map.size();//返回集合中元素的数量 3
map.keySet();//获取所有 key 的集合
map.get(1);//获取 key 为 1 的 value 值,即"张三"
map.containsKey(2);//判断集合中是否存在 key=2
map.containsValue("王五");//判断集合中是否存在 value 为"王五"的元素
map.isEmpty();//判断集合中是否存在元素
map.clear();//清除集合中的所有元素
```

6.6　泛型

6.6.1　为什么要使用泛型

　　泛型是 JDK 1.5 的新特性，泛型的本质是参数化类型，也就是说所操作的数据类型被指定为一个参数，使代码可以应用于多种类型。简单来说，Java 语言引入泛型的好处是安全简单，且所有强制转换都是自动和隐式的，提高了代码的重用率。将对象的类型作为参数，指定到其他类或者方法上，从而保证了类型转换的安全性和稳定性，这就是泛型。
　　泛型在集合中的使用方式如下。

```
ArrayList<String>list = new ArrayList<String>();
```

　　上述代码表示创建一个 ArrayList 集合，但规定在该集合中存储的元素类型必须为 String 类型。
　　我们在 6.5 节学习 List 接口时已经提到，它的 add()方法的参数为 Object 类型，

无论把什么对象放入 List 接口及其子接口或实现类中，都会被转换为 Object 类型。在通过 get()方法取出集合中元素时必须进行强制类型转换，过程不仅烦琐而且容易出现 ClassCastException 异常。同样地，在 Map 接口中使用 put()方法和 get()方法存取对象时，使用 Iterator 接口的 next()方法获取元素时也存在这种问题，这也就是我们使用泛型的原因。

在 JDK 1.5 中，通过引入泛型有效地解决了在操作时必须进行强制类型转换的问题。JDK 1.5 已经改写了集合框架中的所有接口和类，增加了泛型的支持，也就是支持泛型集合。使用泛型集合在创建集合对象时指定集合中元素的类型，从集合中取出元素时无须进行强制类型转换，并且如果把非指定类型对象放入集合，会出现编译错误。

6.6.2 泛型在集合中的应用

泛型类的定义语法如下。

```
[访问权限]class 类名<类型参数1,类型参数2,…,类型参数n>{
    语句/语句块;
}
```

上述语法格式中，类名<类型参数>是一个整体的数据类型，通常称为泛型类型；类型参数没有特定的意义，可以是任意一个字母，但是为了提高可读性，建议使用有意义的字母。一般情况下使用较多的字母及意义如下所示。

（1）E：表示 Element（元素），常在 java Collection 中使用，如 List<E>、Iterator<E>、Set<E>。

（2）K，V：表示 Key、Value（Map 的键值对）。

（3）T：表示 Type（类型），如 String、int 等类型。

创建泛型类的对象的语法如下。

```
泛型类 <类型实参> 对象 = new 泛型类<类型实参>();
```

其中，new 后的类型实参可以省略。

泛型方法的定义语法如下。

```
[访问权限修饰符] [static] <类型形参> 返回值类型 方法名（形式参数列表）{}
```

定义泛型方法的规则如下。

（1）所有泛型方法的声明都有一个类型参数声明部分（由尖括号<>分隔），该类型参数声明部分在方法返回类型之前。

（2）每个类型参数声明部分都包含一个或多个类型参数，参数间用逗号隔开。泛型参数也称为类型变量，是用于指定泛型类型名称的标识符。

（3）类型参数能被用来声明返回值类型，并且能作为泛型方法得到的实际参数类型的占位符。

（4）泛型方法的声明和其他方法一样。注意类型参数只能是引用数据类型，不能是基本数据类型（如 int、double、char 等类型）。

编写泛型类比编写普通类要复杂。通常来说，泛型类一般用在集合类中，如 ArrayList<T>，我们很少需要编写泛型类。

下面通过例 6-14 说明泛型类在集合中的应用。

例 6-14 使用 `ArrayList` 的泛型形式。

```java
//创建Dog类
public class Dog{
    public String name;//狗的名字
    public String breed;//狗的品种
    public float weight;//狗的体重
    public String getName(){
        return name;
    }
    public void setName(String name){
        this.name = name;
    }
    public String getBreed(){
        return breed;
    }
    public void setBreed(String breed){
        this.breed = breed;
    }
    public float getWeight(){
        return weight;
    }
    public void setWeight(float weight){
        this.weight = weight;
    }
    public Dog(String name, String breed, float weight){
        super();
        this.name = name;
        this.breed = breed;
        this.weight = weight;
    }
}
import java.util.*;
public class FanXing{
    public static void main(String[] args){
        Dog dog1=new Dog("小白", "哈士奇", 25);
        Dog dog2=new Dog("小黑", "狼狗", 13);
        Dog dog3=new Dog("小灰", "中华田园犬", 19);
        List<Dog>list=new ArrayList<Dog>();
        list.add(dog1);
        list.add(dog2);
        list.add(dog3);
        for (Dog dog : list){
        System.out.print("名字:"+dog.getName()+
                    " 品种:"+dog.getBreed()+" 体重:"+
```

```
                    dog.weight+"kg"+"\n");
        }
    }
}
```
程序输出结果如下。

名字:小白 品种:哈士奇 体重:25.0kg
名字:小黑 品种:狼狗 体重:13.0kg
名字:小灰 品种:中华田园犬 体重:19.0kg

在例 6-14 中，我们通过<Dog>指定了 ArrayList 中的元素类型，即指定 ArrayList 中只能添加 Dog 类型的数据，如果添加其他类型数据，将会出现编译错误，这在一定程度上保证了代码的安全性。并且数据添加到集合中后将不再转换为 Object 类型，保存的是指定数据类型，所以在集合中获取数据时不再需要强制类型转换。Map 与 HashMap 也有它们的泛型形式，即 Map<K,V>和 HashMap<K,V>。因为 Map 与 HashMap 的元素都包含两个部分，即 key 和 value，所以，在应用泛型时，要同时指定 key 的类型和 value 的类型，K 表示 key 的类型，V 表示 value 的类型。HashMap<K,V>操作数据的方法与 HashMap 基本相同。

其他的集合类，如 LinkedList 类、HashSet 类等，也都有属于自己的泛型形式，用法也类似。

由此可以看出，泛型从根本上提高了集合的实用性和安全性。

（1）存储数据时进行严格的类型检查，确保只有合适类型的对象才能够存储在集合中。

（2）从集合中检索对象时，减少了强制类型转换。

6.6.3 泛型接口

在集合中使用泛型只是泛型的多种应用中的一种，泛型在接口、类、方法等方面也有着广泛应用。泛型的本质就是参数化类型，参数化类型的重要性在于允许创建一些类、接口和方法，其操作的数据类型被指定为参数。参数化类型包含一个类或者接口，以及实际的类型参数列表。类型变量是一种非限定性标识符，用来指定类、接口或者方法的类型。

泛型接口就是拥有一个或多个类型变量的接口。泛型接口的定义方式与泛型类的定义方式类似。

定义泛型接口的语法格式如下。

访问修饰符 interface interfaceName<TypeList>

在定义泛型接口的语法中，TypeList 表示由逗号分隔的一个或多个类型参数列表，如下。

```
public interface TestInterface<T>{
public T print(T t);
}
```

泛型类实现泛型接口的语法格式如下。

访问修饰符 class className<TypeList> implements interfaceName<TypeList>

6.7 反射机制

6.7.1 反射概述

Java 反射机制是指在程序运行状态中，动态获取信息以及动态调用对象方法的功能。
Java 反射机制有以下 3 个动态性质。
（1）运行时生成对象实例。
（2）运行期间调用方法。
（3）运行时更改属性。

通过了解 Java 程序的执行过程，能够更好地理解 Java 反射机制的原理，一个*.java 的文件首先通过编译器编译成*.class 文件并存储于磁盘中，*.java 是给程序员看的，而*.class 文件才是 Java 虚拟机能够识别的字节码文件，其次 Java 虚拟机通过类加载器把*.class 文件变成 Class 对象并加载到内存中，机器通过读取内存中的 Class 对象并执行，最后此程序才得以运行，如图 6-7 所示。

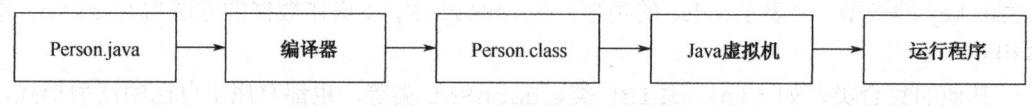

Person.java → 编译器 → Person.class → Java虚拟机 → 运行程序

图 6-7　Java 程序执行过程

在内存中 Class 类型的对象（一个类只有一个 Class 对象），包含类的完整结构信息，通过这个对象可以得到类的结构。这个对象就像一面镜子，透过这个镜子能够看到类的结构，因此该过程被形象地称为反射。

通过 Java 反射机制，虚拟机能够知道类的基本结构，这种对 Java 类的基本结构进行探知的能力，称为 Java 类的自审。在使用 Eclipse 等工具时，Java 代码的自动提示功能就是基于 Java 反射机制的原理实现的，这是对所创建对象的探知和自审。

通过 Java 反射机制，可以实现以下功能。
（1）在运行时判断任意一个对象所属的类。
（2）在运行时构造任意一个类的对象。
（3）在运行时判断任意一个类所具有的方法和属性。
（4）在运行时调用任意一个对象的方法。

6.7.2 认识 Class 类

我们在定义一个类时，通常根据需要定义这个类的成员变量、成员方法、实现的接口及父类。如例 6-15 代码所示，我们定义 Student 类和 Book 类。

例 6-15　定义 Student 类和 Book 类。
```
//Student 类
class Student{
    String name;
    int age;
    public void learn(){
        System.out.println("Learning");
```

```java
    }
    public int getAge(){
        return age;
    }
    public void hello(String message){
        System.out.println(message);
    }
}

//Book 类
class Book{
    private float price;
    private String author;
}
```

由上述代码可知，所有的类都有下面一些共性。

（1）所有的类都有一个类名，如例 6-15 中的 `Student` 类、`Book` 类。

（2）所有的类都有 0 个或者多个字段，如例 6-15 中的 `name`、`age`、`price`、`author`。

（3）所有的类都有 0 个或者多个方法，如例 6-15 中的 `learn()`。

（4）所有的类都有修饰符，如 **public**、**private**、**protected** 等。

其实，无论是我们定义的 `Student` 类、`Book` 类，还是 Java 语言中的自带类，如 `String` 类都有类似的共性。既然所有的类都有一些公共特性，那么我们就定义一个类，来描述这些公共特性，这就是 java 中的 `Class` 类，它其实就是个普通的类，和其他的类没有本质区别，它描述的是所有的类的公共特性。下面是对 Java 中 `Class` 类的定义的部分代码展示。

```java
public final class Class<T> implements java.io.Serializable,
                    GenericDeclaration,
                    Type,
                    AnnotatedElement,
                    TypeDescriptor.OfField<Class<?>>,
                    Constable{
    private static final int ANNOTATION = 0x00002000;
    private static final int ENUM = 0x00004000;
    private static final int SYNTHETIC = 0x00001000;

    private static native void registerNatives();
    static{
        registerNatives();
    }
}
```

当我们编写的*.java 文件经过编译后，会生成若干 class 文件。每个 class 文件都是一个二进制文件，包含这个类的一些信息，如这个类有几个成员变量、几个成员方法等。

当我们的程序在运行期间，需要实例化某个类的对象时，会将硬盘中的*.class 文件在内存中初始化为 `Class` 类型的对象（以下简称 `Class` 对象）。我们可以利用这个 `Class`

对象进行一些后续工作，如反射实例化，或者通过反射机制获得一些特定的成员变量、成员方法等。

6.7.3 通过反射机制查看类信息

通过反射机制获取类的信息的过程分为两步，首先获取 Class 对象，其次通过 Class 对象获取类的信息。

1. 获取 Class 对象

每个类在被加载后，系统都会为该类生成一个对应的 Class 对象，通过该 Class 对象就可以访问到 Java 虚拟机中的这个类。在 Java 程序中通常通过以下 3 种方式获得 Class 对象。

（1）调用对象的 getClass() 方法。

getClass() 方法是 java.lang.Object 类中的一个方法，所有的 Java 对象都可以调用该方法，该方法会返回该对象所属类对应的 Class 对象，使用方式如下。

```
Student stu = new Student();           //Student 为自定义的学生类型
Class stuClass = stu.getclass();       //stuClass 为 Class 对象
```

（2）调用类的 class 属性。

通过调用某个类的 class 属性可获取该类对应的 Class 对象，这种方式需要在程序编译时就知道类的名称，使用方式如下。

```
Class stuClass = Student.class;        //Student 为自定义的学生类型
```

在上述代码中，Student.class 将会返回 Student 类对应的 Class 对象。

（3）使用 Class 类的 forName() 静态方法。

使用 Class 类的 forName() 静态方法也可以获取该类对应的 Class 对象。该方法需要传入字符串参数，该字符串参数的值是某个类的全名，即要在类名前添加完整的包名，正确使用方式和错误使用方式如下。

```
Class cla = Class.forName("com.pb.jadv.reflection.Student");//正确使用方式
Class cla = Class.forName("Student");                       //错误使用方式
```

在上述代码中，如果传入的字符串不是类的全名，就会抛出 ClassNotFound Exception 异常。

方式（2）和方式（3）都是直接根据类来取得该类的 Class 对象的，相比之下，通过调用某个类的 class 属性来获取该类对应的 Class 对象则更有优势，原因有以下两点。

① 代码更安全，程序在编译阶段就可以检查需要访问的 Class 对象是否存在。
② 程序性能更高，因为这种方式无须调用方法，所以性能更好。

因此，通常应通过调用类的 class 属性来获取指定类的 Class 对象。

2. 通过 Class 对象获取类的信息

在获得了某个类对应的 Class 对象之后，程序就可以通过调用 Class 对象的方式来获取该类的真实信息了。Class 类提供了大量实例方法来获取 Class 对象对应的类的详细信息。

（1）访问 Class 对象对应的类所包含的构造方法。

通过访问 Class 对象对应的类所包含的构造方法，可以获取 Class 对象对应的类的详细信息。Class 对象对应的类所包含的构造方法如表 6-19 所示。

表 6-19　Class 对象对应的类所包含的构造方法

构造方法	描述
`Constructor getConstructor(Class[] params)`	返回此 Class 对象对应的类所指定的 public 构造方法，params 参数是一个按声明顺序标志该方法参数类型的 Class 类型的数组。构造方法的参数类型与 params 指定的参数类型相匹配
`Constructor[] getConstructors()`	返回此 Class 对象对应的类的所有 public 构造方法
`Constructor getDeclaredConstructor(Class[] params)`	返回此 Class 对象对应的类的指定构造方法，与构造方法的访问级别无关
`Constructor[] getDeclaredConstructors()`	返回此 Class 对象对应的类的所有构造方法，与构造方法的访问级别无关

（2）访问 Class 对象对应的类所包含的方法。

通过访问 Class 对象对应的类所包含的方法，可以获取 Class 对象对应的类的详细信息。Class 对象对应的类所包含的常用方法如表 6-20 所示。

表 6-20　Class 对象对应的类所包含的常用方法

方法	描述
`Method getMethods(String name,Class[] params)`	返回此 Class 对象对应的类所指定的 public 方法，name 参数用于指定方法名称，params 参数是一个按声明顺序标志该方法参数类型的 Class 类型的数组
`Method[] getMethods()`	返回此 Class 对象对应的类的所有 public 方法
`Method getDeclaredMethods()(String name,Class[]params)`	返回此 Class 对象对应的类所指定的方法，与方法的访问级别无关
`Method[] getDeclaredMethods()`	返回此 Class 对象对应的类的全部方法，与方法的访问级别无关

（3）访问 Class 对象对应的类所包含的属性。

通过访问 Class 对象对应的类所包含的属性，可以获取 Class 对象对应的类的详细信息。Class 对象对应的类所包含的常用属性如表 6-21 所示。

表 6-21　Class 对象对应的类所包含的常用属性

属性	描述
`Field getFields(String name)`	返回此 Class 对象对应的类所指定的 public 属性，name 参数用于指定属性名称
`Field[] getFields()`	返回此 Class 对象对应的类的所有 public 属性
`Field getDeclaredField(String name)`	返回此 Class 对象对应的类所指定的 public 属性，与属性的访问级别无关
`Field[] getDeclaredFields()`	返回此 Class 对象对应的类的全部 public 属性，与属性的访问级别无关

（4）访问 Class 对象对应的类所包含的注释。

通过访问 Class 对象对应的类所包含的注释，可以获取 Class 对象对应的类的详细信息。Class 对象对应的类所包含的常用注释如表 6-22 所示。

表 6-22　Class 对象对应的类所包含的常用注释

注释	描述
`<A extends Annotation>A getAnnotation(Class<A> annotationClass)`	试图获取此 Class 对象对应的类上指定类型的注释，若类型的注释不存在，则返回 null，其中 annoationas 参数对应注释类型的 Class 对象
`Annotationl[] getAnnotations()`	返回此元素上存在的所有注释
`Annotation[] getDeclaredAnnotations()`	返回直接存在于此元素上的所有注释

（5）访问 Class 对象对应的类的其他信息。

通过访问 Class 对象对应的类的其他信息，可以获取 Class 对象对应的类的详细信息。Class 对象对应的类的其他信息如表 6-23 所示。

表 6-23　Class 对象对应的类的其他信息

其他信息	描述
`Class[] getDeclaredClasses()`	返回此 Class 对象对应的类中包含的全部内部类
`Class[] getDeclaringClass()`	访问此 Class 对象对应的类所在的外部类
`Class[] getinterfaces()`	返回此 Class 对象对应的类实现的全部接口
`int getModifiers()`	返回此类或此接口的所有修饰符，返回的修饰符由 public、protected、private、final、static 和 abstract 等对应的常量组成，返回的整数应使用 Modifier 工具类的方法来解码，才可以获取真实的修饰符
`Package getPackage()`	获取此类的包
`String getName()`	以字符串形式返回此 Class 对象对应的类的名称
`String getSimpleName()`	以字符串形式返回此 Class 对象对应的类的简称
`Class getSuperclass()`	返回此 Class 对象对应的类的超类所表示的 Class 对象

Class 对象可以获得该类中的成员，包括成员方法、构造方法及属性。其中，成员方法由 Method 对象表示，构造方法由 Constructor 对象表示，属性由 Field 对象表示。

Method、Constructor、Field 这 3 个类都定义在 java.lang.reflect 包下，并实现了 javalang.reflect Member 接口，程序可以通过 Method 对象来执行对应的成员方法，可以通过 Constructor 对象来调用相应的构造方法，并创建对象，也可以通过 Field 对象直接访问并修改对象的属性值。

6.8　本章小结

本章介绍了基本数据类型和包装类的转换，以及 Math 类与 Random 类的使用，还介绍了对字符串的处理，讲解了 String 类的常用方法，以及 StringBuffer 类和 StringBuilder 类作为 String 类的增强类，它们的用法及区别。在本章中我们还学习到了 Date 类、Calendar 类的使用，这些知识点在未来解决实际问题时经常被运用到。

本章还详细介绍了 Java 中常用的集合类，重点讲解了 List、Set 和 Map 等集合类的使用方法，并介绍了常用工具类 Collections 的使用。接着介绍了泛型的使用，以便更高效地存取集合中的对象。最后介绍了 Java 反射机制，以及反射工具类 Class 及其使用方法。

6.9 习题

一、填空题

1. 在 Java 的基本数据类型中，char 型采用_____编码方案，这样，无论是中文字符还是英文字符，都是占 2 字节内存空间。

2. 在 Java 语言中，字符串是用双引号括起来的字符序列，字符串不是字符数组，而是_____的实例对象。

3. 在 Java 中，每个基本数据类型在 java.lang 包中都有一个相应的包装类，可以将基本数据类型转换为对象，其中包装类 Integer 是_____的直接子类。

4. 包装类 Integer 的静态方法可以将字符串类型的数字"123"转换成基本整型变量 n，其实现语句是：_____。

5. 在 Java 中使用 java.lang 包中的_____类来创建一个字符串对象，它代表一个字符序列可变的字符串，可以通过相应的方法改变这个字符串对象的字符序列。

6. StringBuilder 类是 StringBuffer 类的替代类，两者的共同点是它们都是可变长度字符串，其中线程安全的类是_____。

7. DateFormat 类可以实现字符串和日期类型之间的格式转换，其中将日期格式转换为指定的字符串格式的方法名是_____。

8. 将字符串"123"转换成基本数据类型的代码为_____。

9. String 类的 trim()方法的作用是_____。

10. String s = "a"+" b" + "c"创建_____个对象。

二、选择题（若无特殊说明则为单选题）

1. （多选）下列关于字符串的描述错误的有（   ）。
   A. 字符串是对象
   B. String 对象存储字符串的效率比 StringBuffer 高
   C. 可以使用 StringBuffer sb="这里是字符串"声明并初始化 StringBuffer 对象 sb
   D. String 类提供了许多用来操作字符串的方法，如连接，提取，查询等

2. （多选）以下选项中关于 int 和 Integer 的说法错误的有（   ）。
   A. int 是基本数据类型，Integer 是 int 的包装类，是引用数据类型
   B. int 的默认值是 0，Integer 的默认值也是 0
   C. Integer 可以封装属性和方法，提供更多的功能
   D. "Integer i=5;"语句在 JDK 1.5 之后可以正确执行，使用了自动拆箱功能

3. 分析如下 Java 代码，该程序编译后的运行结果是（   ）。
```java
public static void main(String[] args){
    String str=null;
    str.concat("abc");
    str.concat("def");
    System.out.println(str);
}
```
  A. null   B. abcdef
  C. 编译错误   D. 运行时出现 NullPointerException 异常

4. 以下关于 StringBuffer 类的代码的执行结果是（   ）。
```java
public class TestStringBuffer{
    public static void main(String args[]){
        StringBuffer a = new StringBuffer("A");
        StringBuffer b = new StringBuffer("B");
        mb_operate(a, b);
        System.out.println(a + "." + b);
    }
    public static void mb_operate(StringBuffer x, StringBuffer y){
        x.append(y);
        y = x;
    }
}
```
  A. A.B   B. A.A
  C. AB.AB   D. AB.B

5. 给定如下 Java 代码，编译运行的结果是（   ）。
```java
public static void main(String []args){
    String s1= new String("pb_java_OOP_T5");
    String s2 = s1.substring(s1.lastIndexOf("_"));
    System.out.println("s2="+s2);
}
```
  A. s2=_java_OOP_T5   B. s2=_OOP_T5
  C. s2=_T5   D. 编译出错

6. （多选）对于语句 String s="my name is kitty"，以下选项可以从其中截取 kitty 的有（   ）。
  A. s.substring(11,16)   B. s.substring(11)
  C. s.substring(12,17)   D. s.substring(12,16)

7. 以下关于 String 类的代码的执行结果是（   ）。
```java
public class Test2{
    public static void main(String args[]){
        String s1 = new String("bjsxt");
        String s2 = new String("bjsxt");
        if (s1 == s2)  System.out.println("s1 == s2");
```

```
        if(s1.equals(s2))
            System.out.println("s1.equals(s2)");
    }
}
```
    A. s1 == s2   B. s1.equals(s2)
    C. s1 == s2   D. 以上都不对

8. 分析如下 Java 代码，编译运行后的输出结果是（　　）。
```
public class Test{
    public void changeString(StringBuffer sb){
        sb.append("stringbuffer2");
    }
    public static void main(String[] args){
        Test a = new Test();
        StringBuffer sb = new StringBuffer("stringbuffer1");
        a.changeString(sb);
        System.out.println("sb = " + sb);
    }
}
```
    A. sb = stringbuffer2stringbuffer1
    B. sb = stringbuffer1
    C. sb = stringbuffer2
    D. sb = stringbuffer1stringbuffer2

9. 给定如下 Java 代码，编译运行后的结果是（　　）。
```
public static void main(String[] args){
    StringBuffer sbf = new StringBuffer("java");
    StringBuffer sbf1 = sbf.append(",C#");
    String sbf2 = sbf + ",C#";
    System.out.print(sbf.equals(sbf1));
    System.out.println(sbf2.equals(sbf));
}
```
    A. true false   B. true true
    C. false false   D. false true

10. 给定如下 Java 代码，编译运行后的结果是（　　）。
```
public static void main(String args[]){
    String s = "abc";
    String ss = "abc";
    String s3 = "abc" + "def";
    String s4 = "abcdef";
    String s5 = ss + "def";
    String s2 = new String("abc");
    System.out.println(s == ss);
    System.out.println(s3 == s4);
```

```
        System.out.println(s4 == s5);
        System.out.println(s4.equals(s5));
}
```

  A．true true false true   B．true true true false
  C．true false true true   D．false true false true

三、编程题

1．编写 Java 程序，创建一个 `HashMap` 对象，并在其中添加学生的姓名和成绩，键（key）为学生姓名（`String` 类型），值（value）为学生成绩（`int` 类型）。使用增强 for 循环遍历该 `HashMap`，并输出学生成绩。程序输出结果如下图所示。

```
所有的学生成绩是：
姓名：99,成绩：stu2
姓名：87,成绩：stu3
姓名：83,成绩：stu1
```

2．编写 Java 程序，创建学员类 `Student`，并添加姓名、年龄、性别等字段，创建 3 个 `ArrayList<T>` 对象，指定 T 为 `Student` 类，向每个 `ArrayList<T>` 中添加一些学员对象，再创建 `HashMap<K,V>` 对象，以班级名称为键（key），并将其指定为 `String` 类型；以存放学员对象的 `ArrayList<T>` 为值，并将其指定为 `ArrayList<Student>` 类型，然后从 `HashMap<K,V>` 对象中获取某个班级的学员信息并输出。程序输出结果如下图所示。

```
请输入班级名称：        请输入班级名称：        请输入班级名称：
一班                   二班                   三班
一班学生列表：          二班学生列表：          三班学生列表：
张三20男               刘晓16女               李四15男
马丽18女               王五12女               赵七19男
```

3．编写 Java 程序，接收从键盘输入的字符串格式的年龄、分数和入学时间，将其转换为整型、浮点型、日期类型，并在控制台输出。程序输入及输出如下图所示。提示：使用包装类 `Integer`、`Double` 和日期转换类 `DateFormat` 实现。

```
请输入您的年龄：
18
请输入您的分数：
99.9
请输入您入学时间(格式例：1999-9-9)：
1999-6-6
年龄为：18,分数为：99.9,入学时间为：1999-6-6
```

4．编写 Java 程序，验证键盘输入的用户名不能为空、长度大于 6，且不能有数字。程序输入及输出如下图所示。提示：使用 `String` 类的相关方法完成，可以使用 `Scanner` 类的 `nextLine()` 方法，该方法可以接收空的字符串。

```
请输入用户名：

用户名不能为空
请重新输入用户名：
abc
用户名长度不能小于6
请重新输入用户名：
abcdef1
用户名中不可包含数字
请重新输入用户名：
abcdef
输入正确
```

5．编写 Java 程序，要求用户输入 2 次日期（年-月-日），并计算两个日期（某年、某月、某日）之间的间隔天数和周数。程序输入及输出如下图所示。

```
请输入第一个日期(yyyy-mm-dd)：
1990-9-10
请输入第二个日期(yyyy-mm-dd)：
1990-9-11
两个日期相隔1天
相隔0周
```

第 7 章　多线程

> **学习目标：**
> - 了解线程的概念
> - 了解如何实现线程同步并编写多线程程序
> - 理解进程与线程的区别和联系
> - 掌握创建线程的方法

截至目前，我们开发的 Java 程序大多是单线程的，程序都是从 main() 方法开始执行到程序结束的，整个过程只能顺序执行，如果程序在某个位置出现问题，那么整个程序就会阻塞或者崩溃。在实际应用中，若程序可以并行地执行多个任务，则会使得程序运行时间大大缩短，并改善用户体验。例如，服务器可能需要同时处理多个客户机的请求，实现用户在下载电影的同时可以在线听歌等，这就需要我们编写的程序要支持多线程的工作。

多线程是指一个应用程序中同时存在多个执行体，按多个不同的线索并发执行的情况。本章将介绍多线程的基本概念和使用方法，在此基础上介绍如何使用多线程进行程序设计。

7.1　线程简介

多任务是指计算系统可以同时运行多个程序，每个运行的程序都称为一个任务。Windows、Linux 系统都支持多任务执行。多任务之所以可以实现，其本质是 CPU 在多个任务之间来回且快速切换，CPU 的时间单元非常短，因此可以让用户在使用过程中感觉不到程序切换。例如，用户可以在编辑文档的同时进行图片处理或者音乐欣赏。类似于这种多任务处理的机制，我们可以把一个程序看作一个系统，在程序内部可以同时执行多个任务，这里的多个任务就可以看作多线程。

线程（thread）是操作系统能够进行运算调度的最小单位，也可以称为轻量级进程。它被包含在进程之中，是进程中的实际运作单位，是进程中单一顺序的执行流，一个进程中可以并发多个线程，每条线程并行执行不同的任务。

若一个进程在同一时间可以并行执行多个线程，则这个进程就是多线程的。线程之间共享相同的内存空间，并共同构成一个进程。线程之间可以访问相同的变量和对象，使得线程之间的通信更简单、高效。但线程之间又可以彼此独立地执行，因此一个程序可以使用多个线程来完成不同的任务。使用多线程技术编写程序是非常方便的，用户不需要熟悉底层运行的详细细节。

7.1.1 程序、进程、线程

程序通常是一组计算机能识别和执行的指令集合，能完成一定的功能和任务。目前常用高级语言来编写计算机程序。例如，我们安装完的 IDEA 或者 Eclipse 就是静态的程序。

进程是正在运行的程序的实例。它是计算机中的程序在某数据集合上的一次运行活动，是系统进行资源分配和调度的基本单位，系统在运行时会为每个进程分配不同的内存区域。进程是一个动态过程，从产生、存在到结束是它的生命周期。例如，当我们双击 IDEA 或者 Eclipse 图标后，程序就运行起来了，这时的程序就是一个进程，可以在 Windows 任务管理器中看到相应的进程名称、CPU 占用率、内存占用率等进程信息。

对于线程，进程可以进一步细化为线程，一个进程可以同时有多个线程，每个线程作为调度和执行的单位，是一个程序内部的一条执行路径。一些进程是单线程的，但大部分进程是多线程的，例如，360 软件是一个程序，当运行时存在一个 360 软件的主进程，而在 360 软件里有"电脑体检""木马查杀""系统修复"等功能模块，用户可以一边扫描木马，一边进行系统漏洞修复等操作，各模块互不干扰。每个模块都可以近似看作一个线程，这样一个进程就同时运行多个线程。单线程和多线程的区别如图 7-1 所示，外边的圆可以看作一个进程，内部若只有单一执行流就是单线程程序，若内部有多条执行流则是多线程程序。

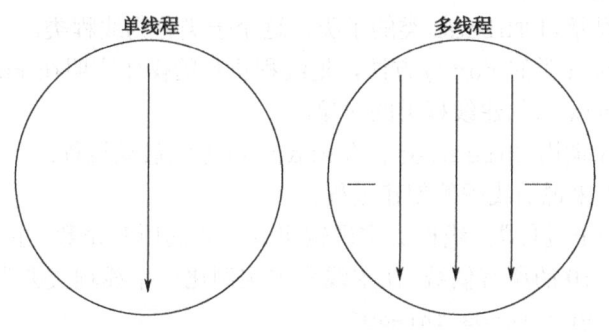

图 7-1 单线程和多线程的区别

7.1.2 多线程的优势

多线程有以下优势。

（1）提高 CPU 的利用率，更好地利用系统资源。多线程在程序中包含多个执行流，即在一个程序中可以同时运行多个不同的线程来执行不同的任务，允许单个程序创建多个并行执行的线程来完成各自的任务。在多线程程序中，当一个线程在运行时，CPU 可以同时运行其他的线程而不是等待，大大提高了程序的运行效率，充分利用了 CPU 的空闲时间。

（2）提高程序的响应。多线程技术使程序的响应速度更快，特别是对于 GUI 程序，用户可能会同时对多个功能模块进行操作，若是单线程程序，用户则必须等待一个模块执行完毕再执行下一个功能模块。多线程的加入可以大大优化用户的体验。

（3）改善程序结构。将比较长的复杂进程分为多个线程，让每个线程都独立运行，有利于程序的理解和维护。

（4）多线程可以分别设置优先级以优化性能。可以在程序中合理设置线程的优先级，然后合理调用优先级较高的进程。

7.2 创建线程

并不是所有程序都需要多线程,那么何时需要创建多线程呢?下面介绍需要创建多线程的情况。

(1)程序需要同时执行两个或多个任务时。

(2)程序需要实现一些等待任务,如用户输入、文件读写、文件上传、文件下载、搜索等时。

(3)系统需要执行一些后台运行的程序时。

Java 常用两种方式来产生多线程。一种是通过继承 Thread 类来构造线程;另一种是通过实现 Runnable 接口来完成多线程任务。

7.2.1 继承 Thread 类

新建一个继承自 Thread 类的类,该类重写了 Thread 类的 run()方法,可以通过分配并启动该类的实例来构造线程。

1. 多线程的创建

多线程的创建过程如下。

(1)创建一个继承自 Thread 类的子类,这个子类称为线程类。

(2)重写 Thread 类的 run()方法,把线程执行的操作声明在 run()方法中。

(3)用关键字 new 来创建线程类的对象。

(4)通过此对象调用 Thread 类中的 start()方法启动线程。

下面通过例 7-1 来说明线程的创建过程。

例 7-1 创建一个线程类,线程类实现输出 0~10 的所有奇数。主类中有一个主线程,主线程用于输出 0~10 的所有偶数。在主线程中实例化一个线程类并调用 start()方法。

```
class OddThread extends Thread{
    @Override
    public void run(){
        for(int i=0;i<11;i++){
            if(i%2!=0)
                System.out.println(Thread.currentThread().getName()+ ":" + i +
                                   "; ");
        }
    }
}

public class OddEvenThread{
    public static void main(String[] args){
        OddThread thread1 = new OddThread();
        thread1.start();
        for(int j=0;j<11;j++){
            if(j%2==0)
```

```
            System.out.println(Thread.currentThread().getName()+ ":" + j +
                            ";");
        }
    }
}
```

某一次程序的运行结果如下。

```
main:0;
main:2;
main:4;
Thread-0:1;
Thread-0:3;
Thread-0:5;
Thread-0:7;
Thread-0:9;
main:6;
main:8;
main:10;
```

这段代码编译完成后，每次执行都会得到不同的结果，不同的执行结果正说明了程序有多个执行流，主线程和子线程分开执行、互不干扰。

首先在程序中创建一个继承自 Thread 类的子类 OddThread，这个子类就是线程类，用于生成一个子线程。Override 是重写声明，说明在 OddThread 类中需要重写 Thread 类的 run() 方法，重写的 run() 方法从 0 循环到 10，每次循环都把奇数输出，在输出奇数的同时使用 Thread.currentThread().getName() 方法把子线程的名称输出，以区别于主线程。

在主类 OddEvenThread 中创建 OddThread 类的一个实例化对象 thread1，并调用方法 start()。调用 start() 方法后，**Java** 虚拟机会创建一个线程，子线程与主线程是并行的，即一边执行主线程中的程序，一边执行子线程中的程序。主线程的功能是从 0 循环到 10，每次循环把偶数输出，在输出偶数的同时使用 Thread.currentThread().getName() 方法把主线程的名称也输出一遍，以区别于子线程。

从输出结果来看，在输出一个数时可能输出奇数也可能输出偶数。说明主线程和子线程在被同时执行，两条执行线路没有交叉情况，也没有固定的先后顺序。

如果想调用更多线程，那么可以实例化多个 OddThread 对象，每个对象调用 start() 方法就可以产生多个线程。

2．Thread 类的有关方法

前面我们介绍了多个方法，如 run()、start()、getName() 的使用，除了这些方法，Thread 类还提供了一些有用的其他方法。

（1）void run() 方法，执行线程启动后的操作。
（2）void start() 方法，启动线程。
（3）static Thread currentThread() 方法，返回当前线程。
（4）String getName() 方法，返回线程的名称。

（5）void setName(String name)方法，设置线程的名称为 name 的值。

（6）static void yield()方法，线程让步。暂停当前正在执行的线程，若存在其他同优先级或更高优先级线程，则把运行权交给下一个同优先级或更高优先级线程。若不存在其他同优先级或更高优先级线程，则本线程继续执行。

（7）void join()方法，把指定的线程加入当前线程，当前线程被阻塞，直到由 join()方法加入的线程执行完毕。

（8）void sleep()方法，强制使当前正在执行的线程休眠，即暂停执行，使其他线程有机会被执行，休眠指定时间后，本线程又重新排队。

（9）void wait()方法，使线程进入等待状态，直到被另一个线程唤醒。

（10）int getPriority()方法，用于获取线程的优先级。

（11）void setPriority(int)方法，用于设置线程的优先级。

3．应用实例

下面通过例 7-2 说明多线程的执行流。假设某人拥有一个银行账户，这个人可以分别采用柜台取钱、ATM 机取钱、网上银行转款方式使用账户上的钱并进行消费。创建一个 Bank 类，一个 Counter 类、一个 ATM 类、一个 EBank 类和一个主类。然后将每种取钱方式都设置为一个线程，那么在主类里就有 3 个子线程，子线程执行过程中从账户上划去消费金额并显示余额。

例 7-2 银行消费示例。

```java
class Bank{        //银行账户类
    static int money = 1000;
    public void counterDraw(int drawMoney){
        this.money -= drawMoney;
        System.out.println("柜台取走了"+ drawMoney + " 余额为"+this.
                    money);
    }
    public void atmDraw(int drawMoney){
        this.money -= drawMoney;
        System.out.println("ATM 机取走了" + drawMoney + " 余额为"+
                    this.money);
    }
    public void eDraw(int drawMoney){
        this.money -= drawMoney;
        System.out.println("网上银行转走了" + drawMoney + " 余额为"+
                    this.money);
    }
}

class Counter extends Thread{   //柜台类
    Bank bank;
    public Counter(Bank bank){
        this.bank = bank;
```

```java
    }
    @Override
    public void run(){
        while(Bank.money >= 200){    //柜台一次取200元
            bank.counterDraw(200);
        }
    }
}

class ATM extends Thread{    //ATM类
    Bank bank;
    public ATM(Bank bank){
        this.bank = bank;
    }
    @Override
    public void run(){
        while(Bank.money>=50){ //ATM机一次取50元
            bank.atmDraw(50);
        }
    }
}

class EBank extends Thread{    //网上银行类
    Bank bank;
    public EBank(Bank bank){
        this.bank = bank;
    }
    @Override
    public void run(){
        while(Bank.money>=100){    //网上银行一次取100元
            bank.eDraw(100);
        }
    }
}

public class TestBankDraw{
    public static void main(String[] args){
        Bank bank = new Bank();
        Counter p1 = new Counter(bank);
        ATM p2 = new ATM(bank);
        EBank p3 = new EBank(bank);
        p1.start();
        p2.start();
        p3.start();
```

		}
	}

某一次运行的输出结果如下。
ATM 机取走了 50 余额为 750
网上银行转走了 100 余额为 650
网上银行转走了 100 余额为 500
柜台取走了 200 余额为 800
网上银行转走了 100 余额为 400
ATM 机取走了 50 余额为 600
网上银行转走了 100 余额为 100
柜台取走了 200 余额为 200
ATM 机取走了 50 余额为 50
ATM 机取走了 50 余额为 0

在银行账户类 Bank 中，这个类有一个静态属性 money，用于存储账户余额，账户余额初始化为 1000 元。方法 counterDraw() 用来模拟在柜台取钱的操作，传入参数 drawMoney，这个方法能够实现余额变量 money 值减去 drawMoney 值，以及将余额更新为减去取款数后的值的操作。类似地，还有模拟在 ATM 机上取钱操作的方法 atmDraw()，以及模拟在网上银行转款操作的方法 eDraw()。

柜台类 Counter 继承自 Thread 类，是一个线程类。Counter 类的构造方法传递一个 Bank 类的对象。在 run() 方法中判断余额变量是否大于等于 200，若满足条件则调用 counterDraw() 方法进行柜台取钱操作。类似地，ATM 类也是一个线程类，在 run() 方法中调用 atmDraw() 方法进行 ATM 取钱操作。网上银行类 EBank 也是一个线程类，在 run() 方法中调用 eDraw() 方法进行网上银行转款操作。

在主类中，创建 Bank 类对象 bank、Counter 类对象 p1、ATM 类对象 p2、EBank 类对象 p3。p1、p2、p3 分别调用 start() 方法。从输出结果来看，p1、p2、p3 分别执行各自的线程，互不干扰。但是因为 money 变量是静态的，所以 3 个对象共享账户余额。

7.2.2 实现 Runnable 接口

Java 的继承机制是单继承，即如果一个类已经继承了其他父类，那么要实现多线程就不能再继承 Thread 类。实现 Runnable 接口是在 Java 程序中使用线程的另外一种方法。Runnable 接口为一个类提供了这样的方式，无须扩展 Thread 类就可以创建一个新的线程，从而避免了单继承的限制。

1．多线程的创建

多线程的创建过程如下。
（1）创建一个实现了 Runnable 接口的类；
（2）通过实现接口的类来实现 Runnable 接口中的抽象方法 run()。
（3）创建实现接口的类的对象。
（4）将此对象作为参数传递到 Thread 类的构造器中，创建 Thread 类的对象。
（5）通过 Thread 类的对象调用 start() 方法。

2. 应用实例

下面通过例 7-3 来说明 Runnable 接口的实现,该例与例 7-1 功能相似,不同的是该例是用 Runnable 接口实现的。

例 7-3 创建 Runnable 接口的实现类 OddEven,输出 0～10 的所有奇数。

```
class OddEven implements Runnable{
    @Override
    public void run(){
        for(int i=0;i<11;i++){
            if(i%2!=0)
                System.out.println(Thread.currentThread().getName()+ ":"
                            + i + ";");
        }
    }
}

public class RunnableOddEven{
    public static void main(String[] args){
        OddEven oe = new OddEven();
        Thread t1 = new Thread(oe);
        t1.setName("线程1");
        t1.start();

        Thread t2 = new Thread(oe);
        t2.setName("线程2");
        t2.start();
    }
}
```

某一次运行结果如下。

线程1:1;
线程1:3;
线程1:5;
线程1:7;
线程2:1;
线程2:3;
线程2:5;
线程2:7;
线程2:9;
线程1:9;

首先声明了实现 Runnable 接口的类 OddEven,这个类重写方法 run(),把 0～10 的所有奇数都输出。主类中实例化了 OddEven 的实现 oe,然后生成 Thread 类的两个实现 t1、t2,在实例化过程中,把 oe 作为参数传递给 Thread 类。这里为了方便区分 t1、t2 两个线程输出的奇数,我们使用 setName()方法分别设置 t1 线程名为"线程1"、t2

线程名为"线程2"。最后分别调用t1、t2的start()方法。

从输出结果来看,两个线程独立运行、互不干扰。

7.3 线程同步

在单线程程序中只有单一的执行流,不用担心各线程之间的访问权限,或者对共有域方法的访问权限问题。但是多线程情况下必须协调好各线程之间的步调和权限,否则可能会引起严重的安全问题。线程同步主要就是用来解决线程安全问题的。

7.3.1 线程安全问题

想象一个场景,电影院有3个售票窗口,售票窗口采用传统手工售票方式。每场电影的票上已提前印制好电影信息、防伪章等,但是没有印制编号。每次售票时售票员会在票上手写一个编号,表明该票的座位顺序。3个窗口的售票员通过对话方式告知对方本窗口目前售票的编号以免冲突。但是在售票过程中,由于购买顾客太多且购买场次不同,3名售票员难免有沟通不畅或者忘记告知当前编号的情况,这时就可能出现同号票现象。在这个场景下,3名售票员的售票活动就可以看作售票这个程序的3个并行线程,我们必须保证3个窗口的售票活动不冲突(票号不重复)。多线程程序常常也有这个多线程安全的需求。

由7.2节的几个例子我们可以发现,多线程在执行过程中存在不确定性,即我们不能确定哪个线程先执行,不能确定某时某刻哪个线程在执行。这种不确定性会引起执行结果的不稳定。多个线程对共享数据的操作,会造成操作的不完整,甚至造成数据被破坏。

例7-4 3个窗口并行售票。

```
class TicketWindow extends Thread{
    private static int tickets = 10; //static 成员
    public void run(){
        while (true){
            if (tickets > 0){
                System.out.println(Thread.currentThread().getName()
                        + "正在发售第 " + tickets-- + " 张票");
            }
            else break;
        }
    }
}

public class eg7_4{
    public static void main(String[] args){
        TicketWindow tw1= new TicketWindow();
        tw1.setName("窗口1");
        tw1.start();
        TicketWindow tw2= new TicketWindow();
```

```
            tw2.setName("窗口 2");
            tw2.start();
            TicketWindow tw3= new TicketWindow();
            tw3.setName("窗口 3");
            tw3.start();
    }
}
```

某一次运行的输出结果如下。

窗口 3 正在发售第 10 张票
窗口 3 正在发售第 8 张票
窗口 1 正在发售第 9 张票
窗口 2 正在发售第 9 张票
窗口 2 正在发售第 5 张票
窗口 2 正在发售第 4 张票
窗口 2 正在发售第 3 张票
窗口 1 正在发售第 6 张票
窗口 3 正在发售第 7 张票
窗口 1 正在发售第 1 张票
窗口 2 正在发售第 2 张票

由上述结果可看出，第 9 张票被出售了两次，显然存在问题。

7.3.2 线程的同步

Java 通过同步机制来解决线程的安全问题。线程的同步主要是在一个进程中协同多个线程的执行流。线程的同步用于保护线程共享数据，控制和切换线程的执行。

1. 同步代码块

使用 synchronized()方法可以操作共享数据的代码，即可以把需要进行同步处理的代码包含进 synchronized()方法。该方法类似于一个锁，只有拿到锁的进程才能操作我们的共享数据，这样可以有效避免数据不同步带来的冲突。语法格式如下。

```
synchronized(锁对象){
    //操作共享资源代码块
    语句/语句块;
}
```

在 Java 中，任何对象都可以充当这个锁的角色，但要求多个线程必须共用同一把锁。当某个对象用 synchronized 修饰时，表明该对象在任一时刻只能由一个线程访问。当一个线程进入 synchronized()方法后，可以保证在其他线程执行这个方法之前，该线程完成自己的处理任务。

我们通过同步的方式解决了线程安全问题，但在操作同步代码时，只能有一个线程执行流，其他线程只能等待该线程执行完毕将锁还回后才能再执行。这部分相当于一个单线程过程，会降低效率。

2. 同步方法

如果操作共享数据的代码完整地声明在一个方法中，那么可以将此方法声明为同步方法，声明同步方法的语法格式如下。

[修饰符] synchronized 返回值类型 方法名([参数1,…]){}

这种方式较为简单，只需要将方法声明为 synchronized 即可。在此方式中，同步锁是 this。

3. 示例

例7-5 同步代码块。

```
class TicketWindow extends Thread{
    private static int tickets = 10;
    public void run(){
        while (true){
            synchronized(this){
                if (tickets > 0){
                System.out.println(Thread.currentThread().getName()
                            + " 正在发售第 " + tickets-- + " 张票 ");
                }
                else break;
            }
        }
    }
}
public class eg10_5{
    public static void main(String[] args){
        TicketWindow tw=new TicketWindow();
        new Thread(tw,"窗口1").start();
        new Thread(tw,"窗口2").start();
        new Thread(tw,"窗口3").start();
    }
}
```

某一次运行的结果如下。

窗口1 正在发售第 10 张票
窗口1 正在发售第 9 张票
窗口1 正在发售第 8 张票
窗口1 正在发售第 7 张票
窗口1 正在发售第 6 张票
窗口1 正在发售第 5 张票
窗口1 正在发售第 4 张票
窗口1 正在发售第 3 张票
窗口2 正在发售第 2 张票
窗口2 正在发售第 1 张票

从运行结果可以看出，使用同步代码块 synchronized(this) 同步对象中共享的变量，售出的票不再出现重复的现象，并且能够按顺序出票。

7.4　本章小结

Java 的多线程处理可以提高程序执行效率，是 Java 最具特色的机制之一。在 Java 中，多线程有两种实现方法，分别为继承 `Thread` 类和实现 `Runnable` 接口。在多线程的执行过程中还需要重点关注线程安全问题，合理利用同步机制把共享数据的操作限制在安全范围内。

7.5　习题

1. 进程、线程之间的关联和区别是什么？
2. Java 实现多线程有哪些方式？分别怎么实现？
3. `Thread` 类中的 `start()` 和 `run()` 方法有什么区别？
4. 如何在两个线程间共享数据？
5. 为什么要进行线程的同步？如何实现线程的同步？

第 8 章 输入输出流

> **学习目标：**
>
> - 了解随机流的使用
> - 掌握文件类（File 类）的主要用法
> - 掌握字节流读写文件的操作
> - 掌握字符流读写文件的操作

输入和输出是计算机最基本的操作，Java 语言提供了输入输出的方法，采用了丰富的流类来处理输入输出操作。流是 Java 中重要的对象，Java 中非常复杂的输入输出操作都能够封装到流中处理，用户只需将需要的输入输出设备（I/O 设备）与相应的流关联起来，就可以在流对象上进行标准的输入输出操作。

I/O 设备种类多样，在 Java 中都被抽象成流来处理，标准输入 System.in 代表键盘，标准输出 System.out 代表终端，文件系统使用文件流处理，网络、打印设备和磁盘等都是由流来代表的，如此使得设备的操作变得非常简单方便。为了提高输入输出效率，Java 还提供了缓冲流、过滤流、管道流等。

8.1 输入输出流概述

Java 语言通过 java.io 包提供了多种与 I/O 设备交换信息的类，采用流机制来完成输入输出操作，因此若想进行输入输出操作，我们首先要了解流的概念。

何谓流？非常简单，流就是从日常生活中抽象出来的一个概念，在 Java 中就是一个流动的数据序列，它是对计算机输入数据和输出数据的抽象，是从源头到目的地按照先进先出的顺序流动的数据序列，从这点看，流是顺序读写的。因此可将流看作数据从一种设备流向另一种设备的过程，也可以看作一个连续的字节块。流的一端可以和数据源或目的地相连，另一端则和 java.io 包中的类相连。

I/O 设备在 Java 中通过数据流来实现与计算机的信息交流，如图 8-1 所示。

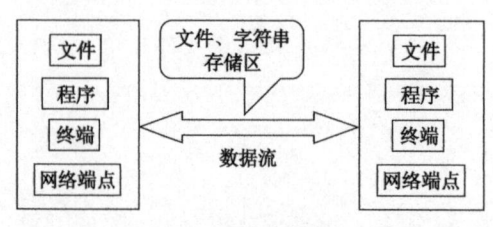

图 8-1 数据流

8.1.1 流的分类

我们习惯上从三个角度给流分类。

按照数据流动的方向，流可以分为输入流和输出流。

输入流同数据源相连，可以将数据读取到程序中，以程序为中心，所以称为输入流，如图 8-2 所示。

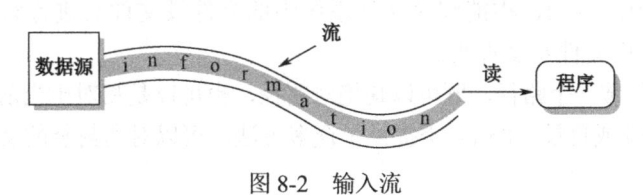

图 8-2　输入流

输出流同目的设备相连，程序可将流中的数据写入目的设备中，因此称为输出流，如图 8-3 所示。

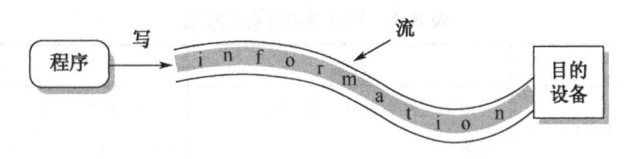

图 8-3　输出流

按照功能的不同，流可以分为节点流和处理流。

节点流是可以从数据源（节点）读写数据的流（如文件、内存），如图 8-4 所示。

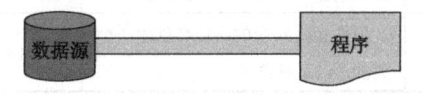

图 8-4　节点流

处理流与已存在的流（节点流或处理流）连接，通过对数据的处理为程序提供更强大的功能，如图 8-5 所示。

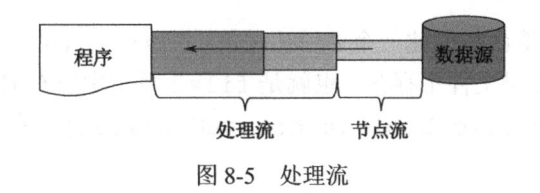

图 8-5　处理流

按照数据处理单位的不同，流还可以分为字节流和字符流。我们将在 8.3 节和 8.4 节详细介绍。

8.1.2 输入输出流的套接

java.io 包提供了很多流，不同流的用途是有差别的。为了能更有效地进行数据传输，一般会通过过滤流将多个流套接在一起，利用各种流的特性共同处理数据。套接的多个流构成一个流链，分别连接来自数据源和目的地的流，使得流具备多个流的特性，有效提高输入输出的速度和效率。

流链的中间流与程序最终流都属于处理流,而直接连接数据源的是节点流。

8.2 文件类

程序可以从磁盘上获取文件的相关信息,这是通过文件类(File 类)实现的,但不涉及对文件的读写操作。File 类能够对文件系统中的文件及文件夹进行对象的封装,可以通过对象的思想来操作文件及文件夹。

File 类用于封装一个路径,既可以是绝对路径,也可以是相对于当前目录的相对路径,此路径可以指向文件或目录。File 类提供了众多方法,可以对所封装的文件或目录进行一些常规操作。

File 类共有 4 个构造方法,如表 8-1 所示,用于根据不同的条件构造出类似于文件或目录的 Java 对象。

表 8-1　File 类的构造方法

构造方法	说明	举例
File(String filename)	根据文件名创建一个新的 File 对象	File file1 = new File("Hello. java");
File(String parent, String child)	根据文件的路径名和文件名创建一个新的 File 对象	File file2 = new File("/","Hello. java");
File(File parent, String child)	根据指定目录的 File 对象和文件名创建一个新的 File 对象	File file3 = new File(file2, "Hello. java");
File(URI uri)	根据 URI 对应的路径名创建一个新的 File 对象	File file4 = new File("/");

File 类还提供了一系列的方法,用于操作其内部封装路径指向的文件或目录,包括文件/目录的创建与删除、文件/目录属性查询等。

1. 文件的创建与删除

使用 File 类的构造函数创建一个 File 对象 [File file3 = new File(file2, "Hello.txt");],如果文件不存在,也就是 file2 目录中没有 Hello.txt 文件,File 对象就会自行调用方法 public boolean createNewFile(),在 file2 目录中创建一个名为 Hello.txt 的文件。

File 对象创建后,调用 File 对象的方法 public boolean delete()可以删除当前文件,即 file3.delete()。

2. 目录的操作

File 对象可以通过调用方法 public boolean mkdir()来创建一个目录,若创建成功,则返回 true;若创建失败(目录已存在),则返回 false。

通过例 8-1 创建"/tmp/user/java/bin"文件夹,代码如下。

例 8-1　目录创建。

```
import java.io.File;
```

```java
public class CreateDir{
    public static void main(String[] args){
        String dirname = "/tmp/user/java/bin";
        File d = new File(dirname);
        // 现在创建目录
        d.mkdirs();
    }
}
```

如果 File 对象是一个目录，那么可以通过调用以下两种方法列出该目录下的文件和子目录。

（1）public String[] list()：以字符串形式返回目录下的全部文件。

（2）public File[] listFiles()：用 File 对象形式返回目录下的全部文件。

下面用例 8-2 来说明如何使用 list() 方法检查一个文件夹中包含的内容。

例 8-2 目录内容列表。

```java
import java.io.File;
public class DirList{
    public static void main(String args[]){
        String dirname = "/tmp";
        File f1 = new File(dirname);
        if (f1.isDirectory()){
            System.out.println("目录 " + dirname);
            String s[] = f1.list();
            for (int i = 0; i < s.length; i++){
                File f = new File(dirname + "/" + s[i]);
                if (f.isDirectory()){
                    System.out.println(s[i] + " 是一个目录");
                } else{
                    System.out.println(s[i] + " 是一个文件");
                }
            }
        } else{
            System.out.println(dirname + " 不是一个目录");
        }
    }
}
```

目录的删除方式和文件的删除方式一样，调用 delete() 方法即可，但要求目录必须为空。下面通过例 8-3 演示相关操作。

例 8-3 目录删除。

```java
import java.io.File;
public class DeleteFileDemo{
    public static void main(String[] args){
        File folder = new File("/tmp/user");
        deleteFolder(folder);
```

```java
    }
    // 删除文件及目录
    public static void deleteFolder(File folder){
        File[] files = folder.listFiles();
        if (files != null){
            for (File f : files){
                if (f.isDirectory()){
                    deleteFolder(f);
                }else{
                    f.delete();
                }
            }
        }
        folder.delete();
    }
}
```

3. 文件属性查询

除操作文件目录外，File 类还提供了很多用于获取文件信息的方法，如例 8-4 所示。

例 8-4 获取文件信息。

```java
import java.io.*;
public class Example12{
    public static void main(String[] args){
        // 创建 File 对象
        File file = new File("example.txt");
        // 获取文件名称
        System.out.println("文件名称:" + file.getName());
        // 获取文件的相对路径
        System.out.println("文件的相对路径:" + file.getPath());
        // 获取文件的绝对路径
        System.out.println("文件的绝对路径:" + file.getAbsolutePath());
        // 获取文件的父路径
        System.out.println("文件的父路径:" + file.getParent());
        // 判断文件是否可读
        System.out.println(file.canRead() ? "文件可读" : "文件不可读");
        // 判断文件是否可写
        System.out.println(file.canWrite() ? "文件可写": "文件不可写");
        // 判断是否是一个文件
        System.out.println(file.isFile() ?  "是一个文件" :"不是一个文件");
        // 判断是否是一个目录
        System.out.println(file.isDirectory()? "是一个目录":"不是一个目录");
        // 判断是否是一个绝对路径
        System.out.println(file.isAbsolute() ? "是绝对路径": "不是绝对路径");
        // 得到文件最后修改时间
        System.out.println("最后修改时间为:" + file.lastModified());
```

```java
        // 得到文件的大小
        System.out.println("文件大小为:" + file.length() + " bytes");
        // 输出是否成功删除文件
        System.out.println("是否成功删除文件"+file.delete());
    }
}
```

8.3 字节流

字节流是专门处理以字节为传输单位的 I/O 流类。字节流以字节为单位进行数据的读写，每次读写一个或多个字节数据，这类数据文件也称为二进制文件。如果要读写这些二进制文件，就需要使用 Java 中的字节流对象。

`InputStream` 类和 `OutputStream` 类分别是输入字节流与输出字节流的抽象父类，所有的字节输入流都继承自 `InputStream` 类，所有的字节输出流都继承自 `OutputStream` 类。

字节输入流继承体系如图 8-6 所示。

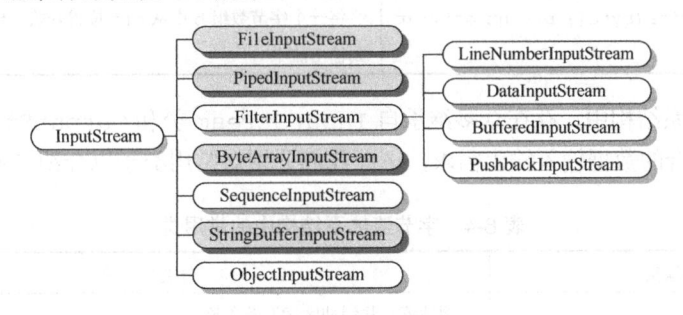

图 8-6 字节输入流继承体系

`InputStream` 类提供了一系列操作方法用于读写数据。`InputStream` 类的常用方法如表 8-2 所示。

表 8-2 InputStream 类的常用方法

方法	说明
public int available()	返回当前可读的字节数
public void close()	关闭输入流以释放占用的系统资源
public void mark(int readlimit)	在输入流的当前位置设置一个标记（相当于放一个书签）
public boolean markSupported()	测试输入流是否支持 mark() 方法和 reset() 方法
public abstract int read()	从输入流中读取下一字节的数据，返回该字节的 ASCII 码，若读取到文件的末尾，则返回-1
public int read(byte[] b)	从输入流中读取一部分字节并将它们存放到字节数组 b 中，若读取成功，则返回读取的字节，若读取到文件的末尾，则返回-1
public int read(byte[] b, int off, int len)	从输入流中读取 len 字节，并将它们存放到字节数组 b 中从 off 开始的位置。若成功返回，则读取字节，否则返回-1
public void reset()	设置标记到初始位置，或输入流中最近一次使用 mark() 标记的位置
public long skip(long n)	从当前输入流中跳过并忽略 n 字节的输入，返回读取的字节

字节输出流继承体系如图 8-7 所示。

```
                    ┌─ FileOutputStream
                    ├─ PipedOutputStream      ┌─ DataOutputStream
OutputStream  ─────┼─ FilterOutputStream  ───┼─ BufferedOutputStream
                    ├─ ByteArrayOutputStream  └─ PrintStream
                    └─ ObjectOutputStream
```

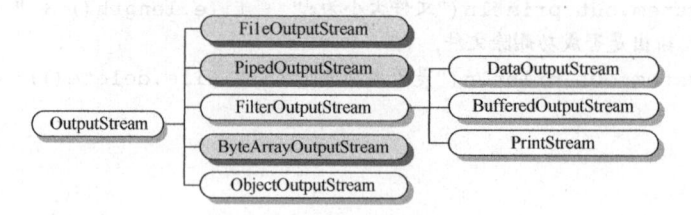

图 8-7　字节输出流继承体系

`OutputStream` 类的常用方法如表 8-3 所示。

表 8-3　OutputStream 类的常用方法

方法	说明
public void close()	关闭输出流并释放占用的系统资源
public void flush()	刷新输出流并强制写入所有缓冲区的数据
public abstract void write(int b)	将一个指定的字节数据写到输出流中
public void write(byte[] b)	将一个字节数组 b 中的全部数据写到输出流中
public void write(byte[] b, int off,int len)	将一个字节数组 b 中从 off 位置开始、长度为 len 的字节写到输出流中

在字节流体系结构中，存在众多继承自 `InputStream` 类和 `OutputStream` 类的函数，可以满足不同场合的数据输入输出需求，下面我们分别对常用类予以介绍（见表 8-4）。

表 8-4　字节流体系结构中的常用类

字节流类	分类与作用
BufferedInputStream	缓冲流，从缓冲区读取输入流
BufferedOutputStream	缓冲流，向缓冲区写入输出流
ByteArrayInputStream	访问数组，从字节数组中读取输入流
ByteArrayOutputStream	访问数组，向字节数组中写入输出流
DataInputStream	处理基本数据类型，读取 Java 基本数据类型方法的输入流
DataOutputStream	处理基本数据类型，写入 Java 基本数据类型方法的输出流
FileInputStream	访问文件，读取磁盘文件的输入流
FileOutputStream	访问文件，向磁盘文件中写入数据的输出流
FilterInputStream	抽象父类过滤流，包括 BufferedInputStream、DataInputStream 和 PushbackInputStream
FilterOutputStream	抽象父类过滤流，包括 BufferedInputStream 和 DataInputStream
ObjectInputStream	对象流，读取输入流中的对象数据
ObjectOutputStream	对象流，向输出流中写入对象数据
PushbackInputStream	推回输入流，向输入流返回 1 字节的输入流
PipedInputStream	管道输入流，用于线程间通信，发送方的管道读入数据
PipedOutputStream	管道输出流，用于线程间通信，接收方的管道写入数据
PrintStream	打印流，包括 print()、printf()、println() 等方法的输出流
SequenceInputStream	顺序输入流，由两个或两个以上顺序读取的输入流组成的输入流

8.3.1 标准流

在 Java 中，标准输入是键盘，标准输出是显示器。Java 程序使用字符界面与系统标准输入输出进行数据通信，Java 在语言包 java.lang.System 类中定义了与系统标准输入输出联系的 3 个流（标准输入流、标准输出流和错误流），这 3 个流在 java.lang.System 类中被定义成静态的，当 main() 方法被执行时，就会自动生成上述 3 个流对象，可直接使用。

System.in：标准输入流，从 InputStream 类继承而来，用于从标准输入设备（通常是键盘）中获取输入数据。

System.out：标准输出流，从 PrintStream 类继承而来，用于把输出送到默认的显示设备（通常是显示器）中。

System.err：错误流，从 PrintStream 类继承而来，用于把错误信息送到默认的显示设备（通常是显示器）中。

1．标准输入的操作

System.in 是 InputStream 类的对象，当程序需要从键盘读入数据时，只需使用 read() 方法，也可以在 System.in 上套接其他过滤流，这样就可以方便地从标准输入流上读取数据，但要注意以下两点。

（1）必须使用异常机制来包裹 read() 操作，以处理可能出现的 IOException 类型异常。

（2）在执行 read() 操作以从键盘缓冲区读入 1 字节的数据时，返回的是 2 字节的整型值，该整型值只有低位的 1 字节是真正输入的数据，高位字节全为 0。

2．标准输出的操作

System.out 是打印输出流 PrintStream 类的对象，PrintStream 是一种过滤流，定义了显示不同类型的数据的两个方法。

（1）println() 方法向显示器输出其参数指定的变量，然后换行。若参数为空，则输出一个空行。可输出多种不同类型的变量。

（2）print() 方法与 println() 方法类似，也可以将不同类型的变量输出到显示器中。不同的是，print() 方法输出后不换行，下次的输出将与上次的输出显示在同一行中。

例 8-5 读取和显示字符，直到没有取到任何字符。
```
import java.io.IOException;
public class ReadLines{
    public static void main(String[] args) throws IOException{
        int b;
        System.out.println("Enter lines of text:");
        while((b=System.in.read())!=-1){//当没有读取到任何字符时,读取工作结束
            System.out.println((char)b);
        }
    }
}
```

8.3.2 文件流

计算机内的很多数据都保存在硬盘文件中,因此需要对文件中的数据进行处理,包中的 `FileInputStream` 和 `FileOutputStream` 就基于此目的。

`FileInputStream` 和 `FileOutputStream` 分别为 `InputStream` 类和 `OutputStream` 类的子类,它们是操作文件的字节流,专门用于文件中数据的读写。

1.字节文件输入流(FileInputStream)

`FileInputStream` 的使用通常包括 3 个基本步骤:以指定的源创建输入流,使用输入流读取字节,关闭输入流。

1)以指定的源创建输入流

采用 `FileInputStream` 创建指定源的输入流,有以下两种构造方法(见表 8-5)。

表 8-5 FileInputStream 的构造方法

构造方法	说明	举例
`FileInputStream(File file)`	根据 File 对象创建一个文件字节输入流对象	`File file = new File("c:\\Hello.java);` `FileInputStream fin = new File Input Stream(file);`
`FileInputStream(String name)`	根据字符串的 name 创建一个文件字节输入流对象,name 代表路径和文件名	`FileInputStream fis = new File Input Stream("c:\\ Hello.java");`

输入流创建成功,就会打开一个到达文件的通道。

2)使用输入流读取字节

在创建好通道后,程序就可以从这个通道中读取源中的数据了,`FileInputStream` 可以调用 `read()` 方法顺序读取,每次调用都顺序地读取文件中其余的内容,直到文件末尾或输入流关闭。`read()` 方法有以下 3 种形式。

- `int read()`:从输入流中读取 1 字节。
- `int read(byte b[])`:读取多字节到数组 b 中。
- `int read(byte[]b,int off,int len)`:从输入流中读取最多 len 字节,并将其存入字节数组 b 中从 off 开始的位置。

3)关闭输入流

输入流都提供了关闭方法 `close()`,虽然在程序结束时,所有打开的流都会自动关闭,但为提高资源利用率,主动关闭不失为一个良好的习惯。

2.字节文件输出流(FileOutputStream)

`FileOutputStream` 的使用同样包括 3 个基本步骤:以给定的目的地为参数创建输出流,让输出流把数据写入目的地,关闭输出流。

1)以给定的目的地为参数创建输出流

`FileOutputStream` 的构造方法如表 8-6 所示。

表 8-6 FileOutputStream 的构造方法

构造方法	说明	举例
`FileOutputStream(File file)`	创建一个向 file 中写入数据的文件输出流	`FileOutputStream fos3 = new FileOutputStream(new File("f3.txt"));`
`FileOutputStream(File file,boolean append)`	创建一个是否向 file 尾部追加数据的文件输出流	`FileOutputStream fos4 = new FileOutputStream(new File("f4.txt"),true);`
`FileOutputStream(String name)`	创建一个向 name 中写入数据的文件输出流	`FileOutputStream fos1 = new FileOutputStream("f1.txt");`
`FileOutputStream(String name,boolean append)`	创建一个是否向 name 尾部追加数据的文件输出流	`FileOutputStream fos2 = new FileOutputStream("f2.txt",true);`

可以使用 `FileOutputStream` 的构造方法创建有或无刷新功能的输出流，两个构造方法分别为：①使用 `File` 对象创建；②使用文件名创建。当 `boolean` 类型参数 append 为 `true` 时，不刷新文件，而是附加到文件尾部；当 append 为 `false` 时，则刷新文件，创建一个与平台无关的数据输出通道。

2）让输出流把数据写入目的地

在输出通道创建好后，`FileOutputStream` 就可以调用 `write()` 方法顺序地写入文件了，只要不关闭流，每次调用都顺序地向文件写入内容，直到流被关闭。`write()` 方法有以下 3 种形式。

- `write(int b)`：将一个整数输出到流中。
- `write(byte b[])`：将数组中的数据输出到流中。
- `write(byte b[], int off,int len)`：将数组 b 中从 off 指定的位置开始、长度为 len 的数据输出到流中。

3）关闭输出流

在操作系统把程序写入输出流的字节保存到磁盘之前，有时会把它们放到流缓冲区中，为保持文件完整，我们应该调用 `close()` 方法，确保让操作系统把流缓冲区内的数据写入目的地，即通过关闭操作清洗流缓冲区。

下面通过例 8-6 演示文件复制操作。首先，利用输入流读取源文件中的数据；其次，通过输出流将数据写入新文件；再次，在当前目录下创建目录 source 和 dest；最后，在 source 目录中存放图片文件 src.jpg。

例 8-6 文件复制。

```
import java.io.*;
public class FileCopy{
    public static void main(String[] args) throws Exception{
        // 创建文件输入流对象,读取指定目录下的文件
        FileInputStream in = new FileInputStream("source/src.jpg");
        // 创建文件输出流对象,将读取到的文件内容写入指定目录的文件
        FileOutputStream out = new FileOutputStream("target/dest.jpg");
        // 定义一个 int 类型的变量 len
```

```
        int len = 0;
        // 获取复制文件前的系统时间
        long beginTime = System.currentTimeMillis();
        // 通过循环将读取到的文件字节信息写入新文件
        while ((len = in.read()) != -1){
            out.write(len);
        }
        // 获取复制之后的系统时间
        long endTime = System.currentTimeMillis();
        // 输出复制花费时间
        System.out.println("花费时间为: "+(endTime-beginTime) +"毫秒");
        // 关闭流
        in.close();
        out.close();
    }
}
```

8.3.3 字节过滤流

java.io 包提供了 `FilterInputStream` 类和 `FilterOutputStream` 类，分别对其他输入/输出流进行特殊处理，它们在读写数据的同时可以对数据进行特殊处理。另外，它们还提供了同步机制，使得在某一时刻只有一个线程可以访问一个输入/输出流。`FilterInputStream` 类和 `FilterOutputStream` 类都是抽象类，因此它们均不能实例化对象。

（1）`FilterInputStream` 类有 3 个子类，它们分别是 `BufferedInputStream`、`DataInputStream` 和 `PushbackInputStream`。

（2）`FilterOutputStream` 类也有 3 个子类，分别是 `BufferedOutputStream`、`DataOutputStream` 和 `PrintStream`。

1. BufferedInputStream 和 BufferedOutputStream

直接对字节流进行读写效率比较低，为了提高字节流读写的效率，Java 提供了两个带缓冲区的字节流（字节缓冲流），即 `BufferedInputStream` 和 `BufferedOutputStream`，这两个字节流分别用于字节输入缓冲和字节输出缓冲，又被称为字节缓冲输入流和字节缓冲输出流。当一个写请求产生后，数据并不会马上写到所连接的输出流和文件中，而是写入高速缓存，当缓存写满或关闭流时，才一次性地从缓存中写入目的地。类似地，从一个带有缓存的输入流读数据，可以先把缓存读满，随后的读请求直接从缓存中（而不是文件中）读取数据，显著地提高了读效率。通过字节缓冲流读写数据如图 8-8 所示。

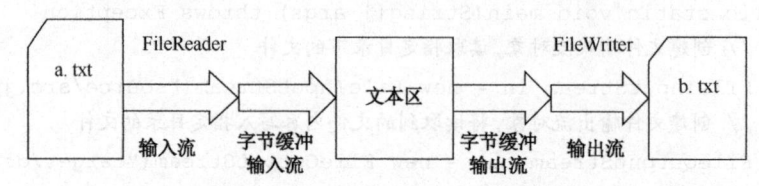

图 8-8 通过字节缓冲流读写数据

下面我们简单介绍一下这两个流。

1）BufferedInputStream

BufferedInputStream 可以增强批量数据输入到另一个输入流的能力，通过构造方法封装一个 InputStream，构造出带有缓冲的输入流，可以用于封装 FileInputStream 构造出的字节缓冲输入流。BufferedInputStream 的构造方法如表 8-7 所示。

表 8-7　BufferedInputStream 的构造方法

构造方法	说明
BufferedInputStream(InputStream in)	创建一个字节缓冲输入流并连接节点输入流 in，缓冲区默认大小为 32 字节
BufferedInputStream(InputStream in, int size)	创建一个字节缓冲输入流并连接节点输入流 in，缓冲区默认大小为 size 字节

2）BufferedOutputStream

BufferedOutputStream 可以增强批量数据输出到另一个输出流的能力，通过构造方法封装一个 OutputStream，构造出带有缓冲的输出流，可以用于封装 FileOutputStream 构造出的字节缓冲输出流。BufferedOutputStream 的构造方法如表 8-8 所示。

表 8-8　BufferedOutputStream 的构造方法

构造方法	说明
BufferedOutputStream(OutputStream out)	创建一个新的字节缓冲输出流，将数据写入节点输出流 out
BufferedOutputStream(OutputStream out, int size)	创建一个新的字节缓冲输出流，将缓冲区大小为 size 字节的数据写入节点输出流 out

例 8-7　使用缓冲区复制文件。

```
import java.io.*;
public class BufferedFileCopy{
    public static void main(String[] args) throws Exception{
        // 创建用于输入和输出的字节缓冲流对象
        BufferedInputStream bis = new BufferedInputStream(
            new FileInputStream("source/src.jpg"));
        BufferedOutputStream bos = new BufferedOutputStream(
            new FileOutputStream("target/dest.jpg"));
        // 定义一个 int 类型的变量 len
        int len = 0;
        // 获取复制文件前的系统时间
        long beginTime = System.currentTimeMillis();
        // 通过循环读取字节缓冲输入流中的数据，并通过字节缓冲输出流写入新文件
        while ((bis.read()) != -1){
            bos.write(len);
        }
        // 获取复制之后的系统时间
```

```
            long endTime = System.currentTimeMillis();
            // 输出复制花费时间
            System.out.println("花费时间为: "+(endTime-beginTime) +"毫秒");
            // 关闭流
            bis.close();
            bos.close();
        }
    }
```

2. DataInputStream 和 DataOutputStream

java.io 包中含有两个接口 DataInput 和 DataOutput，这两个接口设计了一种较为高级的数据输入输出方式：除了可处理字节和字节数组，还可以处理 int、float、boolean 等基本数据类型，这些数据在文件中的表示方式和它们在内存中的表示方式一样，无须转换，按照与机器无关的风格读写 Java 的原始数据。文件流和缓冲流的处理对象是字节或字节数组，而利用数据输入输出流（DataInputStream 和 DataOutputStream）可以实现对文件中不同类型数据的读写，它们相应地提供了很多处理基本数据类型的方法，如 DataInput 提供了 read()、readInt()、readByte()等，DataOutput 提供了 write()、writeChar()、writeFloat()等。

数据流通过封装已存在的流完成创建，如可以通过如下方法将一个文件流封装成数据流。

```
FileOutputStream fos=new FileOutputStream("a.txt");
DataOutputStream dos=new DataOutputStream (fos);
DataInputStream dis=new DataInputStream(new FileInputStream("ca.txt"));
```

如例 8-8 所示，利用数据输入输出流向文件中写入不同类型的数据并读出，在显示器中显示。

例 8-8 文件数据读写。

```
import java.io.*;
import java.io.IOException;

class DataInputOutput{
    public static void main(String args[]) throws IOException{
        FileOutputStream fos=new FileOutputStream("out.txt");
        DataOutputStream dos=new DataOutputStream (fos);
        try{
            dos.writeBoolean(true);
            dos.writeByte((byte)123);
            dos.writeChar('J');
            dos.writeDouble(3.141592654);
            dos.writeFloat(2.7182f);
            dos.writeInt(1234567890);
            dos.writeLong(9988776655443332211L);
            dos.writeShort((short)11223);
        }finally{
            dos.close();
```

```
            }
            DataInputStream dis=new DataInputStream(new FileInputStream
                                                   ("out.txt"));
            try{
                System.out.println("\t "+dis.readBoolean());
                System.out.println("\t "+dis.readByte());
                System.out.println("\t "+dis.readChar());
                System.out.println("\t "+dis.readDouble());
                System.out.println("\t "+dis.readFloat());
                System.out.println("\t "+dis.readInt());
                System.out.println("\t "+dis.readLong());
                System.out.println("\t "+dis.readShort());
            }finally{
                dis.close();
            }
        }
    }
```

3. PrintStream

打印输出流（`PrintStream`）属于输出流，为其他输出流添加功能，使它们能够方便地打印各种数据类型的数据值。与其他输出流不同，`PrintStream`不会抛出 IOException；而是通过`checkError()`方法设置测试的内部标志以检测异常。另外，`PrintStream`可在写入字节数组之后自动调用`flush()`方法。`PrintStream`类提供了多个构造方法并重载了多个`println()`方法，能够打印多种数据类型的数据值。

例 8-9 `PrintStream` 的使用。

```
import java.io.FileOutputStream;
import java.io.PrintStream;

public class PrintStreamTest{
    public static void main(String[] args) throws Exception{
        PrintStream ps = new PrintStream(new FileOutputStream("target.txt"));
        String msg = "hello";
        ps.println(msg);
        ps.close();
    }
}
```

Java 标准输出 System.out 是 `PrintStream` 类的对象，在 8.3.1 节中已有介绍，这里就不再重复。

8.3.4 对象序列化及对象流

1. 对象序列化

在程序运行过程中，需要将一些数据永久地保存在磁盘中，Java 中的数据都是存放在对象内的，为了将对象中的数据保存到磁盘中，就需要使用对象序列化。

对象序列化是指将一个 Java 对象转换成一个 I/O 流中的字节序列。目的是将对象保存到磁盘中,或者直接在网络中传输对象。对象序列化机制可以使内存中的 Java 对象转换成与平台无关的二进制流,此二进制流可以传输到任意位置,然后其他程序可以将获得的二进制流恢复成原来的 Java 对象。将 I/O 流中的字节序列恢复成 Java 对象的过程称为反序列化。

若要使对象支持序列化,要求对象的类必须是可序列化的。在 Java 中,就是实现 Serializable 或 Externalizable(两个接口之一),在实际开发时,多采用 Serializable 接口来实现对象序列化。

使用 Serializable 接口实现对象序列化非常简单,只需要目标类实现接口即可。下面通过例 8-10 来说明对象序列化的使用。

例 8-10　对象序列化的使用。

```java
import java.io.Serializable;

public class Student implements Serializable{
    int id;
    String name;
    int age;
    String department;

    public Student(int id, String name,int age,String department){
        this.id=id;
        this.name=name;
        this.age=age;
        this.department =department;
    }
}
```

2. 对象流

实现了序列化的对象可以作为一个整体来进行读写,读写过程通过 ObjectInputStream 类和 ObjectOutputStream 类来实现。当使用对象流读写对象时,要保证对象是序列化的。

ObjectInputStream 类和 ObjectOutputStream 类通过构造方法,分别以 InputStream 和 OutputStream 为参数,构造出相应的对象流,在这里,我们可以将文件流作为参数,使对象可以在指定文件中存取。存取的方法分别是 writeObject() 和 readObject()。

下面通过例 8-11 演示对象流的使用。

例 8-11　对象流的使用。

```java
import java.io.*;

public class Objectser
{
    public static void main(String args[]) throws Exception
    {
        Student stu=new Student(9810, "Li Ming", 16, "CSD");
```

```
        File file=new File("student.txt");

FileOutputStream fo = new FileOutputStream(file);
    ObjectOutputStream so = new ObjectOutputStream(fo);
    so.writeObject(stu);
    so.close();

    FileInputStream fi=new FileInputStream(file);
    ObjectInputStream si=new ObjectInputStream(fi);
    stu=(Student)si.readObject();
    si.close();
    System.out.println("ID: "+stu.id +"\nname:"+stu.name+"\nage:"
                       +stu.age+"\ndept:"+stu.department);
    }
}
```

8.4 字符流

Java 默认采用 16 位 Unicode 字符集,字节流显然不能很好地操作 Java 字符。为此,Java 又提供了字符流,以支持对字符的读写。

字符流的体系结构中包含了大量子类,服务于不同的需求。字符流的体系结构如图 8-9 所示。

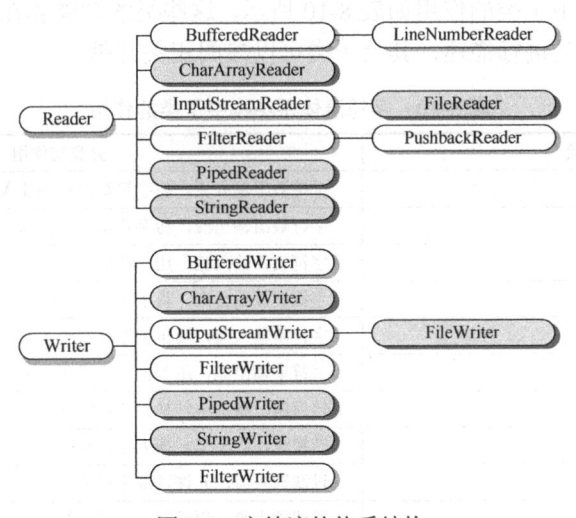

图 8-9 字符流的体系结构

同 `InputStream` 和 `OutputStream` 一样,字符流的根类 `Reader` 和 `Writer` 也是抽象类,只提供了一系列用于字符流处理的接口。

字符流常用方法如表 8-9 所示。

表 8-9 字符流常用方法

常用方法	说明
public int read()	读取单个字符,返回一个取值范围为 0~65535 的整数
public int read(char[] c)	将字符读入数组,返回读取的字符数,若读到数组末尾,则返回-1
public abstract int read(char[] c, int o, int l)	将字符读入数组的一部分,返回读取的字符数,若读到数组末尾,则返回-1
public long skip(long n)	跳过 n 个字符
public boolean ready()	判断是否准备读取此流
public boolean markSupported()	判断是否支持 mark() 方法和 reset() 方法
public void mark(int readAheadLimit)	标记流中的当前位置
public void reset()	重置流,若使用 mark() 标记该流,则尝试在此位置重新定位该流
public abstract void close()	关闭流
public Writer append(char c)	将字符 c 追加到此输出字符流末尾
public abstract void flush()	刷新此字符输出流
public abstract void close()	关闭该字符输出流
public void write(String str)	写入字符串 str
public void write(int c)	写入字符 c
public void write(char[] cbuf)	写入字符数组 cbuf
Public abstract void write(char[] cbuf,int off,int len)	写入字符数组 cbuf 从 off 位置开始、长度为 len 的部分元素
public void write(String str, int off, int len)	写入字符串 str 从 off 位置开始、长度为 len 的子串

字符流体系结构中子类的作用如表 8-10 所示,这些类的功能和在字节流中的类似,我们将对其中主要的子类进行描述,其余子类可以参阅相关文献。

表 8-10 字符流体系结构中子类的作用

字符流	分类与作用
CharArrayReader	字符数组输入流,将字符数组作为输入流
CharArrayWriter	字符数组输出流,将字符缓冲区作为输出流
FileReader	字符文件输入流,用于读取字符文件
FileWriter	字符文件输出流,将字符类型数据写入文件
StringReader	字符串输入流,用于读取字符流
StringWriter	字符串输出流,用于输出字符流
InputStreamReader	转换流,将字节转换为字符输入流
OutputStreamWriter	转换流,将字节转换为字符输出流
FilterReader	过滤输入流,允许过滤字符流
FilterWriter	过滤输出流,用于写入过滤字符流
BufferedReader	缓冲输入流,读入字符数据并转入缓冲区
BufferedWriter	缓冲输出流,将文本写入字符缓冲区
PushbackReader	推回输入流,向输入流返回一个字符的输入流
PipedReader	管道输入流,用于线程间管道通信
PipedWriter	管道输出流,用于线程间管道通信
PrintWriter	打印字符流,向字符文件输出流打印对象的格式化表示形式
LinedNumberReader	行处理字符流,是 BufferedReader 的子类

8.4.1 文件字符流

1. FileReader

FileReader 类继承自 InputStreamReader 类，InputStreamReader 类则继承自 Reader 类。其主要作用包括：①读取文本文件的流对象；②关联文本文件。

FileReader 类的构造方法的语法格式如下。

`FileReader(String filename);`

在对读取到的流对象进行初始化的时候，必须要指定一个被读取的文件。若该文件不存在，则会发生 FileNotFoundException。

例 8-12 FileReader 的使用。

```java
import java.io.*;
public class FileReadTest{
    public static void main(String[] args) throws Exception{
        // 创建 FileReader 对象，并指定需要读取的文件
        FileReader fileReader = new FileReader("reader.txt");
        // 定义一个 int 类型的变量 len，其初始化值为 0
        int len = 0;
        // 通过循环来判断是否读取到了文件末尾
        while ((len = fileReader.read()) != -1){
            // 输出读取到的字符
            System.out.print((char)len);
        }
        // 关闭流
        fileReader.close();
    }
}
```

2. FileWriter

FileWriter 类继承自 OutputStreamWriter 类，OutputStreamWriter 类则继承自 Writer 类。该类的主要作用包括：①处理文本文件；②提供默认的编码表；③提供临时缓冲。

FileWriter 类有两种构造方法。

FileWriter 类的第一种构造方法的语法格式如下。

`FileWriter(String filename);`

该构造方法会调用系统资源，在指定位置创建一个文件。注意，如果文件已存在，原文件将会被覆盖。

FileWriter 类的第二种构造方法的语法格式如下。

`FileWriter(String filename,boolean append);`

在调用该构造方法时，当传入的 boolean 类型值为 true 时，会在指定文件末尾处进行数据的续写。

例 8-13 FileWriter 的使用。

```java
import java.io.*;
```

```
public class FileWriteTest{
    public static void main(String[] args) throws Exception{
        // 创建字符输出流对象,并指定输出文件
        FileWriter fileWriter = new FileWriter("writer.txt");
        // 将定义的字符写入文件
        fileWriter.write("自信人生二百年,\r\n");
        fileWriter.write("会当击水三千里。\r\n");
        // 关闭流
        fileWriter.close();
    }
}
```

8.4.2 字符缓冲流

类似于字节缓冲流,字符流中有字符缓冲流:BufferedReader 类和 BufferedWriter 类。可以创建一个内部缓冲区,提高字符流处理的效率,增强读写文件的能力。内部缓冲区的构造方法如下。

(1)BufferedReader(Reader in):基于普通字符输入流 in 创建相应的缓冲输入流。

(2)BufferedReader(Reader in,int size):基于普通字符输入流 in 创建相应的缓冲输入流,并指定缓冲区的大小为 size 字节。

(3)BufferedWriter(Writer out):基于普通字符输出流 out 创建相应的缓冲输出流。

另外,除 read()方法和 write()方法外,它还提供了整行字符处理方法。

(1) public String readLine():BufferedReader 类的方法,从输入流中读取一行字符,行结束标志为"\n""\r"或两者共同出现。

(2) public void newLine():BufferedWriter 类的方法,向输出流中写入一个行结束标志,它不是简单的换行符"\n"或"\r",而是系统定义的行隔离(**Line Separator**)标志。

例 8-14 BufferedReader 类与 BufferedWriter 类的使用。

```
import java.io.*;
public class BufferedFileCharCopy{
    public static void main(String[] args) throws Exception{
        // 创建一个字符缓冲输入流对象
        BufferedReader br = new BufferedReader(
                    new FileReader("reader.txt "));
        // 创建一个字符缓冲输出流对象
        BufferedWriter bw = new BufferedWriter(
                    new FileWriter("writer.txt"));
        // 声明一个字符串变量 str
        String str =null;
        // 循环时每次读取一行文本,如果不为 null(即未到文件末尾),则继续循环
        while ((str = br.readLine()) != null){
            // 通过缓冲流对象写入文件
```

```
            bw.write(str);
            // 写入一个换行符，该方法会根据不同的操作系统生成相应的换行符
            bw.newLine();
        }
        // 关闭流
        br.close();
        bw.close();
    }
}
```

8.4.3 字节字符转换流

字节字符转换流（InputStreamReader 类和 OutputStreamWriter 类）是 java.io 包中用于处理字符流的最基本的类，在字节流和字符流之间作为中介：从字节输入流读入字节，并按编码规范将其转换为字符；在向字节输出流写入字符时，先将字符按编码规范转换为字节。在使用 InputStreamReader 和 OutputStreamWriter 进行字符处理时，在构造方法中应指定一定的平台规范，以便把以字节方式表示的流转换为特定平台上以字符方式表示的流。

（1）InputStreamReader：字节到字符的"桥梁"。
（2）OutputStreamWriter：字符到字节的"桥梁"。
通过构造方法初始化的语法格式如下。

`InputStreamReader(InputStream)`：通过该构造方法初始化，使用当前系统默认的编码表 GBK。

`InputStreamReader(InputStream,String charSet)`：通过该构造方法初始化，可以指定编码表。

`OutputStreamWriter(OutputStream)`：通过该构造方法初始化，使用当前系统默认的编码表 GBK。

`OutputStreamWriter(OutputStream,String charSet)`：通过该构造方法初始化，可以指定编码表。

如果读取的字符流不是来自本地的（如来自互联网中某个与本地编码方式不同的机器），那么在构造字符输入流时，就不能简单地使用默认编码规范，而应指定一种统一的编码规范"ISO 8859_1"，这是一种映射到 ASCII 码的编码方式，可在不同平台间正确转换字符，如"InputStreamReader ir = new InputStreamReader(is, "8859_1");"。

例 8-15 `InputStreamReader` 类和 `OutputStreamWriter` 类的使用。

```
import java.io.*;
public class BufferedFileCharCopy{
    public static void main(String[] args) throws Exception{
        // 创建一个字符缓冲输入流对象
        BufferedReader br = new BufferedReader(
                            new FileReader("reader.txt "));
        // 创建一个字符缓冲输出流对象
        BufferedWriter bw = new BufferedWriter(
```

```
                            new FileWriter("writer.txt"));
            // 声明一个字符串变量 str
            String str =null;
            // 在循环时每次读取一行文本，如果不为 null（到了文件末尾），则继续循环
            while ((str = br.readLine()) != null){
                // 通过缓冲流对象写入文件
                bw.write(str);
                // 写入一个换行符，该方法会根据不同的操作系统生成相应的换行符
                bw.newLine();
            }
            // 关闭流
            br.close();
            bw.close();
        }
    }
```

8.5 随机流

前面的几种流有一个共同的特点，即顺序操作，而且读写操作需要使用不同的流来完成，因此还不够方便。例如，要将一个 ZIP 文件解压缩，用顺序流来操作效率极低，因为解压缩 ZIP 文件需要直接在文件内部定位，而 ZIP 文件需要用随机方法处理。因此 Java 又另外提供了 RandomAccessFile 类，实现了 DataInput 接口和 DataOutput 接口，用这两个接口可以创建随机流，既可以读取数据，又可以写入数据，而且不必按顺序读写。

文件的随机访问是指在访问文件时，不一定按照文件从头到尾的顺序进行。可以想象有一个指示当前读写位置的文件指针，在顺序访问文件时，文件指针只能从前往后单方向移动，而在随机访问文件时，文件指针可以任意向前或向后移动，这样文件的读写操作就不再局限于以特定顺序进行，读写更加灵活。

1. 建立随机访问文件流对象

RandomAccessFile 类的构造方法有以下两种构建方式。

（1）RandomAccessFile(File file, String mode)：使用文件对象 file 和访问方式 mode 创建随机访问文件流对象。

（2）RandomAccessFile(String filename, String mode)：使用文件绝对名称 filename 和访问方式 mode 创建随机访问文件流对象。

其中，mode 为文件访问的方式，主要有 "r" 和 "rw" 两种形式。若 mode 值为 "r"，则文件只能读，对此文件的任何写操作都会引发 IOException 异常。若 mode 值为 "rw"，并且文件已存在，则可以对该文件进行读写操作；若文件不存在，则会新建一个文件。

例如，打开一个文件并允许向其追加数据，则创建文件流对象的语句可写为如下形式。

```
RandomAccessFile rf = new RandomAccessFile("d:/data.dat", "rw");
```

2. 读写操作

RandomAccessFile 类同时提供了文件的读操作方法和写操作方法，主要包括读写

基本数据类型的数据，读取一行文本或读取指定长度的字节等。其中，读操作方法和写操作方法的语法格式分别为 readXXX() 和 writeXXX()，如 readInt()、readLine()、writeChar()、writeDouble() 等。

3. 文件指针操作

文件指针决定了对文件进行读写操作的位置，通常有两种改变文件指针位置的方式，即隐式移动和显示移动。一般的读写操作会隐式移动文件指针，显示移动文件指针可通过以下方法实现。

（1）public long getFilePointer() throws IOException：返回文件指针的当前字节位置。

（2）public void seek(long pos) throws IOException：将文件指针定位到一个绝对位置 pos 字节处。

（3）public long length() throws IOException：返回文件的长度，单位为字节。

（4）public int skipBytes(int n) throws IOException：将文件指针（相对于当前位置）向文件末尾方向移动 n 个字节，若 n 为负值，则不移动。

例 8-16 RandomAccessFile 的使用。

```java
import java.io.*;
public class Trytimes{
    public static void main(String[] args) throws Exception{
        // 创建RandomAccessFile对象，并以只读模式打开time.txt文件
        RandomAccessFile raf = new RandomAccessFile("time.txt", "r");
        // 读取还可以使用的次数，第一次读取时times为5
        int times = Integer.parseInt(raf.readLine())-1;
        if(times > 0){
            // 每执行一次代表次数减少一次
            System.out.println("您还可以使用"+ times+"次！");
            raf.seek(0);
            // 将剩余次数再次写入文件
            raf.write((times+"").getBytes());
        }else{
            System.out.println("使用次数已经用完！");
        }
        raf.close();
    }
}
```

8.6 本章小结

本章主要介绍了 Java 语言的输入输出流。首先对输入输出流进行概述；其次，阐述了如何使用文件类来访问本地文件系统；再次，在此基础上，详细地说明了字节流、字符流及其相关子类，以及如何使用字节流与字符流来进行数据的输入与输出操作；最后，简单

说明了随机流的基本用法。

8.7 习题

一、选择题

1. 下面关于字节流缓冲区的说法错误的是（　　）。
   A. 使用字节流缓冲区读写文件是一字节一字节地读写
   B. 使用字节流缓冲区读写文件，可以一次性读取多字节的数据
   C. 使用字节流缓冲区读写文件，可以大大地提高文件的读写效率
   D. 字节流缓冲区就是一块内存，用于存放暂时输入或输出的数据
2. 下列选项中，使用了缓冲区技术的流是（　　）。
   A. DataInputStream   B. FileOutputStream
   C. BufferedInputStream   D. FileReader
3. 下列 File 类的构造方法格式，错误的是（　　）。
   A. File(File parent)
   B. File(String pathname)
   C. File(String parent, String child)
   D. File(URI uri)
4. 下列选项中，哪个类是用来读取文本的字符流的？（　　）
   A. FileReader   B. FileWriter
   C. FileInputStream   D. FileOutputStream
5. 以下关于 File 类的 isDirectory() 方法的描述，哪个是正确的？（　　）
   A. 判断该 File 对象对应的是否是文件
   B. 判断该 File 对象对应的是否是目录
   C. 返回文件的最后修改时间
   D. 在当前目录下生成指定的目录

二、判断题

1. InputStream 和 Reader 是输入流，而 OutPutStream 和 Writer 是输出流。
（　　）
2. 可以通过 Buffer 类的子类提供的构造方法来创建对象。（　　）
3. FileReader 可以用于向文本文件写入字符流。（　　）
4. I/O 流有很多种，按照数据传输方向的不同，可分为输入流和输出流。（　　）
5. 针对文件的读写，JDK 专门提供了两个类，分别是 FileInputStream 和 FileOutputStream。（　　）

三、填空题

1. 将 I/O 流中的字节序列恢复为 Java 对象的过程称为＿＿＿＿＿＿。
2. 使用 OutputStream 中的＿＿＿＿＿＿方法可将当前输出流缓冲区（通常是字节数组）中的数据强制写入目标设备，此过程称为刷新。

3．对象序列化是将一个 Java 对象转换成一个 I/O 流中_____的过程。

4．对象序列化机制可以使内存中的 Java 对象转换成与平台无关的_____，持久地保存在磁盘中。

四、编程题

1．编写一个方法 `writeFile()`，当该方法被调用时，实现向 D 盘下的 example.txt 中追加写入字符串"务实创新"。

提示如下：

（1）创建 example.txt 文件的文件输出流对象，并将其设置为追加模式。

（2）将"务实创新"字符串转换成字节数组。

（3）使用输出流对象写入字节数组。

（4）关闭输出流。

2．假设项目目录下有一个文件 test.txt。请按照下列要求，编写一个 `Test` 类。

（1）使用文件输出流读取 test.txt 文件。

（2）将字符串"程序设计"写入 test.txt 文件。

（3）关闭文件输出流。

3．编写程序，使用字节缓冲流将 src.txt 文件中的数据读取并写入 des.txt 文件。使用 `BufferedInputStream` 类和 `BufferdOutputStream` 类的构造方法分别接收 `InputStream` 类型和 `OutputStream` 类型的参数作为被包装对象，在读写数据时提供缓冲功能。

4．编写程序，使用转换流，并通过字符缓冲流对转换流进行包装，读取 src.txt 中的数据并写入 des.txt 文件。

5．编写程序，首先，在当前目录下新建文件 reader.txt，并在其中输入字符"it's a test"；其次，使用 `FileReader` 类读取文件中的字符并打印。

第 9 章 图形用户界面

学习目标：

- 了解什么是 GUI 开发
- 了解 JavaFX 的基本框架
- 掌握常用组件的使用
- 掌握事件处理
- 掌握 JavaFX Scene Builder 可视化设计工具的使用

Java 提供了一些图形用户界面开发工具，如 AWT、Swing 和 JavaFX，可以实现窗口、按钮、菜单等界面元素的图形化，图形界面能够方便用户操作。

9.1 GUI 简介

图形用户界面（Graphics User Interface，GUI）以视窗界面的形式，使用户通过界面与系统进行交互。Java 语言提供了丰富的类，用来构建 GUI。

9.1.1 JavaFX 与 Swing、AWT

在 JDK 1.0 发布时，Sun 公司提供了一套基本的 GUI 类库，称为抽象窗口工具集（Abstract Window Toolkit，AWT），它为 Java 应用程序提供了基本的图形组件，但是它不适合用来开发综合型的 GUI 项目，并且 AWT 创建的图形界面受运行平台的影响，在不同的平台中执行时，GUI 组件会有不同的显示。1999 年 5 月，Java 发布了 Java 基础类库（Java Foundation Classes，JFC），其中包含了一个新的 GUI 开发包，即 Swing。Swing 提供了比 AWT 更多的图形界面组件，并且可以在不同平台中统一 GUI 组件的显示风格。现在，Swing 被一个全新的 GUI 平台 JavaFX 替代，JavaFX 相对于 Swing 而言，是一个能够更好地展示面向对象编程的教学工具，可用于在桌面计算机、移动设备上开发跨平台的 GUI 应用。

9.1.2 JavaFX 开发环境配置

从 Java 8 开始，JDK 就包括了 JavaFX 库，因此，要运行 JavaFX 应用程序，用户只需要在系统中安装 Java 8 或更高版本。在 Eclipse 中进行 JavaFX 开发，还要用到一个名为 e(fx)clipse 的插件，可以通过以下步骤在 Eclipse 中安装及设置该插件。

步骤一，在 Eclipse 菜单栏中找到"Help"→"Install New Software…"，如图 9-1 所示。

第 9 章　图形用户界面

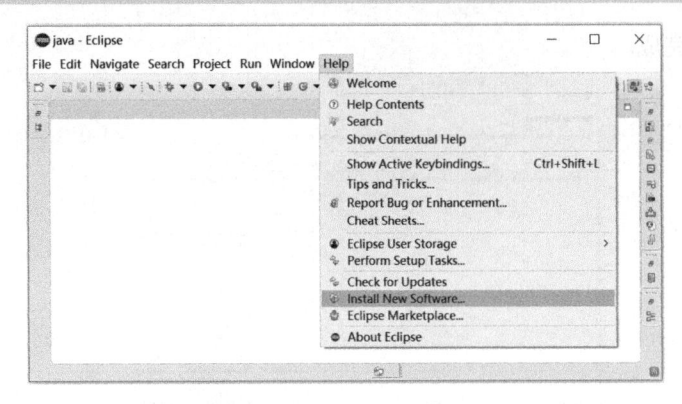

图 9-1　JavaFX 安装步骤一

步骤二，在打开的窗口中单击"Add"按钮，出现如图 9-2 所示的窗口。

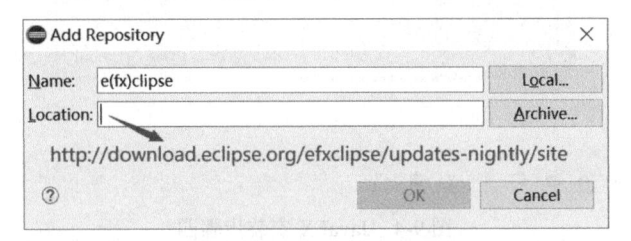

图 9-2　JavaFX 安装步骤二

将 Name 设置为 e(fx)clipse，在 Location 中填写 e(fx)clipse 的下载地址，单击"OK"按钮。

步骤三，在添加插件后，会发现 Name 栏中出现了两个复选框，即 e(fx)clipse-install 和 e(fx)clipse-single components，选中这两个复选框（见图 9-3），然后单击"Next"按钮。

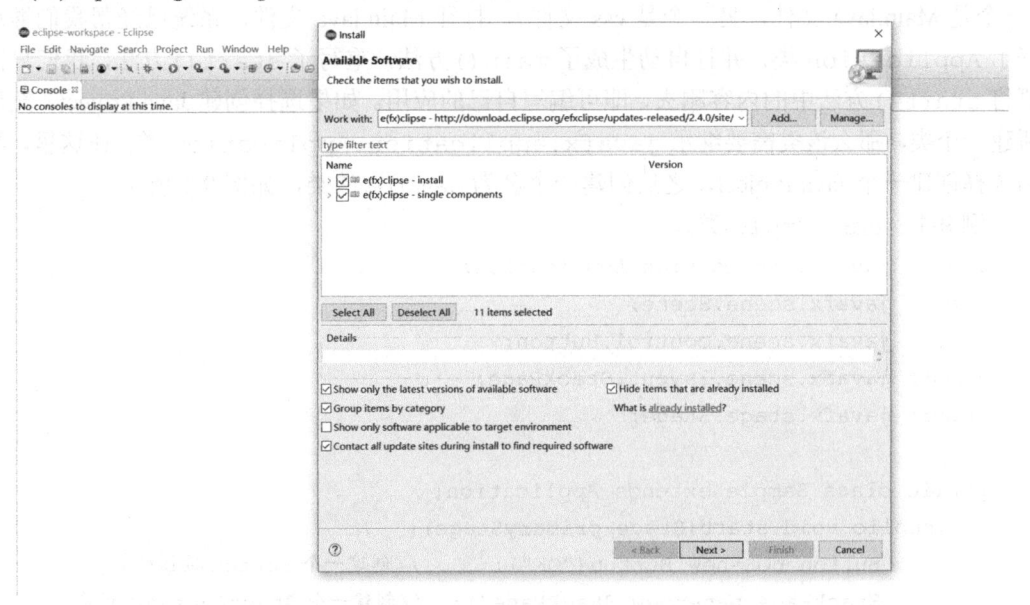

图 9-3　JavaFX 安装步骤三

步骤四，按照提示选择接受协议（"I accept the terms of the license agreement"），如图 9-4

所示，等待安装完成。

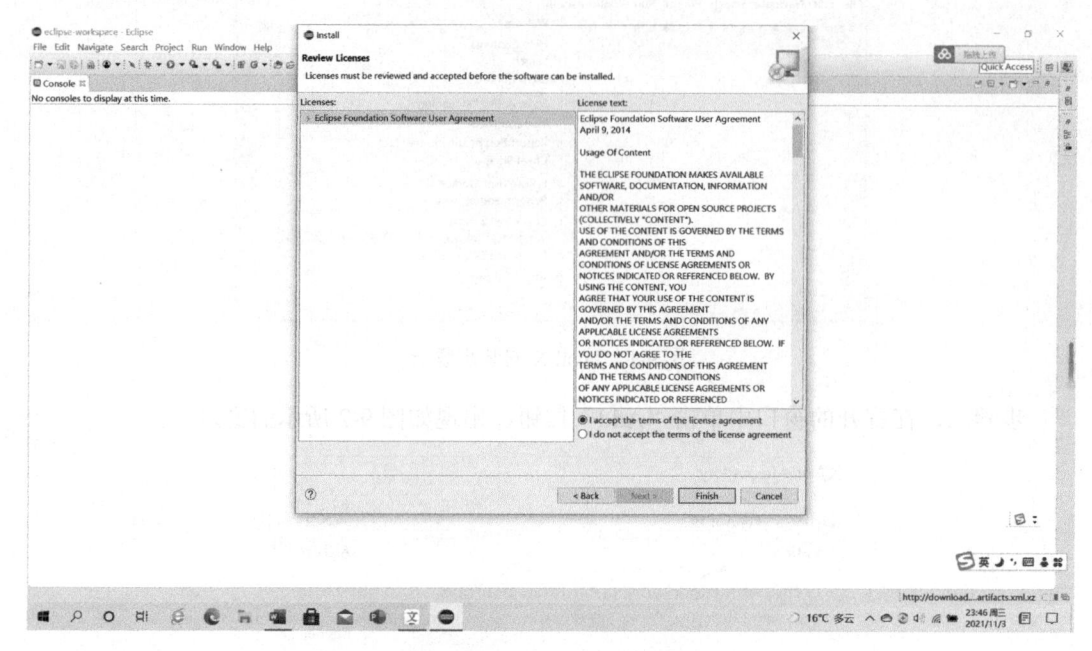

图 9-4　JavaFX 安装步骤四

9.1.3　JavaFX 的基本框架

我们先来编写一个简单的 JavaFX 程序。

首先在 Eclipse 中创建一个项目，可以选择创建一个 JavaFX Project，也可以选择创建一个 Java Project。如果选择创建 JavaFX Project，创建成功后在 application 包中有两个文件（一个是 Main.java 文件，另一个是 css 文件），打开 Main.java 文件，系统已经帮我们继承好了 Application 类，并且自动生成了 `main()` 方法，重写了 `start()` 方法，我们只需要将 `start()` 方法中的内容删去，即可编写自己的应用。如果选择创建 Java Project，然后新建一个类，那么该类需要继承 `javafx.application.Application` 类。在这里，我们选择创建一个 Java Project，之后创建一个名为 `Sample` 的类，如例 9-1 所示。

例 9-1　创建 Sample 类。

```java
import javafx.application.Application;
import javafx.scene.Scene;
import javafx.scene.control.Button;
import javafx.scene.layout.StackPane;
import javafx.stage.Stage;

public class Sample extends Application{
    public void start(Stage primaryStage){
        Button bOK=new Button("OK");              //创建一个Button按钮对象
        StackPane pane=new StackPane();           //创建一个StackPane面板对象
        pane.getChildren().add(bOK);              //将Button对象放入面板
        Scene scene=new Scene(pane,300,300);      //创建一个Scene场景对象
```

```
            primaryStage.setScene(scene);        //将场景放入舞台
            primaryStage.setTitle("MyFirstJavaFX"); //设置舞台标题
            primaryStage.show();                  //显示舞台
    }
    public static void main(String[] args){
            launch(args);
    }
}
```

创建 Sample 类的运行结果如图 9-5 所示。

图 9-5 创建 Sample 类的运行结果

在例 9-1 的程序代码中，Sample 类继承了 javafx.application.Application 类，并重写了定义在 Application 类中的 start()方法，start()方法将按钮对象放入面板，将面板放入场景，并在舞台中显示该场景；该程序也可以直接将按钮放入场景，不需要面板。当启动该 JavaFX 应用时，由虚拟机调用类的无参构造方法以实例化一个对象，该对象将调用 start()方法。launch()方法是定义在 Application 类中的静态方法，用于启动 JavaFX 应用。

JavaFX 的基本框架如图 9-6 所示。

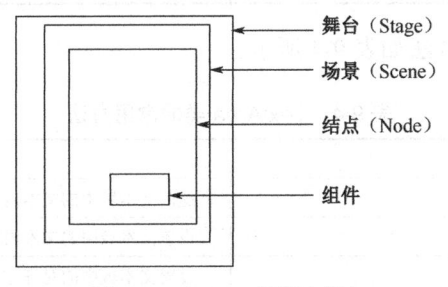

图 9-6 JavaFX 的基本框架

由图 9-6 可以看出，创建 GUI 的过程是将结点放置于场景中，再将场景在舞台上显示出来。结点是指可视化的组件，包括形状（Shape）、UI 组件、面板（Pane）等。其中 Pane 可以包含 Node 的任何子类型，Scene 可以包含 UI 组件和 Pane，但不能包含 Shape 或者 ImageView（ImageView 组件用于显示图像）。

9.2 常用的 UI 组件

常用的 UI 组件有文本框、文本域、标签、按钮等。

9.2.1 TextField 和 TextArea

`TextField` 称为文本框,只能接收单行的文本输入,若要接收密码输入,则使用 `PasswordField`;`TextArea` 称为文本域,可以接收多行文本输入。

`TextField` 类的构造方法如表 9-1 所示。

表 9-1　TextField 类的构造方法

构造方法	描述
`TextField()`	创建一个空的文本框
`TextField(String text)`	创建一个指定文本的文本框

`TextField` 类的常用方法如表 9-2 所示。

表 9-2　TextField 类的常用方法

方法	描述
`.getText()`	返回文本框中的文本内容
`.setText()`	设置文本框中的文本内容
`.setAlignment()`	设置文本框中的对齐方式
`.setFont()`	设置文本框中的字体
`.setEditable()`	设置文本框为可编辑或不可编辑

`TextArea` 类的构造方法如表 9-3 所示。

表 9-3　TextArea 类的构造方法

构造方法	描述
`TextArea()`	创建一个空的文本域
`TextArea(String text)`	创建一个指定文本的文本域

`TextArea` 类的常用方法如表 9-4 所示。

表 9-4　TextArea 类的常用方法

方法	描述
`.getText()`	返回文本域中的文本内容
`.setText()`	设置文本域中的文本内容
`.setAlignment()`	设置文本域中的对齐方式
`.setFont()`	设置文本域中的字体
`.setEditable()`	设置文本域为可编辑或不可编辑

9.2.2 Label

Label(标签)是用来显示文字、组件(或两者同时显示)的组件,可以用如表 9-5 所示的 3 种构造方法创建。

表 9-5　Label 构造方法

构造方法	描述
`Label()`	创建一个空字符串的标签
`Label(String text)`	创建一个指定文本的标签
`Label(String text,Node graphic)`	创建一个指定文本和图片的标签

9.2.3　按钮

按钮是单击时触发动作事件的组件，常用的有常规按钮（Button）、复选按钮（CheckBox）、单选按钮（RadioButton）。

`Button` 类的构造方法如表 9-6 所示。

表 9-6　Button 类的构造方法

构造方法	描述
`Button()`	创建一个空按钮
`Button(String text)`	创建一个指定文本的按钮
`Button(String text,Node graphic)`	创建一个指定文本和图片的按钮

CheckBox 用于给用户提供选择，有选中和未选中两种状态，用户可以选中其中一个或多个选项。`CheckBox` 类的构造方法如表 9-7 所示。

表 9-7　CheckBox 类的构造方法

构造方法	描述
`CheckBox()`	创建一个空的复选框
`CheckBox(String text)`	创建一个带有文本信息的复选框

当一个复选框被单击时，该复选框将被选中或被取消选中，`isSelected()` 方法可以用来判断该复选框是否被选中。

RadioButton 与 CheckBox 不同，使用 RadioButton 时用户只能从一组选项中选择其中一项。`RadioButton` 类的构造方法如表 9-8 所示。

表 9-8　RadioButton 类的构造方法

构造方法	描述
`RadioButton()`	创建一个空的单选框
`RadioButton(String text)`	创建一个带有文本信息的单选框

对 RadioButton 而言，若一个按钮被选中，则先前被选中的按钮将自动取消选中，而 RadioButton 组件本身并不具备这种互斥能力，我们需要对这些单选按钮进行分组。为了对单选按钮进行分组，需要创建一个 `ToggleGroup` 实例（`RadioButton` 类是 `ToggleGroup` 类的子类），然后将单选按钮的 `ToggleGroup` 属性设置为加入组，代码示例如下。

```
RadioButton sex1=new RadioButton("男");
```

```
RadioButton sex2=new RadioButton("女");
ToggleGroup group=new ToggleGroup();
sex1.setToggleGroup(group);
sex2.setToggleGroup(group);
```

以上代码为单选按钮 sex1 和 sex2 创建了一个按钮组,从而实现了互斥的单一选择。

9.3 布局面板

JavaFX 提供了多种面板,可以将结点以用户需要的方式进行布局。

9.3.1 StackPane

StackPane 将结点加载到面板的中心,若有多个结点,则会根据加载组件的顺序,将这些结点依次叠加上去。下面通过例 9-2 来说明 StackPane 的使用。

例 9-2 StackPane 的使用。

```
public class Sample extends Application{
    public void start(Stage primaryStage){
        Button b1=new Button("button1");
        Button b2=new Button("button2");
        Button b3=new Button("button3");
        StackPane pane=new StackPane();
        pane.getChildren().addAll(b1,b2,b3);
        Scene scene=new Scene(pane,300,300);
        primaryStage.setScene(scene);
        primaryStage.setTitle("MyStackPane");
        primaryStage.show();
    }
    public static void main(String[] args){
        launch(args);
    }
}
```

StackPane 的运行结果如图 9-7 所示。

图 9-7 StackPane 的运行结果

在图 9-7 中，我们只能看到 button3，是因为 button1 及 button2 均被加载在面板的正中央，最终被 button3 覆盖。

9.3.2 FlowPane

FlowPane 将结点按照加入的顺序，以从左到右或从上到下的方式组织起来。当一行或一列排列满时将自动转入下一行或下一列。若将例 9-2 中的 StackPane 替换为 FlowPane，运行结果如图 9-8 所示。

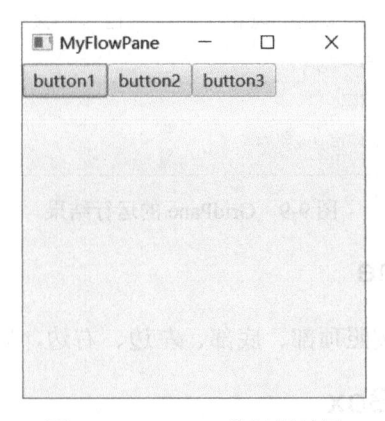

图 9-8 FlowPane 的运行结果

9.3.3 GridPane

GridPane 将结点按照指定的列和行放入一个网格。下面通过例 9-3 来说明 GridPane 的使用。

例 9-3 GridPane 的使用。

```
public class Sample extends Application{
    public void start(Stage primaryStage){
        Label lUser=new Label("用户名: ");
        Label lPassWord=new Label("密码: ");
        TextField tUser=new TextField();
        PasswordField tPW=new PasswordField();
        Button bOk=new Button("确定");
        Button bCancel=new Button("取消");
        GridPane pane=new GridPane();
        pane.add(lUser,0,0);
        pane.add(tUser,1,0);
        pane.add(lPassWord, 0, 1);
        pane.add(tPW,1,1);
        pane.add(bOk, 0,2);
        pane.add(bCancel, 1, 2);
        Scene scene=new Scene(pane,300,100);
        primaryStage.setScene(scene);
        primaryStage.setTitle("MyGridPane");
```

```
        primaryStage.show();
    }
    public static void main(String[] args){
        launch(args);
    }
}
```
GridPane 的运行结果如图 9-9 所示。

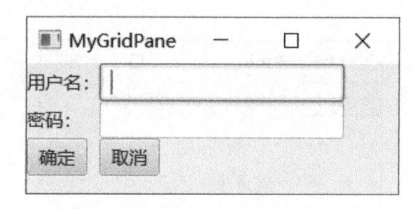

图 9-9　GridPane 的运行结果

9.3.4　BorderPane

BorderPane 可以将结点按照顶部、底部、左边、右边，以及中间的区域进行放置。

9.3.5　HBox 和 VBox

HBox 将结点布局在单个行中，VBox 将结点布局在单个列中。下面将例 9-3 中的 GridPane 换为 HBox，得到如例 9-4 所示的代码。

例 9-4　HBox 的使用。

```
public class Sample extends Application{
    public void start(Stage primaryStage){
        Label lUser=new Label("用户名: ");
        Label lPassWord=new Label("密码: ");
        TextField tUser=new TextField();
        PasswordField tPW=new PasswordField();
        Button bOk=new Button("确定");
        Button bCancel=new Button("取消");
        HBox root=new HBox();
root.getChildren().addAll(lUser,tUser,lPassWord,tPW,bOk,bCancel);
        Scene scene=new Scene(root,700,70);
        primaryStage.setScene(scene);
        primaryStage.setTitle("MyHBox");
        primaryStage.show();

    }
    public static void main(String[] args){
        launch(args);
    }
}
```

HBox 的运行结果如图 9-10 所示。

图 9-10 HBox 的运行结果

9.4 形状类

JavaFX 提供了多种形状类，可用于绘制文本、线、矩形、圆、椭圆、弧等。形状（Shape）类定义了所有形状的共同属性，如表 9-9 所示。

表 9-9 形状类中的属性及其描述

属性	描述
fill	用于指定形状的填充色
stroke	用于指定形状的轮廓色
strokeWidth	用于指定形状轮廓的宽度

`Text`、`Line`、`Rectangle`、`Circle`、`Ellipse`、`Arc` 均是形状类的子类。

9.4.1 Text 类

`Text` 类定义了一个结点，用于在指定位置显示一个字符串，通常将 Text 对象放置于一个面板中，在面板上建立一个坐标系，其左上角的坐标点为(0,0)。示例代码如下。

```
Text text1=new Text(50,80,"Hello");    //在面板的(50,80)的位置显示"Hello"
```

9.4.2 Line 类

`Line` 类定义了一条直线，通过 4 个参数分别定义起点和终点，示例代码如下。

```
Line line=new Line(50,80,100,120);    //起点坐标为(50,80)，终点坐标为(100,120)
```

9.4.3 Rectangle 类

`Rectangle` 类定义了一个矩形，示例代码如下。

```
Rectangle r=new Rectangle(25,25,60,40);
r.setFill(Color.RED);
r.setStroke(Color.BLUE);
```

通过上述代码创建了一个矩形，其左上角位于(25,25)，宽为 60、高为 40，该矩形的填充色为红色，轮廓线为蓝色。

9.4.4 Circle 类

`Circle` 类定义了一个圆，示例代码如下。

```
Circle c=new Circle(60,60,40);    //创建一个圆心在(60,60)，半径为 40 的圆
```

例 9-5 创建 50 个半径不同、轮廓线颜色随机的同心圆。

```java
public class Sample extends Application{
    public void start(Stage primaryStage){
        Pane pane=new Pane();
        for (int i=50;i>=1;i--){
            Circle circle=new Circle();
            circle.setCenterX(300);
            circle.setCenterY(300);
            circle.setRadius(i*5);
            circle.setStroke(new Color(Math.random(),Math.random(),
                    Math. random(),1));
            circle.setFill(new Color(1,1,1,0));
            pane.getChildren().add(circle);
        }
        Scene scene = new Scene(pane, 600, 650);
        primaryStage.setTitle("同心圆");
        primaryStage.setScene(scene);
        primaryStage.show();
    }
    public static void main(String[] args){
        launch(args);
    }
}
```

创建同心圆代码的运行结果如图 9-11 所示。

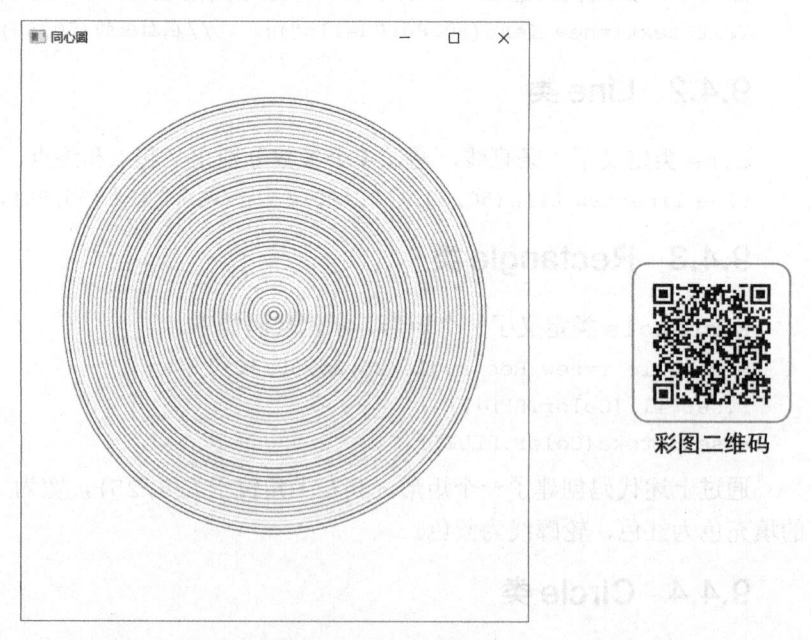

图 9-11　创建同心圆代码的运行结果

JavaFX 的样式属性称为 JavaFX CSS，类似于在 Web 页面中指定的 HTML 元素样式的层叠样式表（CSS）。JavaFX 的样式属性使用"-fx-"进行定义，一个结点的多个样式属性可以一起设置，通过分号（;）进行分隔，示例代码如下。

```
circle.setFill(Color.WHITE);
circle.setStroke(Color.RED);
```

这两个语句与以下语句的执行结果是一样的。

```
circle.setStyle("-fx-radius:100;-fx-fill:white;-fx-stroke:red;");
```

9.4.5 Ellipse 类

Ellipse 类定义了一个椭圆，由椭圆中心的 x 坐标、y 坐标、水平半径及垂直半径 4 个参数定义，示例代码如下。

```
Ellipse ellipse=new Ellipse(centerX,centerY,radiusX,radiusY);
```

9.4.6 Arc 类

Arc 类定义了一段弧，可以看作椭圆的一部分，由椭圆中心的 x 坐标、y 坐标、水平半径、垂直半径，以及弧的起始角度、弧的角度范围 6 个参数定义，示例代码如下。

```
Arc arc=new Arc(centerX,centerY,radiusX,radiusY,startAngle,length);
```

9.5 事件处理机制

Java 语言的事件处理机制包括事件源、事件、事件处理器 3 个主要概念。当启动一个 GUI 程序时，用户可以通过单击按钮或敲击键盘等方式与程序进行交互，此时就会产生事件（Event）对象，并将其传给用户建立的事件处理方法，接收事件对象并进行相应处理的方法称为事件处理器（Event Handler）。事件处理器能够检查事件对象，并做出相应的响应。

9.5.1 事件和事件源

事件源是指产生事件的各种组件，如窗口、按钮、复选框等。事件是指在事件发生时建立的对象，一个事件对象就是一个事件类的实例，包含与该事件相关的所有属性。Java 事件类的根类是 `java.util.EvnetObject`，JavaFX 事件类的根类是 `javafx.event.Event`。

JavaFX 提供了处理各类事件的支持，具体如下。

Mouse Event：单击鼠标时发生的输入事件，它由名为 `MouseEvent` 的类表示，包括鼠标单击、鼠标按下、鼠标释放、鼠标移动、鼠标进入目标、鼠标退出目标等操作。

Key Event：输入事件，指示结点上发生的键击，它由名为 `KeyEvent` 的类表示，包括按下键、释放键和键入键等操作。

Action Event：动作事件，与前面三种事件有所不同，它不代表某类事件，只表示一个动作发生了。例如，在关闭一个文件时，可以通过键盘关闭，也可以通过鼠标关闭。

Window Event：与窗口显示/隐藏操作相关的事件，它由名为 `WindowEvent` 的类表示，包括窗口隐藏、窗口显示、窗口关闭、窗口打开等操作。

9.5.2 事件处理器

事件处理器是指监听并处理事件的对象。一个事件源对象触发一个事件，并在事件源上注册事件处理器，使得在事件发生时，handle()方法能够被调用以处理该事件。每个作为事件源的对象都有注册事件处理器的方法，如 Button 对象的 setOnAction()方法。

处理 JavaFX 事件通常包含 3 个步骤：①建立事件源；②建立事件处理器；③注册事件处理器。

下面我们编写一个登录程序，当用户名为"abc"、密码为"123456"时，显示"登录成功"的消息对话框；否则显示"用户名或密码错误，请重新输入"的消息对话框。登录界面如图 9-12 所示。

图 9-12 登录界面

用户界面的显示在例 9-3 中已经介绍，在此我们可以修改及扩充用户登录界面的程序。

（1）定义一个名为 loadHandler、实现 EventHandler<ActionEvent>的处理器类。

（2）为了从 handle()方法中访问 tUser 和 tPassword，将这两个组件定义在 Sample 类体中。

（3）为"确定"按钮注册事件处理器，实现 loadHandler 中的 handle()方法。

例 9-6 为用户登录界面编写事件处理方法。

```java
public class Sample extends Application{
    private TextField tUser=new TextField();
    private PasswordField tPassword=new PasswordField();
    public void start(Stage primaryStage){
        Button bOk = new Button("确定");
        Button bCancel=new Button("取消");
        Label label1=new Label("用户名: ");
        Label label2=new Label("密码: ");
        GridPane root=new GridPane();
        root.add(label1,0,0);
        root.add(tUser,1,0);
        root.add(label2,0,1);
        root.add(tPassword,1,1);
        root.add(bOk,0,2);
        root.add(bCancel,1,2);
        root.setPadding(new Insets(10,10,10,10));
        root.setHgap(8);
        root.setVgap(8);
        Scene scene = new Scene(root, 300, 150);
```

```
            primaryStage.setTitle("登录界面");
            primaryStage.setScene(scene);
            primaryStage.show();
            bOk.setOnAction(new loadHandler());
        }
        public static void main(String[] args){
            launch(args);
        }
        class loadHandler implements EventHandler<ActionEvent>{
            public void handle(ActionEvent e){
                if(tUser.getText().trim().equals("abc") &&
tPassword.getText().trim().equals("123456")){
                    Alert alert = new Alert(AlertType.INFORMATION);
                    alert.setTitle("成功提示");
                    alert.setHeaderText(null);
                    alert.setContentText("登录成功");
                    alert.showAndWait();
                }else{
                    Alert alert = new Alert(AlertType.ERROR);
                    alert.setTitle("错误提示");
                    alert.setHeaderText(null);
                    alert.setContentText("用户名或密码错误,请重新输入");
                    alert.showAndWait();
                    tUser.setText("");
                    tPassword.setText("");
                }
            }
        }
    }
```

9.5.3 Lambda 表达式简化事件处理

Lambda 表达式是 JavaSE 8 中的新特征,可以极大地简化事件处理的代码。Lambda 表达式与方法一样,提供了一个正常的参数列表和一个使用这些参数的主体,这个主体既可以是一个表达式,也可以是一个代码块。Lambda 表达式的基本语法为

```
(parameters)->expression
```

或

```
(parameters)->{statements;}
```

JavaSE 8 中引入了一个新的操作符"->",该操作符将 Lambda 表达式拆分成两部分:左侧为 Lambda 表达式的参数列表;右侧为 Lambda 表达式的主体,即 Lambda 表达式中需要执行的功能。

我们用 Lambda 表达式将例 9-6 中单击"确定"按钮的事件过程简化,示例代码如下。

```
bOk.setOnMouseClicked(e->{
```

```
    if(tUser.getText().trim().equals("abc") && tPassword.getText().trim().
      equals("123456")){
            Alert alert = new Alert(AlertType.INFORMATION);
            alert.setTitle("成功提示");
            alert.setHeaderText(null);
            alert.setContentText("登录成功");
            alert.showAndWait();
        }else{
            Alert alert = new Alert(AlertType.ERROR);
            alert.setTitle("错误提示");
            alert.setHeaderText(null);
            alert.setContentText("用户名或密码错误,请重新输入");
            alert.showAndWait();
            tUser.setText("");
            tPassword.setText("");
        }
    });
```

9.6 FXML 设计用户界面

现代图形界面框架都支持将界面和代码分离,而且比较常用的描述语言是 XML,当然 JavaFX 也有类似的语言,即 FXML。下面我们用 FXML 重写例 9-6。

为了用 FXML 重写例 9-6,我们需要用到一个 Java 文件(LoadTest.java,主程序入口)、一个 FXML 文件(Main_example.fxml,主界面布局),以及一个名为 Controller_example.java 的 Controller 文件,并在此基础上编写事件处理的代码。

首先,创建一个 JavaFX Project,在 Main.java 文件的同级目录下,选择 File→New→Others→New FXML Document,如图 9-13 所示。

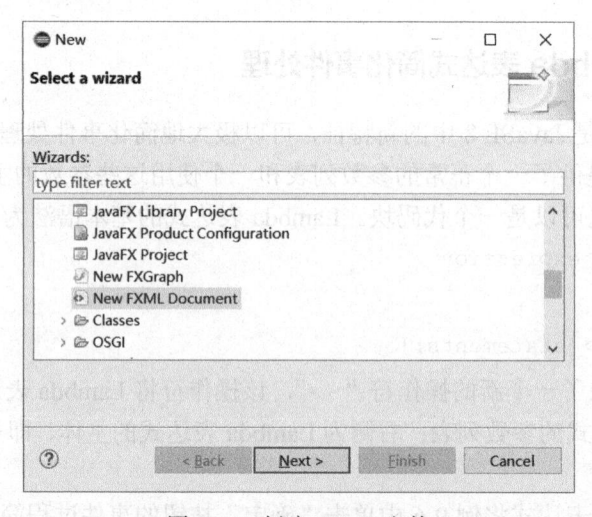

图 9-13 创建 FXML 文件

创建一个名称为 Main_example.fxml 的 FXML 文件，示例代码如下。

```xml
<?import javafx.scene.layout.FlowPane?>
<?import javafx.scene.layout.HBox?>
<?import javafx.scene.control.Button?>
<?import javafx.scene.control.Label?>
<?import javafx.scene.control.TextField?>
<?import javafx.scene.control.PasswordField?>

<FlowPane xmlns:fx="http://javafx.com/fxml" alignment="center" hgap="5" vgap="5">
    <HBox fx:id="hbUser" prefWidth="400" prefHeight="40">
        <Label fx:id="labelUser" prefWidth="120" prefHeight="40" text="用户名：" />
        <TextField fx:id="fieldUser" prefWidth="280" prefHeight="40" />
    </HBox>
    <HBox fx:id="hbPassword" prefWidth="400" prefHeight="40">
        <Label fx:id="labelPassword" prefWidth="120" prefHeight="40" text="密 码：" />
        <PasswordField fx:id="fieldPassword" prefWidth="280" prefHeight="40" />
    </HBox>
     <HBox fx:id="hbAction" prefWidth="400" prefHeight="40">
        <Button fx:id="btnLogin" prefWidth="400" prefHeight="40" text="登录"/>
        <Button fx:id="btnClear" prefWidth="400" prefHeight="40" text="清除"/>
    </HBox>
</FlowPane>
```

接下来，在 Main.java 文件的同级目录下创建名为 LoadTest.java 的文件，在引入 FXML 布局后，Java 代码要改为从指定的 FXML 文件中加载界面。

例 9-7 绘制 FXML 登录界面。

```java
import javafx.application.Application;
import javafx.fxml.FXMLLoader;
import javafx.scene.Parent;
import javafx.scene.Scene;
import javafx.stage.Stage;

public class LoadTest extends Application{

    @Override
    public void start(Stage stage) throws Exception{
        stage.setTitle("登录窗口");
        // 从 FXML 文件中加载程序的初始界面
```

```
        Parent root = FXMLLoader.load(getClass().getResource("Main_example.
                                                               fxml"));
        Scene scene = new Scene(root, 410, 200);
        stage.setScene(scene);
        stage.setResizable(true); // 设置是否允许修改舞台的尺寸
        stage.show();
    }
    public static void main(String[] args){
        launch(args);
    }
}
```

绘制 FXML 登录界面的运行结果如图 9-14 所示。

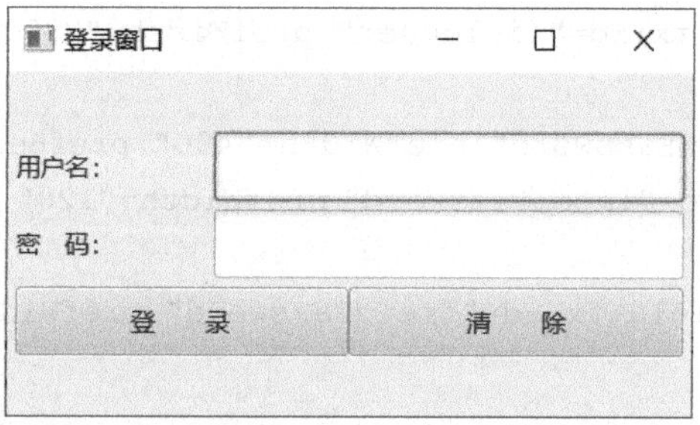

图 9-14 绘制 FXML 登录界面的运行结果

最后，我们在 Main.java 文件的同级目录下创建名为 Controller_example.java 的 Controller 文件，并编写事件处理的代码，用于控制界面交互事件的处理，此处不再详述。

9.7 JavaFX 可视化布局工具

JavaFX Scene Builder 是 Oracle 推出的一个可视化布局工具，允许用户快速设计 JavaFX 应用程序用户界面，而无须编码。用户可以直接将 UI 组件拖放到工作区中，然后修改其属性，应用样式表，并且布局的 FXML 代码将在后台自动生成，生成的是一个 FXML 文件，该文件可以通过绑定应用程序的逻辑与 Java 项目组合。

9.7.1 JavaFX Scene Builder 的下载与安装

JavaFX Scene Builder 的下载与安装包括以下步骤。

（1）下载 JavaFX Scene Builder。访问 Oracle 官方网站，根据自己的操作系统选择对应版本下载。

（2）安装。双击下载好的"javafx_scenebuilder-2_0-windows.msi"文件进行安装。

（3）设置。在 Eclipse 中依次单击 Window 菜单下的"Preferences"选项，在打开的 Preferences 窗口左侧找到 JavaFX，在右侧窗口中通过"Browser"按钮配置 JavaFX Scene Builder 的安装位置，单击"Apply and Close"按钮即可，如图 9-15 所示。

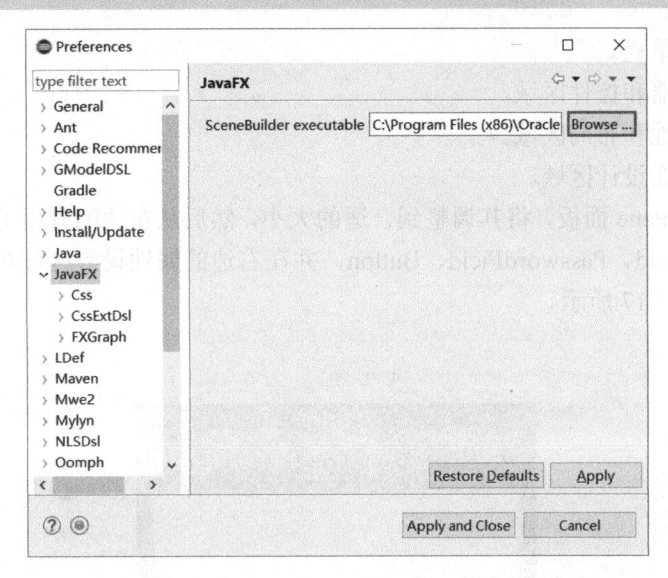

图 9-15 JavaFX Scene Builder 的安装

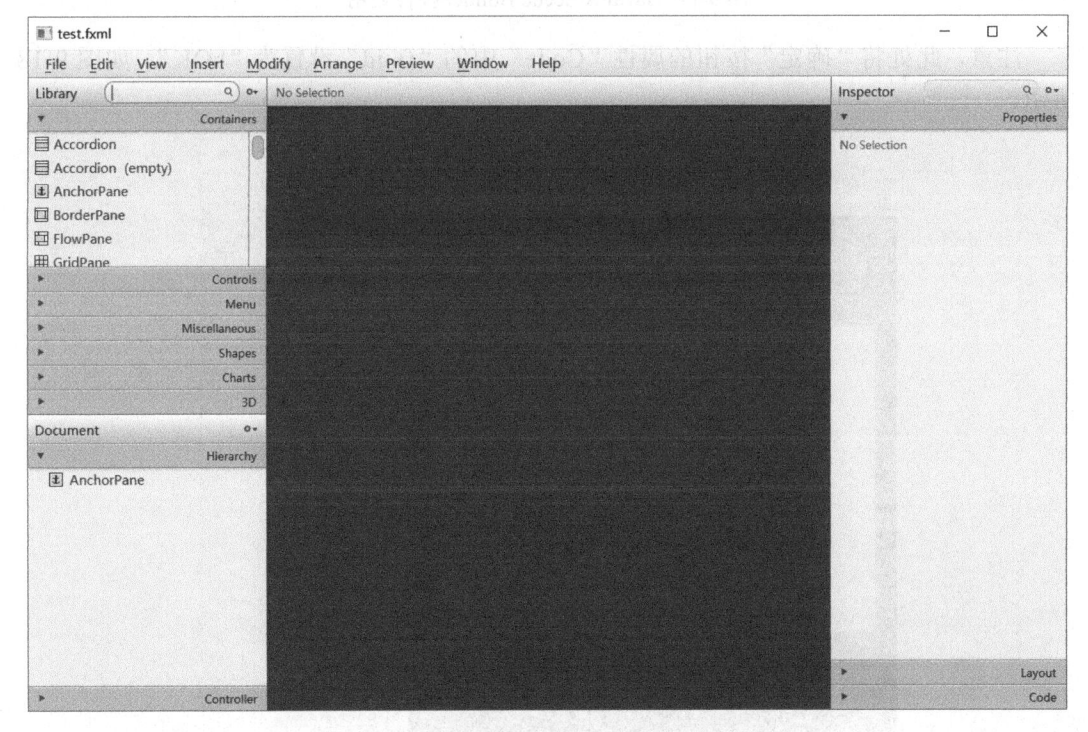

9.7.2 JavaFX Scene Builder 的使用

创建一个名为 JavaFXLogin 的 JavaFX Project，在与 Main.java 文件同级的目录下，选择 File→New→Others→New FXML Document，创建一个名为 test.fxml 的文件。右键选中该文件，选择 Open with SceneBuilder，打开 Scene Builder 2.0 图形开发工具。JavaFX Scene Builder 的使用如图 9-16 所示。

图 9-16 JavaFX Scene Builder 的使用

JavaFX Scene Builder 的界面主要分为 4 个部分。

（1）顶部菜单栏。
（2）左边容器和控件区域。
（3）右边属性和布局区域。
（4）中间界面设计区域。

选中 AnchorPane 面板，将其调整到合适的大小，然后从左边的常用工具区域中依次拖入 Label、TextField、PasswordField、Button，并在右边的属性设置区域对每个组件进行相应的设置，如图 9-17 所示。

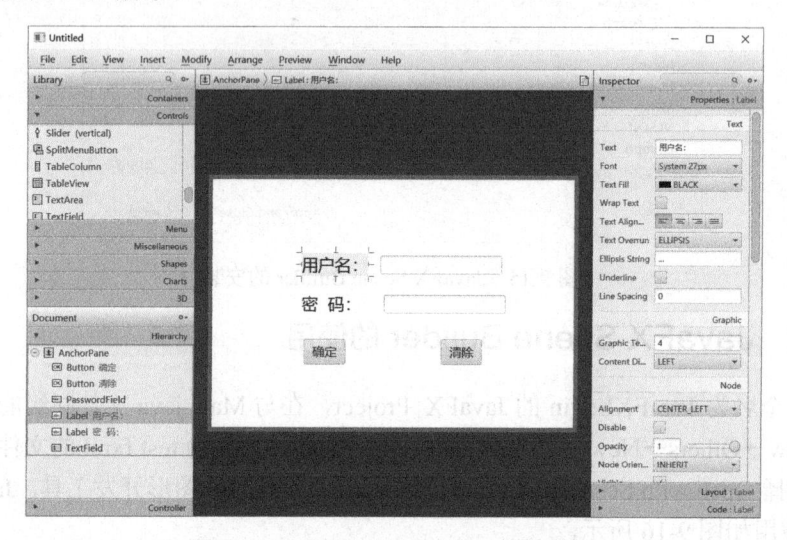

图 9-17　JavaFX Scene Builder 控件使用

注意，此处将"确定"按钮的属性"Code"中的"fx:id"设置为"bOK"，如图 9-18 所示。

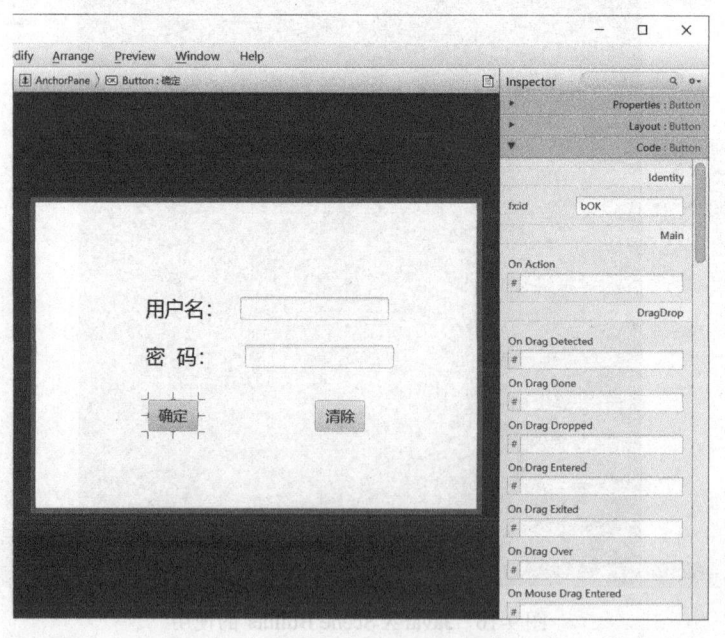

图 9-18　JavaFX Scene Builder 属性设置

我们可以采用同样的方法设置"清除"按钮、TextField 和 PasswordField，将属性"Code"中的"fx:id"，分别设置为"bClear""tUser""tPW"；继续设置"确定"按钮的属性"Code"中的"On Action"，如图 9-19 所示。

图 9-19　JavaFX Scene Builder 的事件设置

在设置完成后，保存并关闭该窗口，此时回到 Eclipse 中查看 test.fxml 文件，我们会发现，FXML 代码已自动生成。

接下来，设置控制器，在 test.fxml 文件中，将 `fx:controller="application.testController"` 添加到 `<AnchorPane>` 中，将光标放在刚刚追加的语句上，单击右键，选择 Source→Generate Controller，如图 9-20 所示。

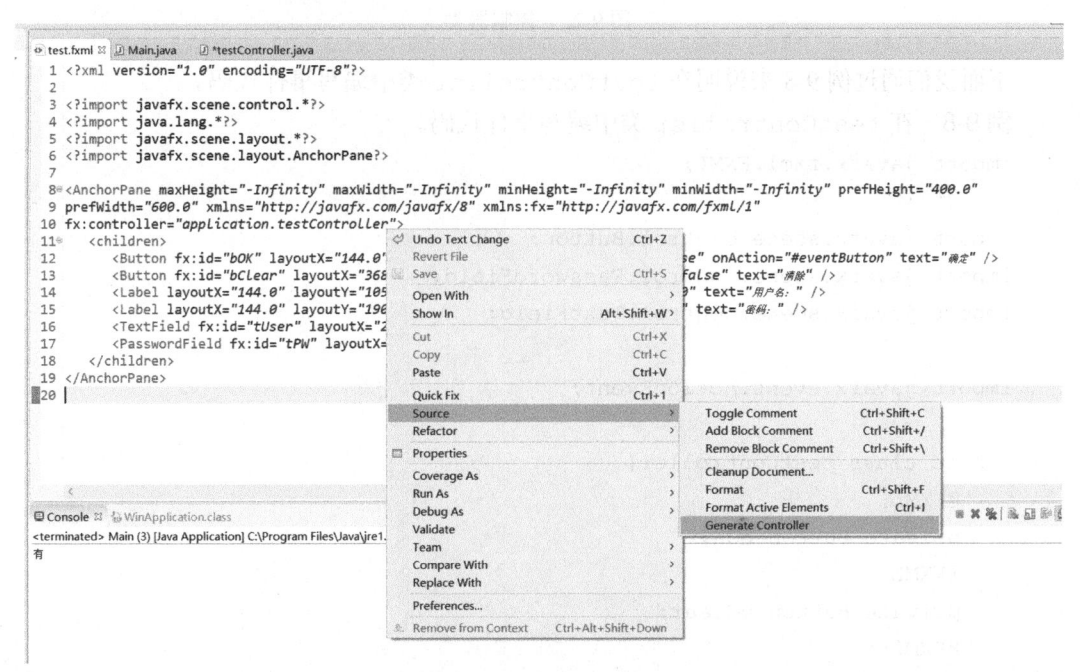

图 9-20　控制器设置一

打开如图 9-21 所示的窗口，单击"OK"按钮。

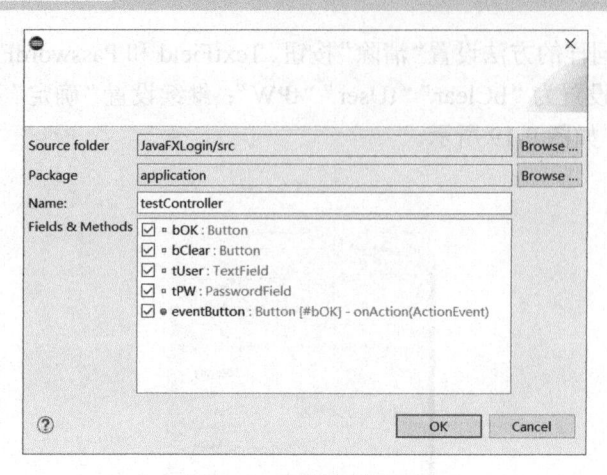

图 9-21 控制器设置二

在完成上述操作后,控制器类(testController 类)将自动生成,如图 9-22 所示。

```
 3  import javafx.fxml.FXML;
10
11  public class testController {
12      @FXML
13      private Button bOK;
14      @FXML
15      private Button bClear;
16      @FXML
17      private TextField tUser;
18      @FXML
19      private PasswordField tPW;
20
21      // Event Listener on Button[#bOK].onAction
22      @FXML
23      public void eventButton(ActionEvent event) {
24          // TODO Autogenerated
25      }
26  }
27
```

图 9-22 控制器类

下面我们通过例 9-8 来说明在 testController 类中编写事件代码。

例 9-8 在 testController 类中编写事件代码。

```
import javafx.fxml.FXML;

import javafx.scene.control.Button;
import javafx.scene.control.PasswordField;
import javafx.scene.control.TextField;

import javafx.event.ActionEvent;

public class testController{
    @FXML
    private Button bOK;
    @FXML
    private Button bClear;
    @FXML
    private TextField tUser;
    @FXML
    private PasswordField tPW;
```

```
    // Event Listener on Button[#bOK].onAction
    @FXML
    public void eventButton(ActionEvent event){
        // TODO Autogenerated
        String s1= tUser.getText();//获取文本框输入的内容
        String s2=tPW.getText();
        System.out.println("用户名为"+s1+"密码为"+s2);
    }
}
```

最后，对 Main 类中自动生成的代码进行修改，示例代码如下。

```
public class Main extends Application{
    @Override
    public void start(Stage primaryStage) throws Exception{
        primaryStage.setTitle("登录窗口");
        // 从 FXML 文件中加载程序的初始界面
        Parent root = FXMLLoader.load(getClass().getResource("test.fxml"));
        Scene scene = new Scene(root, 600,400);
        primaryStage.setScene(scene);
        primaryStage.setResizable(true); // 设置是否允许修改舞台的尺寸
        primaryStage.show();
    }

    public static void main(String[] args){
        launch(args);
    }
}
```

在 testController 类中编写事件代码的运行结果如图 9-23 所示。

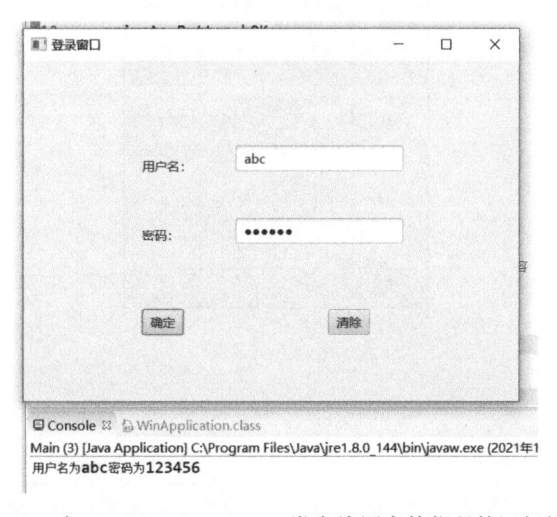

图 9-23　在 testController 类中编写事件代码的运行结果

9.8 本章小结

JavaFX 是用于开发 GUI 的新框架，本章首先对 GUI 进行了简要介绍，讲解了 JavaFX 中舞台、场景和结点之间的关系，以及使用面板、UI 组件和形状等创建用户界面的过程；其次，介绍了常用的 UI 组件、布局面板，以及形状类；再次，介绍了事件处理机制，并说明了使用 Lambda 表达式简化事件处理的方法；最后，介绍了 FXML 设计用户界面及 JavaFX 可视化布局工具的使用。

9.9 习题

1. 使用 JavaFX 编写一个如下图所示的用户界面。

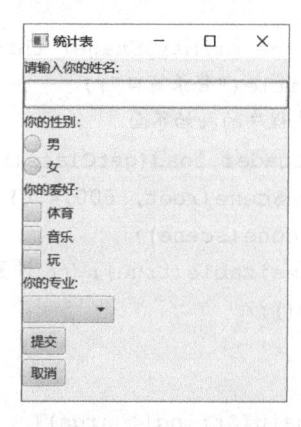

2. 使用 JavaFX 编写一个如下图所示的"计算器"程序，实现整数的加、减、乘、除功能。

第 10 章 数据库编程

学习目标:

- 了解数据库和 SQL 基本知识
- 了解什么是 JDBC
- 熟悉 JDBC 常用的 API
- 掌握如何使用 JDBC 进行数据库操作

大多数软件系统都需要数据库的支持,因此数据库编程是每个编程人员都应该掌握的技术。Java 为数据库编程提供了相应的支持,它提供了一套可以执行 SQL 语句的 API,即 JDBC。本章主要围绕 JDBC 常用的 API、JDBC 基本操作等知识进行讲解。

10.1 数据库概述

10.1.1 数据库和数据库系统概述

数据库系统是指拥有数据库支持的计算机系统,它可以有组织、动态地存储大量相关数据,提供数据处理和信息资源共享服务。数据库系统不仅包含数据,还包含相应的硬件、软件和各类人员。

1. 数据库系统的组成

(1) 计算机硬件。

计算机硬件主要包括主机、存储设备、输入输出设备,以及计算机网络环境。

(2) 计算机软件。

计算机软件包括操作系统、数据库管理系统及数据库应用系统。

数据库管理系统 (Database Management System, DBMS) 是数据库系统的核心组成部分,它建立在操作系统的基础上,对数据库进行统一的管理和控制。其主要功能如下。

描述数据库:描述数据库的逻辑结构、存储结构语义信息和保密要求等。

管理数据库:控制整个数据库系统的运行,控制用户的并发性访问,检验数据的安全性与完整性,执行数据检索、插入、删除、修改等操作。

维护数据库:控制数据库初始数据的装入,记录工作日志,监视数据库性能,修改更新数据库,恢复出现故障的数据库。

数据通信:组织数据的传输。

数据库应用系统是指开发人员利用数据库系统资源开发出来的、面向某一类实际应用的应用软件系统,如库存管理系统、教学管理系统等。

(3) 数据库。

数据库是指按照一定的方式组织和存储在外存上的、能为多个用户共享、与应用程序相互独立的相关数据集合。它不仅包括描述事物的数据本身，还包括相关事物之间的联系。

数据库中的数据不像文件系统那样，只面向某一特定的应用，而是面向多种应用，可以被多个用户、多个应用程序共享，其数据结构独立于使用数据的程序，数据的添加、删除、修改和检索由 DBMS 进行统一管理和控制。

(4) 数据库系统的相关人员。

数据库系统的相关人员主要有 3 类：最终用户、数据库应用系统开发人员、数据库管理员。

最终用户是指通过应用系统的用户界面使用数据库的人员，他们对数据库知识了解不多。数据库应用系统开发人员包括系统分析员、系统设计员和程序员。系统分析员负责应用系统的分析，他们和用户、数据库管理员配合，参与系统分析；系统设计员负责应用系统设计和数据库设计；程序员则根据设计要求进行编码。数据库管理员是数据管理机构的一组人员，他们负责对整个数据库系统进行总体控制和维护，以保证数据库系统的正常运行。

2. 数据库系统的特点

(1) 数据共享。

数据共享是指多个用户或应用程序可以同时存取数据而互不影响。DBMS 提供并发和协调机制，保证在多个应用程序同时访问、存取或操作数据库数据时，数据库不产生任何冲突，从而保证数据不遭到破坏。

(2) 减少数据冗余。

数据冗余就是数据重复，数据冗余既浪费存储空间，又容易导致数据不一致。在非数据库系统中，因为每个应用程序都有自己的数据文件，所以数据存在大量的重复。

数据库从全局观念来组织和存储数据，数据已经根据特定的数据模型结构化。在数据库中，用户的逻辑数据文件和具体的物理数据文件不必一一对应，从而有效地节省了存储资源，减少了数据冗余，增强了数据的一致性。

(3) 具有较高的数据独立性。

数据独立是指数据与应用程序之间彼此独立、不存在相互依赖的关系。应用程序不随数据存储结构的改变而改变，这是数据库的一个最基本的优点。

在数据库系统中，数据库管理系统通过映像，实现了应用程序对数据的逻辑结构与物理存储结构较高的独立性。数据库的数据独立包括物理独立和逻辑独立。物理独立是指数据的存储格式和组织方法改变时，不影响数据库的逻辑结构，从而不影响应用程序；逻辑独立是指数据库逻辑结构的变化（如数据定义的修改、数据间联系的变更等）不影响用户的应用程序。

(4) 增强了数据安全性和完整性保护。

数据库加入了安全保密机制，可以防止对数据的非法存取。DBMS 提供数据完整性的检查机制，避免不合法的数据进入数据库，确保数据的正确性、有效性和相容性。数据库系统还采取了一系列数据恢复措施，确保数据库在遭到破坏时能及时恢复。

10.1.2 关系型数据库

根据对信息的组织形式,数据库分为 3 种:层次型数据库、网状型数据库和关系型数据库。其中,关系型数据库应用比较广泛。常用的关系型数据库管理系统有 MySQL、SQL Server、Oracle 等。

关系型数据库是以关系模型来组织的。关系模型中数据的逻辑结构是一张二维表(数据表),它由行和列组成。学生管理系统中的学生表 Student 如图 10-1 所示,用来存储学生的信息。

Sno	Sname	Sex	Birthday	Native	Phone	EnrollingScore
202105001001	张英杰	男	2003/1/2	云南	13312345678	567
202105001002	杨利军	男	2003/2/12	云南	15632584569	589
202105001003	田军	男	2004/1/16	北京	19583758474	605
202105001004	任静	女	2004/8/13	河北	18592056889	560
202105001005	张明武	男	2003/5/17	天津	18684756993	559
202105001006	牛萌萌	女	2003/6/16	重庆	13642569874	545
202105001007	刘亚南	女	2003/12/12	云南	14563285697	540
202105001008	王晓丽	女	2004/2/28	上海	17682925884	612
202105001009	罗萌曦	女	2003/7/23	四川	18477874678	568
202105001010	胡斌	男	2003/11/21	广东	17578363858	570

图 10-1 学生表 Student

数据库表中的每行称为一条记录,每列称为一个字段。数据库表的结构是由其包含的各字段来定义的,每个字段都有相应的描述信息,如数据类型、数据宽度等。

数据库表中能够唯一区分、确定不同记录的字段或字段组合,称为该表的关键字,需要注意的是,关键字的值不能取"空值"。表中能够作为关键字的字段或字段组合可能不是唯一的。凡是在表中能够唯一区分、确定不同记录的字段或字段组合,都称为候选关键字。在候选关键字中选定一个作为关键字,这个关键字称为该表的主关键字或主键,表中主键是唯一的。

数据库中可以包含多张表,表与表之间可以用不同的方式相互关联。表与表之间的关联方式称为关系,表与表之间的关系有 3 种。

(1)一对一关系:主表中的记录最多只与子表中的一条记录相关,反之亦然。
(2)一对多关系:主表中的一条记录与子表中的多条记录相关。
(3)多对多关系:主表中的记录与子表中的记录呈现多对多联系。

需要注意的是,多对多关系需要借助中间表,将这个多对多关系分解成两个一对多的关系。如在学生和课程的关系中,一名学生可以选择多门课程,而一门课程可以由多名学生选修,因此增加一个中间表,将多对多关系分解为两个一对多关系,如图 10-2 所示。

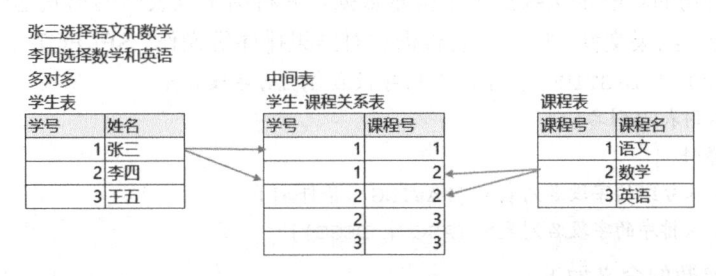

图 10-2 多对多关系的分解

10.2 SQL 语言基础

SQL 是 Structured Query Language 的缩写，即结构化查询语言。它是 1974 年由 Boyce 和 Chamberlin 提出来的，是用来实现关系运算中数据查询、数据操纵、数据定义等操作的语言，是一种综合的、功能极强，同时又简单易学的语言。它集数据查询（Data Query）、数据操纵（Data Manipulation）、数据定义（Data Definition）和数据控制（Data Control）等功能于一体，具有以下特点：①一体化；②高度非过程化；③视图操作方式；④不同使用方式的语法结构相同；⑤语言简洁，易学易用。

下面介绍一些常用的 SQL 基本语句，如 CREATE 语句、INSERT 语句、SELECT 语句、DELETE 语句、UPDATE 语句、DROP 语句、ALTER 语句等。

1. CREATE 语句

CREATE 语句的功能是创建数据库、数据表、视图等。

CREATE 语句的格式如下。CREATE 语句分为两种，一种是建立数据库，另一种是建立数据表。

建立数据库的语句格式如下。

```
CREATE DATABASE 数据库名(default character set gbk);
```

建立数据表的语句格式如下。

```
CREATE TABLE 数据表名(字段名1 属性,字段名2 属性,……,字段名n 属性);
```

字段的属性包括字段类型、字段宽/小数位、约束。其中约束有主键约束、外键约束、非空约束等，字段之间以逗号分隔。若想在数据表中设置自动编号字段，可在声明该字段时加上 auto_increment 关键字，并将该字段设为主键。示例代码如下。

```
CREATE TABLE mytable (id int(4) auto_increment,name char(4),age int(4),
                     primary key(id));
```

该命令建立了一个数据表 mytable，字段 id 为主键，且被设为自动编号字段。添加记录时，id 字段的默认值是前一个记录的 id 值加 1。

2. INSERT 语句

INSERT 语句的功能是向数据表中插入新记录。INSERT 语句的格式如下。

```
INSERT INTO 表名(字段名1,字段名2,...字段名n) VALUES(字段1的值,字段2的值,……,
               字段n的值);
```

3. SELECT 语句

SELECT 语句的功能是从数据表中检索数据，并将结果以表格的形式返回，还能实现统计查询结果、合并结果文件、执行多表查询和对结果排序等操作。SELECT 语句的格式如下。

```
SELECT [ALL | DISTINCT] 字段名1,字段名2,……,字段名n
FROM <表名列表>[别名]
[WHERE <条件>]
[GROUP BY <分组的字段名列表> [HAVING <条件>]]
[ORDER BY <排序的字段名列表> [ASC | DESC]]
```

命令中各参数的含义如下。

(1) SELECT 是该命令的主要关键字。

(2) ALL | DISTINCT 表示 ALL 和 DISTINCT 任选其一，ALL 表示所有的记录，DISTINCT 表示去掉重复记录。

(3) FROM<表名列表>[别名]表示被检索的数据表，表名之间用逗号分隔，这里的别名表示数据表的另一个名字，可以由用户定义。数据表一旦被定义了别名，就可以在命令中用别名代替数据表名了。

(4) WHERE 条件表达式表示检索条件。

(5) GROUP BY 分组选项用于对检索结果进行分组，可以按某个或某些字段分组汇总，各分组选项之间用逗号分隔。

(6) HAVING 组条件表达式与 GROUP BY 分组选项结合使用，可以根据组条件表达式检索某些组记录。

(7) ORDER BY 排序选项用于对检索结果进行排序，可以按指定字段排序，ASC 为升序，DESC 为降序。

SELECT 命令的基本结构为 SELECT 字段列表 FROM 表名 WHERE 条件，其含义是"输出字段…数据来源…查询条件…"，在这种模式中，可以不使用 WHERE,但是必须有 SELECT 和 FROM。

4. DELETE 语句

DELETE 语句的功能是从数据表中删除记录。DELETE 语句的格式如下。

`DELETE FROM 数据表名 WHERE 条件表达式`

5. UPDATE 语句

UPDATE 语句的功能是修改数据表中记录的值。UPDATE 语句的格式如下。

`UPDATE 表名 SET 字段名=表达式 WHERE 条件表达式`

6. DROP 语句

DROP 语句的功能是删除数据库或数据表。DROP 语句分为两种，一种是删除数据库，另一种是删除数据表。

删除数据库的语句格式如下。

`DROP DATABASE 数据库名`

删除数据表的语句格式如下。

`DROP TABLE 数据库名`

7. ALTER 语句

ALTER 语句的功能是修改表的结构、增加新的字段。ALTER 语句分为两种，一种是修改表的结构，另一种是增加新字段。

修改表的结构的语句格式如下。

`ALTER TABLE 表名 MODIFY 字段名属性;`

增加新字段的语句格式如下。

`ALTER TABLE 表名 ADD 字段名属性;`

10.3 MySQL 数据库简介

MySQL 是一个小型关系型数据库管理系统,由瑞典 MySQL AB 公司开发。MySQL AB 公司在 2008 年被 Sun 公司收购,而在 2009 年,Sun 公司又被 Oracle 公司收购。MySQL 数据库开源,能够跨平台,支持分布式,性能良好,可以和 PHP、Java 等 Web 开发语言完美配合,被广泛地应用在互联网上的中小型网站中。大多数互联网企业,如百度、腾讯、阿里巴巴、Google、Facebook 等都在使用 MySQL。

10.3.1 MySQL 安装与配置

我们要根据操作系统选择相应的 X86 版本或 X64 版本进行软件下载。安装时运行 setup.exe 进行安装,选择"典型安装",按照提示配置数据库,给出服务名称,设置数据库 root 账号的密码。安装完成后,从开始菜单运行 MySQL 命令程序(MySQL Command Line Client),输入 root 密码后使用。MySQL 安装成功的命令行提示如图 10-3 所示。

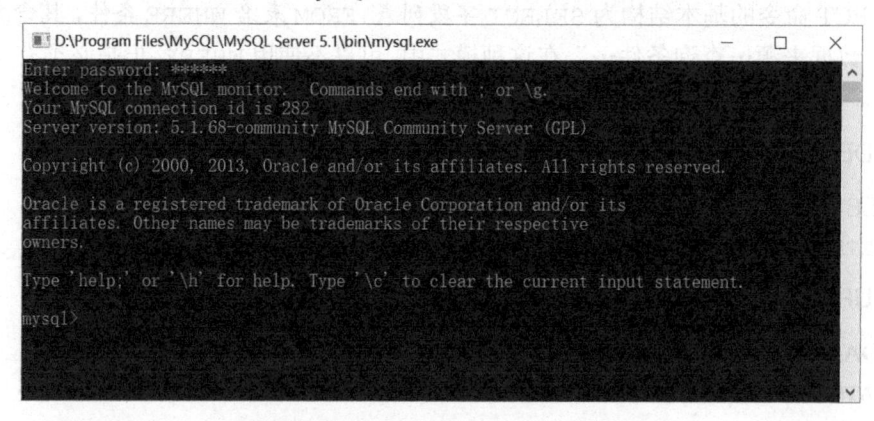

图 10-3 MySQL 安装成功的命令行提示

10.3.2 MySQL 建库建表及相关操作

在 MySQL 中创建一个名为 stuDB 的数据库,然后在数据库中创建学生表 student,并预先插入几条测试数据,SQL 语句如下。

```
CREATE TABLE student(
  Sno varchar(12) NOT NULL,
  Sname varchar(255) DEFAULT NULL,
  Sex varchar(20) DEFAULT NULL,
  Birthday datetime DEFAULT NULL,
  Native varchar(20) DEFAULT NULL,
  Phone varchar(20) DEFAULT NULL,
  EnrollingScore int(11) DEFAULT NULL,
  PRIMARY KEY (Sno)
) ENGINE=InnoDB DEFAULT CHARSET=utf8;
INSERT INTO student VALUES ('202105001001', '张英杰', '男', '2003-01-02
                            00:00:00', '云南', '13312345678', '567');
INSERT INTO student VALUES ('202105001002', '杨利军', '男', '2003-02-12
```

```
                           00:00:00','云南','15632584569','589');
INSERT INTO student VALUES ('202105001004','任静','女','2004-08-13
                           00:00:00','河北','18592056889','560');
INSERT INTO student VALUES ('202105001003','田军','男','2004-01-16
                           00:00:00','北京','19583758474','605');
```

上述 SQL 语句也可以通过 MySQL 客户端连接工具来执行。常用的 MySQL 客户端连接工具有 Navicat、DataGrip 等。Navicat 是一个比较常用的 MySQL 客户端软件，界面简洁、功能强大，可以直接查看数据库目录结构，建库、建表也非常容易，支持 SQL 脚本导入导出、数据备份恢复及建模设计等，对于日常管理和维护 MySQL 数据库来说，是一个非常不错的工具。Navicat 界面如图 10-4 所示。

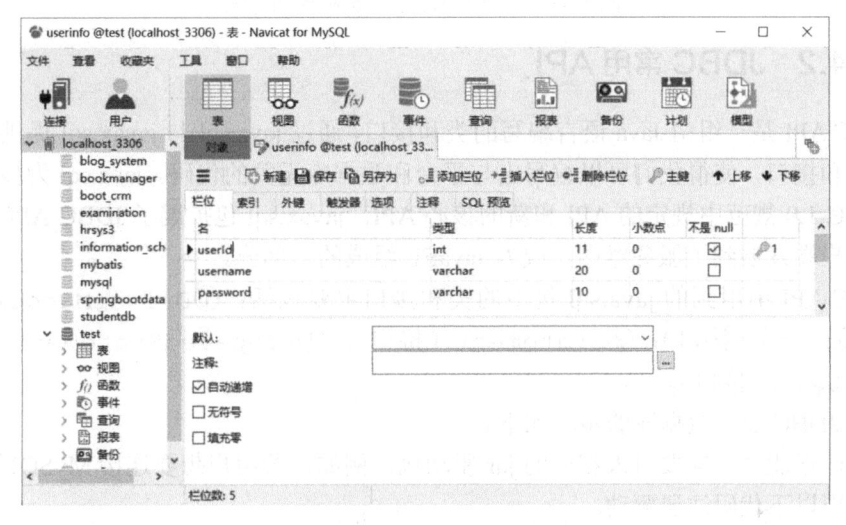

图 10-4 Navicat 界面

利用 Navicat，可以方便地管理和维护 MySQL 数据库。

10.4 Java 数据库编程

10.4.1 JDBC 简介

Java 数据库连接（Java Database Connectivity，JDBC）是一种用于执行 SQL 语句的 API，可以为多种关系型数据库提供统一访问，它是一组用 Java 语言编写的类和接口，是 Java 访问数据库的标准规范。

不同的数据库，其内部处理数据的方式也不同，每个数据库厂商都提供了自己数据库的访问接口。JDBC 是 Java 提供的一种访问数据库的标准规范，由各数据库厂商具体实现。对开发者来说，JDBC 屏蔽了不同数据库之间的区别，使开发者可以使用相同的方式（Java API）操作不同的数据库。两个设备之间要进行通信就需要驱动，JDBC 通过调用不同的驱动程序来访问相应的数据库。在程序中由 JDBC 和具体的数据库驱动联系，这样应用程序就不必直接与底层的数据库交互，从而使代码的通用性更强，真正实现一次编写、到处运行。

应用程序使用 JDBC 访问数据库的方式如图 10-5 所示。

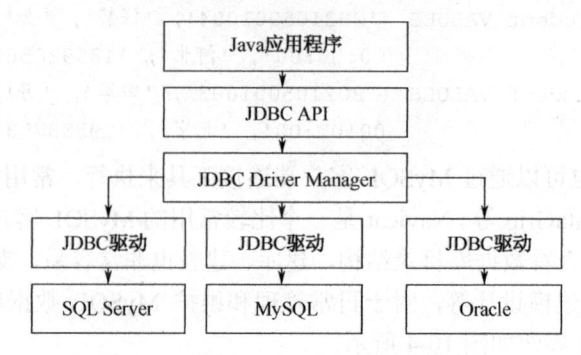

图 10-5 使用 JDBC 访问数据库的方式

10.4.2 JDBC 常用 API

JDBC API 是一组由 Java 语言编写的类和接口，通过 java.sql 与 javax.sql 提供了大量预定义的类和接口，使得我们可以编写出与平台和数据库无关的代码。java.sql 为核心包，它包括 JDBC 1.0 规范中规定的 API 和新的核心 API。javax.sql 包扩展了 JDBC API 的功能，使其从客户端发展到了服务器端，成为 JavaEE 组成的一部分。

JDBC API 中用到的 java.sql 包中的类和接口主要包括：①`DriverManger`（类）；②`Connection`（接口）；③`Statement`（接口）；④`PreparedStatement`（接口）；⑤`ResultSet`（接口）。

使用 JDBC 连接数据库的步骤如下。

（1）注册驱动，需要引入相应的 jar 驱动包。例如，若用户想要连接 MySQL 数据库，则可以使用以下代码注册驱动。

`Class.forName("com.mysql.jdbc.Driver");`

（2）建立数据库连接 `Connection`，代码如下。

`Connection conn= DriverManager.getConnection(url,userName,password);`

（3）创建 `Statement` 对象，用来执行 SQL 语句，代码如下。

`Statement statement =conn.createStatement();`

（4）执行 SQL 语句得到 `ResultSet`，代码如下。

`ResultSet rs =statement.executeQuery(sql);`

（5）处理 `ResultSet` 的结果。

（6）释放资源。

基本的数据操作包括增加（Create）、检索（Retrieve）、更新（Update）和删除（Delete），以下简称 CRUD。

10.4.3 JDBC 编程

1. DriverManager 类

`DriverManager` 类是 JDBC 的管理层，作用于用户和驱动程序之间，它跟踪可用的驱动程序，并在数据库和相应驱动程序之间建立连接。在使用 `DriverManager` 类之前，必须先加载数据库驱动程序。加载方式为 Class.forName(JDBC 数据库驱动程序)。其中，MySQL 数据库驱动为 com.mysql.jdbc.Driver。

在加载数据库驱动程序后，我们可以调用 DriverManagergetConnection() 方法得到数据库的连接。在 DriverManager 类中定义了 3 个重载的 getConnection() 方法，分别如下。

```
static Connection getConnection(String url);//方法一
static Connection getConnection(String url,Properties info);//方法二
static Connection getConnection(String url,String user,
                                String password);//方法三
```

方法中的参数含义如下。
（1）url：数据库资源的地址。
（2）info：一个 java.util.Properties 类的实例。
（3）user：建立数据库连接所需的用户名。
（4）password：建立数据库连接所需的密码。

其中 url 是建立数据库连接的字符串，不同数据库的连接字符串也不一样。常用的数据库连接字符串如下。

MySQL 数据库的连接字符串如下。
jdbc:mysql://主机名:3306/数据库名

SQL Server 数据库的连接字符串如下。
jdbc:sqlserver://主机名:1433;databaseName=数据库名

Oracle 数据库的连接字符串如下。
jdbc:oracle:thin:@主机名:1521:数据库名

例 10-1 通过加载 JDBC 驱动程序，与 MySQL 数据库中的 studb 数据库建立连接。

```java
package ch10;
import java.sql.*;
public class ConnectionManager{
    private static String DbDriver = "com.mysql.jdbc.Driver";
    private static String DbUrl =
"jdbc:mysql://localhost:3306/studb?useUnicode=true&characterEncoding=UTF-8";
    private static String DbUserName = "root";
    private static String DbPassword = "root";
    // 返回连接
    public static Connection getConnection(){
        Connection dbConnection = null;
        try{
            Class.forName(DbDriver);
            dbConnection = DriverManager.getConnection(DbUrl,
                    DbUserName, DbPassword);

        } catch(Exception e){
            e.printStackTrace();
        }
        return dbConnection;
    }
```

```
        // 关闭连接
        public static void closeConnection(Connection dbConnection){
            try{
                if(dbConnection != null && (!dbConnection.isClosed())){
                    dbConnection.close();
                }
            }catch(SQLException sqlEx){
                sqlEx.printStackTrace();
            }
        }
    }
```

与数据库建立连接后，就可进行 CRUD 操作了。

2. Statement 接口

`Statement` 接口对象用于将普通的 SQL 语句发送到数据库中。建立数据库连接后，就可以创建 `Statement` 接口对象了。`Statement` 接口对象可以通过调用 `Connection` 接口的 `createStatement()` 方法创建。示例代码如下。

```
Connection con=DriverManager.getConnection(url,"user","password");
Statement stmt=con.createStatement();
```

`Statement` 接口提供了 4 种执行 SQL 语句的方法，分别为 `executeQuery()`、`executeUpdate()`、`executeBatch()`、`execute()`。常用的是前两种方法。

`executeUpdate()` 方法用于更新数据，如在执行 INSERT 语句、UPDATE 语句和 DELETE 语句及 SQL DDL（数据定义）语句时，这些语句都不返回记录集，而是返回一个整数，表示受影响的行数。其方法原型如下。

```
int executeUpdate(String sql);
```

`executeQuery()` 方法用于执行 SELECT 语句，此方法返回一个结果集，其类型为 `ResultSet`。`ResultSet` 是一个数据库游标，通过它可访问数据库中的记录。`executeQuery()` 方法原型如下。

```
ResultSet executeQuery(String sql);
```

其中 sql 为 SQL 命令字符串。

3. ResultSet 接口

`ResultSet` 接口用于获取执行 SQL 语句/数据库存储过程返回的结果，它的实例对象包含符合 SQL 语句中条件的所有记录的集合，并且它可以通过一套 `getXXX()` 方法提供对这个集合的访问。`next()` 方法用于将数据库游标移动到记录集中的下一行，使下一行成为当前行，用户可通过此游标访问记录集中的记录。用户每调用一次 `next()` 方法，游标就向下移动一行，最初它位于第一行之前，因此第一次调用 `next()` 将把游标置于第一行上，使它成为当前行。随着数据库游标的向下移动，用户可按照从上到下的顺序获取 `ResultSet` 行。

在数据库游标的移动过程中，用户可通过 `getXXX()` 方法获取结果集中的数据，其中 XXX 与结果集中存放的数据类型有关。

下面通过例 10-2 演示利用 `Statement` 接口对象和 `ResultSet` 游标显示数据库中表的信息。

例 10-2 对 student 表进行查询，得到 ResultSet 接口对象，通过此对象对查询结果进行遍历，在控制台上显示记录。

```java
package ch10;
import java.sql.*;
public class ShowStudent{
    public static void main(String[] args){
        new ShowStudent().listAll();
    }
    public void listAll(){
        Connection con=null;
        Statement stmt=null;
        ResultSet rs=null;
        try{
            con=ConnectionManager.getConnection();//得到一个数据库连接
            stmt=con.createStatement(); //创建 Statement 查询对象
            String sql="select * from student";//构造查询字符串
            rs=stmt.executeQuery(sql); //执行查询返回结果集
      System.out.println("学号\t\t"+" 姓名\t"+" 性别\t"+"出生日期\t"+"籍贯\t");//打印标题
            while(rs.next()){
                String sno=rs.getString("sno"); //得到 sno 字段值
                String sname=rs.getString("sname");//得到 sname 字段值
                String sex=rs.getString("sex");//得到 sex 字段值
                Date birthday=rs.getDate("birthday");//得到 birthday 字段值
System.out.println(sno+"\t"+sname+"\t"+sex+"\t"+birthday);//显示记录内容
            }
        } catch (SQLException e){
            e.printStackTrace();
        }
    }
}
```

显示 student 表信息的代码的运行结果如图 10-6 所示。

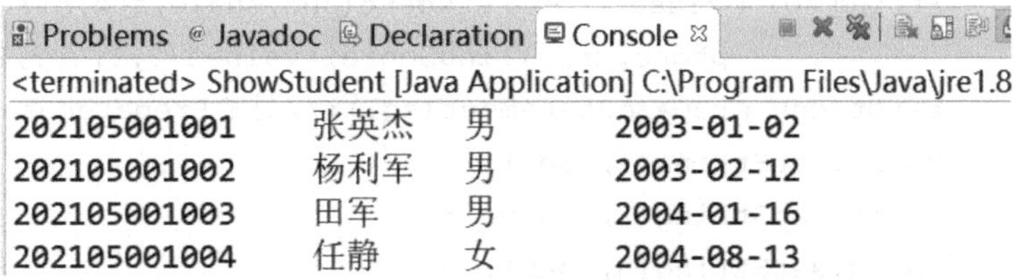

```
<terminated> ShowStudent [Java Application] C:\Program Files\Java\jre1.8
202105001001    张英杰    男    2003-01-02
202105001002    杨利军    男    2003-02-12
202105001003    田军      男    2004-01-16
202105001004    任静      女    2004-08-13
```

图 10-6 显示 student 表信息的代码的运行结果

4．PreparedStatement 接口

PreparedStatement 接口继承自 Statement 接口，因此它具有 Statement 接口

的所有方法，同时添加了一些自己的方法。

PreparedStatement 接口与 Statement 接口有以下两点不同。

（1）PreparedStatement 接口对象包含已编译的 SQL 语句。

（2）PreparedStatement 接口对象中的 SQL 语句可包含 1 个或多个 IN 参数，也可用"？"作为占位符。

PreparedStatement 对象已进行过预编译，执行速度要快于 Statement 对象。

PreparedStatement 对象可通过调用 Connection 接口对象的 prepareStatement() 方法得到。示例代码如下。

```
Connection con=DriverManager.getConnection(url,"user","password");
PreparedStatement pstmt=con.preparedStatement(String sql);
```

创建 PreparedStatement 对象与创建 Statement 对象的不同点如下。

在创建 PreparedStatement 对象时需要 SQL 命令字符串作为 preparedStatement() 方法的参数，以实现 SQL 命令预编译。在调用 PreparedStatement 对象的 executeQuery() 方法或 executeUpdate() 方法执行查询时，不再需要参数。在使用 PreparedStatement 对象的 SQL 命令字符串中可用"？"作为占位符，在执行 executeQuery() 方法或 executeUpdate() 方法之前，用 setXXX(seq,value) 为占位符赋值。XXX 为类型名称，如 setString、setInteger，根据字段类型确定；seq 参数为 SQL 命令中"？"出现的顺序，从 1 开始编号，value 为具体的参数值。

例 10-3 利用 PreparedStatement 对象在 student 表中插入一条记录。

```
package ch10;
import java.sql.*;

public class InsertStudent{
    private Connection con;
    private PreparedStatement pstmt;
    
    public int insert(String sno,String sname, String sex,Date birth,String
                native2, String phone,int score){
        int result = 0;
        con = ConnectionManager.getConnection();//取得数据库连接
        try{
            String sql = "insert into student(sno,sname,sex,birthday,native,
                phone,enrollingScore) values(?,?,?,?,?,?,?)";
            pstmt=con.prepareStatement(sql);//创建 PreparedStatement 对象
            pstmt.setString(1, sno);
            pstmt.setString(2, sname);
            pstmt.setString(3, sex);
            pstmt.setDate(4, birth);
            pstmt.setString(5, native2);
            pstmt.setString(6, phone);
            pstmt.setInt(7, score);
```

```java
                result = pstmt.executeUpdate(); // 执行 SQL
            }catch(SQLException e){
                e.printStackTrace();
            }finally{
                ConnectionManager.closeStatement(pstmt);// 释放 PreparedStatement
                                                        对象
                ConnectionManager.closeConnection(con);// 关闭数据库连接
            }
            return result;
        }

        public static void main(String[] args){
            int result = new InsertStudent().insert("202105001101","黄洋",
                                            "女",Date.valueOf("2021-
            1-1"),"云南","133",600);
            if(result > 0) // 根据 result 的值判断是否成功
                System.out.println("插入成功");
            else
                System.out.println("插入失败");
        }
    }
```

10.5 数据库应用综合实例

10.4 节演示了数据库访问的接口对象，而在实际使用中，我们需要将数据库表封装成各类，结合用户界面进行数据操作。下面以 userinfo 表为例进行综合设计。

10.5.1 数据模型设计

在 MySQL 数据库中建立用户信息表，包含用户编号（userId）、用户名称（username）、密码（password）、角色（role）、状态（status），表结构如表 10-1 所示。

表 10-1 表结构

列名	类型	长度	是否可空	备注
userId	int	11	Not Null	主键
username	varchar	20		
password	varchar	20		
role	int	11		2 为管理员，1 为普通用户
status	bit	1		1 为正常，0 为禁用

建立数据库表的 SQL 语句如下。
```
CREATE TABLE userinfo(
    userId int(11) NOT NULL AUTO_INCREMENT,
```

```
username varchar(20) DEFAULT NULL,
password varchar(10) DEFAULT NULL,
role int(11) DEFAULT NULL,
status bit(1) DEFAULT NULL,
PRIMARY KEY (userId)
) ENGINE=InnoDB AUTO_INCREMENT=9 DEFAULT CHARSET=utf8;
```

录入的测试数据如表 10-2 所示。

表 10-2 录入的测试数据

userId	username	password	role	status
1	admin	admin	2	1
2	tom	123	1	1
3	jack	123	1	0

10.5.2 数据类设计

新建 Java 项目，在 src 目录下，创建一个 ch10.demo.mode 包，并在包中建立模型类 UserInfo.java，在文件中编写如下代码。

```java
public class UserInfo{
    private int userId;
    private String userName;
    private String password;
    private int role;//角色  1普通  2管理员
    private boolean status;
    public int getUserId(){
        return userId;
    }
    public void setUserId(int userId){
        this.userId = userId;
    }
    public String getUserName(){
        return userName;
    }
    public void setUserName(String userName){
        this.userName = userName;
    }
    public int getRole(){
        return role;
    }
    public void setRole(int role){
        this.role = role;
    }
```

```java
    public boolean getStatus(){
        return status;
    }
    public void setStatus(boolean status){
        this.status = status;
    }
    public String getPassword(){
        return password;
    }
    public void setPassword(String password){
        this.password = password;
    }

    @Override
    public String toString(){
        return userId+","+userName+","+password+","+role+","+status;
    }
}
```

10.5.3 实现 CRUD

在 src 目录下，创建一个 ch10.demo.dao 包，将例 10-1 创建的 ConnectionManager 类复制进来，并在包中建立数据访问类 UserDao.java，在文件中编写如下代码。

```java
public class UserDao{
    private Connection con;

    public int addUserInfo(UserInfo user){
        con = ConnectionManager.getConnection();
        // 查询注册用户名是否存在
        String sql = "select * from UserInfo where userName=? ";
        int result = 0;
        try{
            PreparedStatement pstmt = con.prepareStatement(sql);
            pstmt.setString(1, user.getUserName());
            ResultSet rs = pstmt.executeQuery();
            if(rs.next()){
                result = -1;
            }

            sql = "insert into UserInfo (username,password,role,status)
                                    values (?,?,?,?)";
            PreparedStatement pstmt2 = con.prepareStatement(sql);
```

```java
            pstmt2.setString(1, user.getUserName());
            pstmt2.setString(2, user.getPassword());
            pstmt2.setInt(3, user.getRole());
            pstmt2.setBoolean(4, user.getStatus());
            result = pstmt2.executeUpdate();
        }catch(SQLException e){
            e.printStackTrace();
        }finally{
            ConnectionManager.closeConnection(con);// 关闭数据库连接
        }
        return result;
    }

    public List<UserInfo> findByUserName(UserInfo usr){
        con = ConnectionManager.getConnection();
        List<UserInfo> list = new ArrayList();
        try{
            StringBuffer sb = new StringBuffer("select * from UserInfo where 
                                              status = 1");
            if(usr.getUserName() != ""){
                sb.append(" and username like '%" + usr.getUserName() + 
                    "%'");
            }
            PreparedStatement pstmt = con.prepareStatement(sb.toString());
            ResultSet rs = pstmt.executeQuery();
            while(rs.next()){ // 遍历结果集中的所有记录
                UserInfo user = new UserInfo(); // 创建一个 UserInfo 对象
// 将结果集当前记录中的 userId 属性值赋给对象 user 中的 userId 属性
                user.setUserId(rs.getInt("userId"));
// 将结果集当前记录中的 userName 属性值赋给对象 user 中的 userName 属性
                user.setUserName(rs.getString("userName"));
// 将结果集当前记录中的 password 属性值赋给对象 user 中的 password 属性
                user.setPassword(rs.getString("password"));
                user.setRole(rs.getInt("role"));
                user.setStatus(rs.getBoolean("status"));
                list.add(user);// 将 user 对象添加到数组 list 中
            }

        }catch(SQLException e){
            e.printStackTrace();
        }finally{
            ConnectionManager.closeConnection(con);
        }
```

```java
        return list;
    }

    public int updateUserInfo(UserInfo user){
        con = ConnectionManager.getConnection();
        String sql = "update UserInfo set username=?,password=?,role=?,
                    status=? where userid=?";
        try{
            PreparedStatement pstmt = con.prepareStatement(sql);
            pstmt.setString(1, user.getUserName());
            pstmt.setString(2, user.getPassword());
            pstmt.setInt(3, user.getRole());
            pstmt.setBoolean(4, user.getStatus());
            pstmt.setInt(5, user.getUserId());
            return pstmt.executeUpdate();
        }catch(SQLException e){
            e.printStackTrace();
            return 0;
        }finally{
            ConnectionManager.closeConnection(con);// 关闭数据库连接
        }
    }

    public int deleteWithID(int userId){
        con = ConnectionManager.getConnection();
        String sql = "delete from UserInfo where userid=?";
        try{
            PreparedStatement pstmt = con.prepareStatement(sql);
            //pstmt.setInt(1, user.getUserId());
            pstmt.setInt(1,userId);
            return pstmt.executeUpdate();
        }catch(SQLException e){
            e.printStackTrace();
            return 0;
        }finally{
            ConnectionManager.closeConnection(con);//关闭数据库连接
        }
    }

    public List<UserInfo> findAll(){//得到userinfo表的数据,并存入数组中
        con = ConnectionManager.getConnection();
```

```java
        List<UserInfo> list = new ArrayList();//建立一个数组对象用于存放
                                        UserInfo 对象
        try{
            Statement stmt = con.createStatement();
            ResultSet rs = stmt.executeQuery("select * from userinfo");
            // 查询字符串
            while(rs.next()){ // 遍历结果集中的所有记录
                UserInfo user = new UserInfo(); // 创建一个 UserInfo 对象
// 将结果集当前记录中的 userId 属性值赋给对象 user 中的 userId 属性
                user.setUserId(rs.getInt("userId"));
// 将结果集当前记录中的 userName 属性值赋给对象 user 中的 userName 属性
                user.setUserName(rs.getString("userName"));
// 将结果集当前记录中的 password 属性值赋给对象 user 中的 password 属性
                user.setPassword(rs.getString("password"));
                user.setRole(rs.getInt("role"));
                user.setStatus(rs.getBoolean("status"));
                list.add(user);// 将 user 对象添加到数组 list 中
            }
        }catch(SQLException e){
            e.printStackTrace();
        }finally{
            ConnectionManager.closeConnection(con);
        }
        return list;
    }
}
```

10.5.4 界面设计

JavaFX Scene Builder 是专门为开发人员准备的一款 JavaFX 应用程序可视化布局工具，可以帮助开发人员快速设计 JavaFX 应用程序用户界面，使用起来非常方便，用户只需将 UI 组件拖放到工作区，修改组件的属性，应用样式表，就能自动生成创建布局的 FXML 代码，最后得到一个可以与 Java 项目整合到一起的 FXML 文件，从而将 UI 与应用程序逻辑绑定起来。

在 src 目录下，创建一个 ch10.demo.gui 包，并在包中创建 4 个文件：用户界面格式文件 UserInfo.fxml、表格数据类 UserInfoFx.java、界面控制类 UserInfoController.java、用户界面主类 UserInfoMain.java。

（1）用户界面格式文件 UserInfo.fxml 设计。

利用 JavaFX Scene Builder 可视化设计工具，新建名为 UserInfo.fxml 的格式文件，界面设计如图 10-7 所示。

图 10-7　界面设计

容器使用支持拖拽的 AnchorPane 面板，从工具箱中拖放 Label、ComboBox、Button、TableView、TextField、PasswordField、RadioButton 组件到面板上，按表 10-3 设置各组件属性。对于多个表格列 TableColumn，可以复制粘贴、快速设计。

表 10-3　界面设计中的组件与相关属性设置

组件名称	属性	属性值	备注
AnchorPane	Controller class	UserInfoController.java	Controller 面板
Label	Text	用户名：	
ComboBox	fx:id	cmbUsername	
Button	Text	查询	
	fx:id	btnQuery	
	On Action	btnQueryClick	查询按钮事件
Button	Text	查询全部	
	fx:id	btnQueryAll	
	On Action	btnQueryAllClick	查询全部按钮事件
TableView	fx:id	myTable	
	On Mouse Clicked	mouseClick	表格选择行事件
TableColumn	Text	编号	
	fx:id	tc_userId	
TableColumn	Text	用户名	
	fx:id	tc_userName	
TableColumn	Text	密码	
	fx:id	tc_pwd	
TableColumn	Text	角色	
	fx:id	tc_role	

续表

组件名称	属性	属性值	备注
TableColumn	Text	状态	
	fx:id	tc_status	
Label	Text	ID:	
TextField	fx:id	txt_Id	
Label	Text	用户名:	
TextField	fx:id	txt_name	
Label	Text	密码:	
PasswordField	fx:id	txt_pwd	
Label	Text	角色:	
TextField	fx:id	cmbRole	
Label	Text	状态:	
RadioButton	Text	正常	
	fx:id	rBtn1	
RadioButton	Text	禁用	
	fx:id	rBtn2	
Button	Text	增加	
	fx:id	btnAdd	
	On Action	btnAddClick	增加按钮事件
Button	Text	修改	
	fx:id	btnUpdate	
	On Action	btnUpdateClick	修改按钮事件
Button	Text	删除	
	fx:id	btnDelete	
	On Action	btnDeleteClick	删除按钮事件

使用 JavaFX Scene Builder 可视化设计工具进行图形用户界面布局设计后,自动生成如下 FXML 代码。

```
<?xml version="1.0" encoding="UTF-8"?>
<?import javafx.geometry.*?>
<?import javafx.scene.control.*?>
<?import java.lang.*?>
<?import javafx.scene.layout.*?>

<AnchorPane maxHeight="-Infinity" maxWidth="-Infinity" minHeight="-Infinity" minWidth="-Infinity" prefHeight="479.0" prefWidth="682.0" xmlns="http://javafx.com/javafx/8" xmlns:fx="http://javafx.com/fxml/1" fx:controller="ch10.demo.gui.UserInfoController">
    <children>
        <Label layoutX="14.0" layoutY="14.0" text="用户名: " />
        <ComboBox id="cmbUsername" fx:id="cmbUsername" editable="true" layoutX="93.0" layoutY="8.0" prefWidth="150.0" />
```

```xml
            <Button id="btnQuery" fx:id="btnQuery" layoutX="279.0" layoutY=
"8.0" mnemonicParsing="false" onAction="#btnQueryClick" prefHeight="36.0"
prefWidth="80.0" text="查询" />
            <Label layoutX="24.0" layoutY="321.0" text="ID: " />
            <Label layoutX="187.0" layoutY="321.0" text="用户名: " />
            <TextField id="txt_Id" fx:id="txt_Id" layoutX="53.0" layoutY=
"315.0" prefHeight="36.0" prefWidth="128.0" />
            <TextField id="txt_name" fx:id="txt_name" layoutX="259.0"
layoutY="315.0" prefHeight="36.0" prefWidth="150.0" />
            <Label layoutX="425.0" layoutY="321.0" text="密码: " />
            <Label layoutX="8.0" layoutY="362.0" text="角色: " />
            <Label layoutX="252.0" layoutY="362.0" text="状态: " />
            <RadioButton id="rBtn1" fx:id="rBtn1" layoutX="328.0" layoutY=
"362.0" mnemonicParsing="false" text="正常">
                <opaqueInsets>
                    <Insets />
                </opaqueInsets>
            </RadioButton>
        <RadioButton id="rBtn2" fx:id="rBtn2" layoutX="418.0" layoutY="362.0"
mnemonicParsing="false" text="禁用" />
        <ComboBox id="cmbRole" fx:id="cmbRole" layoutX="53.0" layoutY="356.0"
prefWidth="150.0" />
        <Button id="btnAdd" fx:id="btnAdd" layoutX="32.0" layoutY="406.0"
mnemonicParsing="false" onAction="#btnAddClick" prefHeight="36.0"
prefWidth="68.0" text="增加" />
        <Button id="btnUpdate" fx:id="btnUpdate" layoutX="138.0" layoutY="406.0"
mnemonicParsing="false" onAction="#btnUpdateClick" prefHeight="36.0"
prefWidth="68.0" text="修改" />
        <Button id="btnDelete" fx:id="btnDelete" layoutX="249.0" layoutY="406.0"
mnemonicParsing="false" onAction="#btnDeleteClick" prefHeight="36.0"
prefWidth="68.0" text="删除" />
        <PasswordField id="txt_pwd" fx:id="txt_pwd" layoutX="479.0" layoutY=
"315.0" prefHeight="36.0" prefWidth="150.0" />
        <TableView fx:id="myTable" editable="true" layoutX="38.0" layoutY="67.0"
onMouseClicked="#mouseClick" prefHeight="211.0" prefWidth="608.0">
            <columns>
                <TableColumn fx:id="tc_userId" prefWidth="89.0" text="编号" />
                <TableColumn fx:id="tc_userName" prefWidth="122.0" text="用户名" />
                <TableColumn fx:id="tc_pwd" prefWidth="146.0" text="密码" />
                <TableColumn fx:id="tc_role" prefWidth="130.0" text="角色" />
                <TableColumn fx:id="tc_status" prefWidth="120.0" text="状态" />
            </columns>
        </TableView>
        <Button id="btnQuery" fx:id="btnQueryAll" layoutX="378.0" layoutY="8.0"
```

```
mnemonicParsing="false" onAction="#btnQueryAllClick" prefHeight="36.0"
prefWidth="89.0" text="查询全部" />
      </children>
   </AnchorPane>
```

（2）数据模型设计。

根据 TableView 表格数据显示要求，需要创建一个类来定义数据模型，封装与表格交互的属性和方法，对每个数据元素都提供 get()方法和 set()方法。对 UserInfo 进行封装时，利用属性包装器 SimpleIntegerProperty、SimpleBooleanProperty、SimpleStringProperty 分别对 int、boolean、String 类型的数据进行属性封装。在文件 UserInfoFx.java 中编写如下代码。

```java
public class UserInfoFx{
    private SimpleIntegerProperty  userId;
    private SimpleStringProperty  userName;
    private SimpleStringProperty  password;
    private SimpleIntegerProperty role;//角色  1普通  2管理员
    private SimpleBooleanProperty  status;

    public Integer getUserId(){
        return userId.get();
    }
    public void setUserId(Integer userId){
        this.userId = new SimpleIntegerProperty(userId);
    }

    public String getUserName(){
        return userName.get();
    }
    public void setUserName(String userName){
        this.userName = new SimpleStringProperty(userName);
    }
    public Integer getRole(){
        return role. get();
    }
    public void setRole(int role){
        this.role = new SimpleIntegerProperty(role);
    }

    public Boolean getStatus(){
        return status.get();
    }
    public void setStatus(boolean status){
        this.status = new SimpleBooleanProperty(status);
    }
```

```
        public String getPassword(){
            return password.get();
        }
        public void setPassword(String password){
            this.password = new SimpleStringProperty(password);
        }

        @Override
        public String toString(){
            return userId+","+userName+","+password+","+role+","+status;
        }
}
```

（3）在文件 UserInfoController.java 中编写如下代码。

```
public class UserInfoController{
    @FXML private TextField txt_Id;    //对应界面中 fx:id 值为 txt_Id 的组件
    @FXML private TextField txt_name;
    @FXML private PasswordField txt_pwd;
    @FXML private ComboBox<String> cmbUsername;
    @FXML private ComboBox<String> cmbRole;
    @FXML private RadioButton rBtn1;
    @FXML private RadioButton rBtn2;
    @FXML private TableView<UserInfoFx> myTable;
    @FXML private TableColumn<UserInfoFx,Integer> tc_userId;//表格列
    @FXML private TableColumn<UserInfoFx,String> tc_userName;
    @FXML private TableColumn<UserInfoFx,Integer> tc_pwd;
    @FXML private TableColumn<UserInfoFx,String> tc_role;
    @FXML private TableColumn<UserInfoFx,Integer> tc_status;

    //查询全部
    @FXML protected void btnQueryAllClick(ActionEvent event){
        List<UserInfo> list = new UserDao().findAll();
        showTable(list);
        ObservableList<String> datas=FXCollections.observableArrayList();
        datas.addAll(new String[]{"用户","管理员"});
        cmbRole.setItems(datas);
    }

    //查询
    @FXML protected void btnQueryClick(ActionEvent event){
        String username = cmbUsername.getValue();
        UserInfo user = new UserInfo();
        user.setUserName(username);
        List<UserInfo> list = new UserDao().findByUserName(user);
        showTable(list);
```

```java
    }

    //增加
    @FXML protected void btnAddClick(ActionEvent event){
        UserInfo user = new UserInfo();
        user.setUserName(txt_name.getText());
        user.setPassword(txt_pwd.getText());
        user.setRole(cmbRole.getSelectionModel().getSelectedIndex()+1);
        user.setStatus(rBtn1.isSelected()==true);
        int res= new UserDao().addUserInfo(user);
        List<UserInfo> list = new UserDao().findAll();
        showTable(list);
        Alert alt =new Alert(AlertType.INFORMATION);alt.setContentText("
                        增加成功! ");
        alt.setTitle("提示");
        alt.setHeaderText(null);
        alt.showAndWait();
    }
    //修改
    @FXML protected void btnUpdateClick(ActionEvent event){
        UserInfo user = new UserInfo();
        user.setUserId(Integer.parseInt( txt_Id.getText()));
        user.setUserName(txt_name.getText());
        user.setPassword(txt_pwd.getText());
        user.setRole(cmbRole.getSelectionModel().getSelectedIndex()+1);
        user.setStatus(rBtn1.isSelected()==true);
        int res= new UserDao().updateUserInfo(user);
        List<UserInfo> list = new UserDao().findAll();
        showTable(list);
    }
    //删除
    @FXML protected void btnDeleteClick(ActionEvent event){
        int userId=Integer.parseInt( txt_Id.getText());
        int res= new UserDao().deleteWithID(userId);
        List<UserInfo> list = new UserDao().findAll();
        showTable(list);
    }

    //选择行事件
    @FXML protected void mouseClick( MouseEvent event){
        //System.out.println(event.getClickCount()); //1
        if(event.getClickCount()==1){
            UserInfoFx row= myTable.getSelectionModel().getSelectedItem();
            txt_Id.setText(row.getUserId().toString());
            txt_name.setText(row.getUserName());
            txt_pwd.setText(row.getPassword());
```

```
            cmbRole.getSelectionModel().select(row.getRole()-1);
            rBtn1.setSelected(row.getStatus());
            rBtn2.setSelected(row.getStatus()==false);
        }
    }
    //定义显示数据方法,将List数据转换为FXCollections中的ObservableList
    private void showTable(List<UserInfo> list){
        tc_userId.setCellValueFactory(new PropertyValueFactory("userId"));
        tc_userName.setCellValueFactory(new PropertyValueFactory("userName"));
        tc_pwd.setCellValueFactory(new PropertyValueFactory("password"));
        tc_role.setCellValueFactory(new PropertyValueFactory("role"));
        tc_status.setCellValueFactory(new PropertyValueFactory("status"));
        ObservableList<UserInfoFx> data=FXCollections.observableArrayList();
        for(UserInfo user : list){
            UserInfoFx p = new UserInfoFx();
            p.setUserId(user.getUserId());
            p.setUserName(user.getUserName());
            p.setPassword(user.getPassword());
            p.setRole(user.getRole());
            p.setStatus(user.getStatus());
            data.add(p);
        }
        myTable.setItems(data);
        myTable.refresh();
    }
}
```

（4）在文件 **UserInfoMain.java** 中编写如下代码。

```
public class UserInfoMain extends Application{
    @Override
    public void start(Stage primaryStage) throws Exception{
        primaryStage.setTitle("用户信息管理窗口");
        // 从FXML资源文件中加载程序的初始界面
            Parent root = FXMLLoader.load(getClass().getResource("userInfo.
                                fxml"));
        Scene scene = new Scene(root, 700,500);
        primaryStage.setScene(scene);
        primaryStage.setResizable(true); // 设置是否允许修改舞台的尺寸
        primaryStage.show();
    }
    public static void main(String[] args){
        launch(args);
    }
}
```

最后保存并运行，运行效果如图 10-8 所示。

图 10-8　运行效果

10.6　本章小结

关系模型是目前广泛使用的数据库模型。在数据库中一般用 SQL 语言来操作数据库。SQL 语言可以用来管理数据库，也可以用来管理数据库中的数据。经常用 SELECT、UPDATE、INSERT、DELETE 语句来查询、修改、添加、删除数据库中的数据记录。

在 Java 中提供了 JDBC 接口技术实现对数据库的连接和操作。用户可通过 JDBC API 中的 `DriverManager`、`Connection`、`Statement`、`PreparedStatement`、`ResultSet` 类连接和操纵数据库。其中，`DriverManager` 类用来管理数据库驱动；`Connection` 类用来建立数据的连接；`Statement` 类用来将 SQL 语言查到的数据返回到 `ResultSet` 结果集中，用户就可以在 `ResultSet` 类中操作数据库中的数据了；`Statement` 类也可以用来实现 SQL 语句的修改、添加和删除数据功能，而在动态 SQL 中使用 `PreparedStatement` 类则更为实用，可将 JDBC 的底层常用操作进一步封装，根据业务规则实现数据的 CRUD。

10.7　习题

一、填空题

1. JDBC 驱动管理器专门负责注册特定的 JDBC 驱动器，主要通过_____类实现。

2. JDBC API 主要位于_____包中。

3. `Statement` 接口的 `executeUpdate(String sql)` 方法用于执行 SQL 中的 INSERT、_____和 DELETE 语句。

4. `PreparedStatement` 接口是 `Statement` 接口的子接口，用于执行_____的 SQL 语句。

5. `ResultSet` 接口中定义了大量的 `getXXX()` 方法，如果使用字段的索引来获取指定的数据，那么字段的索引从_____开始编号。

二、判断题

1. 应用程序可以直接与不同的数据库进行连接，而不需要依赖底层数据库驱动。
（　　）

2. `Statement` 接口的 `execute(String sql)` 返回值是 `boolean`，它代表 SQL 语句的执行是否成功。
（　　）

3. `PreparedStatement` 接口是 `Statement` 接口的子接口，用于执行预编译的 SQL 语句。
（　　）

4. 使用 `DriverManager.registerDriver` 进行驱动注册时，将导致数据库驱动被注册 1 次。
（　　）

5. `PreparedStatement` 接口中的 `setDate()` 方法可以设置日期内容，但参数 `Date` 的类型必须是 java.util.Date。
（　　）

三、选择题

1. 下面关于 JDBC 驱动器 API 与 JDBC 驱动器关系的描述，正确的是（　　）。
   A．JDBC 驱动器 API 是接口，而 JDBC 驱动器是实现类
   B．JDBC 驱动器 API 内部包含 JDBC 驱动器
   C．JDBC 驱动器内部包含 JDBC 驱动器 API
   D．JDBC 驱动器是接口，而 JDBC 驱动器 API 是实现类

2. JDBC API 主要位于下列哪个选项的包中？（　　）
   A．java.sql.*
   B．java.util.*
   C．javax.lang.*
   D．java.text.*

3. 下面选项中，用于将参数化的 SQL 语句发送到数据库的方法是（　　）。
   A．`prepareCall(Stringsql)`
   B．`preparedStatement(Stringsql)`
   C．`registerDriver(Driverdriver)`
   D．`createStatement()`

4. 下列选项中，关于 `ResultSet` 接口中游标指向的描述正确的是（　　）。
   A．`ResultSet` 对象初始化时，游标在表格的第一行
   B．`ResultSet` 对象初始化时，游标在表格的第一行之前
   C．`ResultSet` 对象初始化时，游标在表格的最后一行之前
   D．`ResultSet` 对象初始化时，游标在表格的最后一行

5. 下列选项中，能够实现预编译的是（　　）。
   A．Statement
   B．Connection
   C．PreparedStatement
   D．DriverManager

四、简答题

1. 简述 JDBC 编程的 6 个开发步骤。
2. 简述 `PreparedStatement` 接口相比于 `Statement` 接口的优点。

反侵权盗版声明

电子工业出版社依法对本作品享有专有出版权。任何未经权利人书面许可，复制、销售或通过信息网络传播本作品的行为；歪曲、篡改、剽窃本作品的行为，均违反《中华人民共和国著作权法》，其行为人应承担相应的民事责任和行政责任，构成犯罪的，将被依法追究刑事责任。

为了维护市场秩序，保护权利人的合法权益，我社将依法查处和打击侵权盗版的单位和个人。欢迎社会各界人士积极举报侵权盗版行为，本社将奖励举报有功人员，并保证举报人的信息不被泄露。

举报电话：（010）88254396；（010）88258888
传　　真：（010）88254397
E-mail：　dbqq@phei.com.cn
通信地址：北京市万寿路 173 信箱
　　　　　电子工业出版社总编办公室
邮　　编：100036